生成AI時代の新プログラミング実践ガイド

Pythonで学ぶ GPTとCopilotの活

ベストプラクティス

松本 直樹 著

GPT-4V 対応

インプレスの書籍ホームページ
書籍の新刊や正誤表など、最新情報を随時更新しております。
https://book.impress.co.jp/

はじめに

本書では、「ChatGPT」「GitHub Copilot」「LangChain」といった生成 AI を利用したサービスやライブラリのしくみと使い方を解説しています。

- 生成 AI に興味があり使ってみたい方
- 生成 AI のより良い使い方を知りたい方
- OpenAI の API を組み込んだアプリケーションを開発したい方

などを対象読者として考えています。

使用方法に正解がないところに、他のサービスとは異なる生成 AI サービスの特徴と難しさがあります。Excel では、数値の合計を求める関数や折れ線グラフを作成する機能に正解がありますが、ChatGPT のプロンプトに記述する内容は人それぞれで、これという定まった書き方がありません。

ではどうすれば生成 AI の最大限の機能を引き出せるのか、本書ではそのベストな使用方法を掘り下げたいと考えています。

さらには Python を用いて OpenAI の API を呼び出し、Web アプリケーションに生成 AI の機能を組み込む方法や、最新のライブラリ LangChain についても取り上げます。

第 1 章は本書の導入です。人工知能の研究者とマイクロソフト社への取材を通じて、ChatGPT とは何か、ChatGPT を学ぶにあたって何に気をつけるべきかについて記述しました。

第 2 章では、ChatGPT の使用方法を解説しています。ChatGPT のしくみ、プロンプトエンジニアリングの基本的な内容から応用的なテクニック、ChatGPT Plus で提供される機能、GPT をカスタマイズして使用する GPTs、データ分析に特化した Data Analysis まで幅広く記述しています。

第 3 章では、GitHub の提供するコード補完サービス「GitHub Copilot」の簡単なしくみとベストな使用方法を解説し、GitHub が開発しているさまざまなサービスについても紹介しています。

第 4 章では、ChatGPT と GitHub Copilot を用いた、Web アプリケーション開発の実践例を記述しています。要件定義、設計、開発、運用といったソフトウェア開発の主要なプロセスにおいて、ChatGPT と GitHub Copilot をどう活用すべきか、実践を通じて学びます。

第 5 章では、OpenAI の API の使用方法に焦点を当てています。GPT を用いたテキスト生成や、画像や音声の認識と生成などのマルチモーダル機能を提供する API を、Python から実行するための方法とアプリケーションへの組み込み例を提供しています。

第 6 章では、生成 AI を扱うための人気ライブラリ LangChain の入門的な内容を記載しています。LangChain の基本的な構成要素から、文章を Index 化して LLM と連携させたり Agent として自律的に起動させるなどの代表的な機能について解説しています。
付録には、本書で使用するPythonやVS Codeのインストール方法、PythonのWebアプリケーション作成ライブラリFlaskの立ち上げなどの環境構築手順について記述しています。

本書の執筆に際し、インプレスの寺内さんをはじめ、取材にご協力いただいた小町先生、渡辺先生、そして日本マイクロソフト社の皆様に感謝申し上げます。また、本書の編集をしていただいたトップスタジオの皆様にも感謝いたします。
慣れない執筆ではありましたが、皆様のご支援のおかげで、この本を完成させることができました。

2024年1月
松本直樹

目次

第5章 OpenAI API 利用のベストプラクティス 215

第6章 LangChainでGPTを有効活用する 273

付録 355

サンプルファイルについて

本書に掲載しているソースコードおよび画像素材はダウンロードできます。
Web ブラウザなどで下記 URL にアクセスし、ダウンロードください。

https://github.com/N-Matsumoto-Book/Book_ChatGPT_GitHubCopilot

第1章

ChatGPTとは何か、どう活用するのか

本章では、有識者の意見をもとにChatGPTとは何かについて探究していきます。また、ChatGPTがITエンジニアの仕事にどのような影響を与えるのかについて考察します。本章を通して、本書全体の学びの指針を設定したいと思います。

1-1 ChatGPTとは何か（一橋大学、小町守教授に聞く）

一橋大学、東京都立大学、ケンブリッジ大学で自然言語処理の研究をされている小町守教授に、大規模言語モデル（Large Language Models：LLM）について詳細に話を伺いました。教授の研究は、機械翻訳から、言語の文法誤りの訂正、言語学習者向けの検索エンジンの開発、生成AIが出力する文章の品質評価など多岐にわたります。また、英語、日本語以外の多言語翻訳やマルチモーダ機械翻訳と呼ばれる画像情報も活用した翻訳技術などの研究も進めています。

一橋大学　小町守教授

— 翻訳の分野でも、今は ChatGPT のベースとなっている Transformer モデルを用いているのでしょうか？

データが十分あるような場合には、Transformer が一般的に用いられます。ただ、データ量が不十分な場合には、RNN（Recurrent Neural Network）や統計的手法が有利になることもあります。Transformer は非常に優れたモデルですが、データ量が不足していると学習が十分でなく、性能を引き出すことが難しいです。一方で RNN や統計的手法は、出力がより安定的で、モデルの振る舞いの把握や翻訳エラーの特定と改善が容易です。これは特にデータ量が限られている状況で重要です。

ChatGPT のような大規模言語モデルを翻訳で使用する利点は、大量のデータで学習されているということです。従来の機械翻訳では、主に文単位で翻訳をしていたため、文を超えた翻訳はできませんでした。しかし、ChatGPT の事前学習に使われている GPT では Web テキストから学習した広範な知識を持っているため、一般常識に基づく翻訳も可能となります。たとえば、「この文だけでは翻訳が難しい」という場面でも、大量のデータによる学習結果をもとにした最適な翻訳を提供できます。

— GPT は、内部ではどのように動作していますか？

言語モデルの研究分野で興味深い領域の 1 つが、マルチリンガル（複数言語）言語モデルです。GPT は言語間の違いを区別せず、さまざまな言語の知識を統合して保存しています。

このため、日本語で問い合わせを行ったとしても、GPT は内部的には英語など他の言語の情報にもアクセスして出力します。GPT がマルチリンガルで学習することにより、ユーザーはさまざまな言語の情報にアクセスできるという大きな利点を得られます。ただし、英語が学習データ全体の半分ほどを占めており、この半分のデータと言語の差がない英語での問い合わせが、最も精度の高い出力を得ることができると考えられています。

ChatGPT は、事前学習をした GPT モデルを教師あり学習や強化学習でチューニングしたものです。このチューニングのプロセスは主に英語のデータを用いて行われています。それでも高品質な出力をなぜ英語以外の言語で得られるのかは、まだ明確にはわかっておりません。

このタイプのモデルを使用することで、以前は難しかった翻訳がどれくらいできるのかについては、今後は研究が盛んになるかと思います。

— Transformer や GPT の研究が発表された頃の印象を伺いたいと思います。

既存の CNN（主に画像認識の分野で用いられるモデル）のようなモデルは、生物の認知メカニズムに根拠を持ち、LSTM（主に自然言語処理の分野で用いられるモデル）のようなモデルは、脳の処理との類似性のあるモデルです。それに対して、Transformer はそういった生物学的な根拠や類似性を持たなかったため、これが動作するのか個人的にはかなり疑問でした。

登場した当初は、論文を読んで Transformer を自ら実装し、動作を再現するのが困難でした。ハイパーパラメータの調整など、試行錯誤を重ねた結果、ようやく LSTM に匹敵する高いパフォーマンスが出せるようになりました。

Transformerがより受容されるようになったのは、主にBERTやGPTなどのTransformerベースのモデルが発表された頃です。これらのモデルは、自己教師あり学習と呼ばれる手法で、大規模なデータを事前学習に用います。事前学習をしたモデルは、性能も安定しています。さらに、ファインチューニングを行うことで、安定した高いパフォーマンスを達成することが比較的容易になりました。

BERTと比較して、GPTは当初はそれほど注目されていなかったと思います。ただ、1,750億パラメータのGPT-3あたりから、想定よりもたくさんの用途で活用できるのではないかと注目されるようになりました。それまでは、単に文章の続きを予測することにしか使えないと思われていたのですが、要約、翻訳、文法の誤り訂正、プログラムの生成など、さまざまなタスクを実行できることが明らかになりました。異なる言語やさまざまなプログラミング言語を混ぜて学習するというGPTの特性が、ある種の汎化能力を獲得して、多様なタスクをこなせる能力を身につけたと考えられます。普通は特定のタスクに対して教師あり学習をさせることで、そのタスクができるようになります。それが、GPT-3のように、何をしてほしいかテキストに書くことで、任意のタスクをできるとはこれまでの研究者は考えていなかったと思います。

その後、GPT-3をベースとしたChatGPTが一般に広がりました。ChatGPTの成功は、そのパフォーマンスだけでなく、ブラウザ画面で使える手軽さにもよると思います。一般ユーザーでも簡単にAIとの質疑応答が可能になりました。

— 学習データとパラメータの関係とモデルの学習方法についてお聞かせください。

ディープラーニング以前の機械学習では、学習データを増やしても、一定以上の改善が見込めず、過学習してしまうという認識が主流でした。言語モデルでもそのように信じられていましたが、大量のデータを利用することで、コンスタントに性能の向上が可能であることがGoogleの研究で示されました。

パラメータを増やしても学習データが伴わないと過学習のリスクがあります。ただし、データ量とパラメータの量とGPUの計算量で性能を予測できるというスケーリング則などを検証した最近の研究では、十分なデータがある場合にはパラメータを増やすことで性能を向上できることが明らかになっています。

最近の大規模言語モデルの学習では、1回データを処理するだけで学習を完了するアプローチが取られていることがあります。この方法は、計算資源と時間の制約から、大量のデータを何度も見ることが難しい現状にも適しています。

一方、ChatGPTを使って「性能が良い、いろんなことができる」と感じる部分は、事前学習後に行う教師あり学習や強化学習の影響も大きいです。教師あり学習では、人間がプロンプトを与えて、その結果が良いか評価し、その評価に基づいてモデルを調整します。ここでは、同じデータを何度も使用することが多いです。強化学習では、出力結果がどれくらい良いかという評価関数を学習して、さらにモデルを調整します。ChatGPTでは、タスクごとに大量のデータを用意して教師あり学習や強化学習をすることで、高性能な AI を実現していると考えられます。

― GPT のパラメータ数がさらに増えるとどのようなことができるようになると考えられますか？

これも確実な根拠のあることではないのですが、ある程度のパラメータ数を超えて初めてできるようになるタスクもあるようです。今はほとんどできないタスクでも、パラメータ数を上げることで、突然精度が上がることもあるということです。あるいは、すでにある程度はできるタスクに対して、人手で学習データにラベル付けして、ファインチューニングをすることで精度が飛躍的に向上することもあると考えています。ただ、ファインチューニングをする前の事前学習で学習されていない未知の情報は、ファインチューニングで教えてもらわない限り、生成することはできません。

― 現在のような大きなモデルと比較して、より構築がしやすい、パラメータの少ないモデルを考えることは可能でしょうか？

それは可能ですが、最初からパラメータの少ないモデルを作って学習させるのではなくて、まずパラメータの多いモデルで学習させる必要があります。その後に、大規模モデルの性能をできるだけ保ちながら、パラメータを減らしていくという手段が取られます。これは知識蒸留と呼ばれている手法で、たくさんの会社で実践されています。

最初から小さいモデルを作って学習させると、そのモデルサイズの範囲内で最適化されて最終的な性能は良くならないです。そのため、まずは大規模なモデルを用意しなければいけません。

― ChatGPT は、教育や仕事にどういった影響を与えると考えますか？

学習支援の研究もしていますが、AI の活用により人間が学習を効率化できるところはすべきだと思います。ただ AI に頼りすぎると、AI を使わずに問題を解決する力が、育たない可能性も否定できません。AI を使わない状況でも問題解決ができる能力を養う方法も、同時に考えることが重要です。たとえば、自転車の乗り方を覚えるとき、補助輪に頼りきりでは、補助輪なしで自転車に乗れるようにはならないのと同様に、AI に依存して学習すると、AI がない状況で困る可能性があります。

ただ、ビジネスの観点で言えば、ChatGPT を使うのと使わないのとで効率がまったく異なるので、一切使わないというのは現実的ではないでしょう。多言語モデルを使っている以上、言語間の壁もどんどん低くなっているので、日本で禁止してしまうと ChatGPT を使う他の国に仕事を奪われる可能性もあります。

労働に関して言えば、問題は中間のボリュームゾーンの人たちです。ボリュームゾーンの人でも平均以上の成果を上げられるようになる人とそうでない人々との間の差が広がる可能性があります。

それまでのトレーニング体系が崩れることによって、できるようになる道筋が絶たれるかもしれません。特に、画像生成AIでは顕著ですが、これまでは手で絵を描いてちょっとずつできるようになっていったところから、ある程度はプロンプトで作れるとなると最初から描く人はいなくなってそのエコシステムが消える可能性もあるわけです。スキルを高められる人は、失敗をいとわず試行錯誤して、改善のサイクルを繰り返し、新しい情報やスキルを素早く吸収できる人だと思います。こういう人は、AIの力を借りることで一気にスキルを身につけ、自分たちの領域を大きく広げることができるようになるでしょう。つまり、AIの普及により、これまでとはまったく異なる形でのスキルアップが可能となります。

1-2 ChatGPTをどう使うべきか考える（奈良先端科学技術大学院大学（NAIST）、渡辺太郎教授に聞く）

以前は、Google社などの民間企業や政府研究機関にて主に機械翻訳や翻訳エンジンに関する研究・開発に従事し、現在は奈良先端科学技術大学院大学（NAIST）で自然言語処理の研究を行っている渡辺太郎教授にインタビューを実施しました。

Google社では、入社初期は統計的な手法が主流でしたが、その後深層学習など新たな手法を取り入れるなど、さまざまな言語の翻訳エンジンを開発・改善する役割を担ってこられました。

現在は機械翻訳などのテキスト生成の研究を行っていますが、それに加えてテキスト生成の改善についても研究を進めています。たとえば、テキスト生成の問題としてハルシネーション（AIが誤った結果を生成する現象）があり、その解決に向けた研究もされています。

奈良先端科学技術大学院大学　渡辺太郎教授

— Transformerなどのモデルが発表されたときは、どのような印象を受けましたか？

Googleに在籍していたときにTransformerが発表され、翻訳精度がかなり上がったと評判になりました。研究者や開発者の人とも直接、議論したのを覚えています。初期の頃は、論文の内容を再現するのが難しいという問題がありました。ただ、時間が経つにつれて、LSTMやRNNと比較しても優れた性能であることが明らかになりました。

BERTやGPTよりも以前にELMoというモデルが存在しました。ELMoは、LSTMを使用する事前学習モデルで、両方向からの情報を組み合わせて文章の理解を試みるという点ではBERTに近い構造です。この「事前学習」という考え方には、個人的に抵抗を感じました。

事前学習モデルより前の言語モデルでは、目的のタスクに対して、対応するラベル付けされた学習データの範囲内で学習します。

これに対して、事前学習モデルは、大量のテキストデータを事前学習し、その後、特定のタスクに対してファインチューニングを行います。この事前学習時に学習対象となる大量のデータに、特定のタスクに関する情報が含まれてしまい、それをモデルが学習した結果、予測精度が向上している可能性があります。つまり、モデルの性能を評価するテストデータが、モデルにとってまったく未知のデータなのかどうかが疑わしいわけです。そして、モデルの本当の精度（完全に未知のデータに対しての予測精度）が実際に高いのかどうかについても、疑問が残ります。

BERTに関しても、自己教師あり学習を使うことには抵抗がありましたが、Transformerを使用したモデルとマスクされた言葉を予測するモデル化の手法には、感心しました。

GPTの研究も進み、GPT-3に至ったときには、モデルのパラメータを増やすことに注力しているという印象を受けました。スケーリング則から、パラメータを増やせばモデルの性能が改善することはわかっていて、そのために必要な投資は長期間、続けてきたのだと思います。一方でパラメータを増やせば、学習の効率が悪くなるという問題もあります。モデルの改善のための研究、ハードウェアリソースの確保、学習データの準備、そして適切な実装への投資を行ってきたことが、現在の結果につながったと考えています。

最後にChatGPTですが、素直にすごいなと思いました。開発も迅速に進んで、エンジニアが適切に構築しているという印象です。必要な投資が行われ、チューニングも適切にしているんだと思います。

— ChatGPTを使用する際にはどういった注意点がありますか？

ChatGPTを使用する場合には、どういう動作をするのか理解して、適切に活用することが大事です。たとえば論文の文章にChatGPTの出力を使用してしまうと、文章が流暢になり過ぎて自分が強調したいポイントを上手く強調できないと感じている学生も、私の研究室にはいます。プログラミングのコードを作成する際にも、ChatGPTは正確なコードを生成する保証がないため、確認してから使用するというアプローチを取っているようです。

このように、ChatGPTの能力と制限を正しく理解して利用することが重要です。AIを使うメリットはありますし便利ですが、欠点や言語モデルの持つ課題も理解して補助として使う方がよいかと思います。

さらに、Google 検索で適切なキーワードの組み合わせを選択するのと同様に、ChatGPT でもプロンプトの入力が重要です。適切なプロンプトのノウハウを鍛えないといけないと思います。

— ChatGPT には、現在どういった課題が考えられますか？

大量のデータを用いて学習する GPT は、ハルシネーションの発生を避けるのが難しいという課題があります。ハルシネーションには、一貫性がなかったり事実でないことを出力するなどさまざまなものがあります。

たとえば、翻訳や要約では、入力文章に関係のない単語が出力されるのは本来避けられるべきですが、出力される可能性があります。

入力データのバイアスも問題で、たとえば、医者は男性であると想定する文章になったり、バイアスの入った情報や誤った情報を学習データから学んだ結果、それが出力に反映されたりする可能性があります。

ChatGPT は教師あり学習や Human Feedback による強化学習を用いるため、これらの問題はある程度緩和しています。ただ、今後は AI が信頼性の高い情報源のみから学習することや、学習データの選択や知識を取り除くなどの手法も必要となるかもしれません。

また、ハルシネーションの発生は、モデルや学習自体の問題だけでなく、言語自体の特性も起因していると考えられています。

たとえば、日本語でも強調をするために、同じ表現を何度も繰り返すことはあります。これを学習した結果、一部だけが強調されて偏った表現を覚えていると考えられます。結果として、確率で言語を生成する際にも、特定の単語や表現が過度に出力されてしまい、ハルシネーションにつながっているのかもしれません。

さらには、ChatGPT の出力には明確な根拠がないため、その点も理解しておく必要があります。

将来的には、AI が生成したテキストデータがインターネット上に公開され、それが学習の対象となる可能性もあります。かつては、機械翻訳でも自分が翻訳した内容を学習に使って、翻訳の質が低下するという問題が生じたことがありました。GPT でも同様の問題に直面する可能性はあるかもしれないです。

最後に、本当にこれほどパラメータが必要なのかなとも思います。人間が学習する際にこれほどのデータを使っているわけではありませんから。アーキテクチャを変えてパラメータ数を減らせられれば、正確な学習データだけを選んで、学習することも実は可能なのかもしれないですね。

— ChatGPT が教育や社会に与える影響には、どのようなものが考えられますか？

人間の表現に影響を及ぼす可能性があるかもしれないなと感じています。ChatGPT の文書生成能力は優れているため、それが基準となり、人間の言葉遣いや表現の個性をなくすという危惧もあります。たとえば、研究室の学生も、ChatGPT を使い出してから、その文章に影響されて英語の表現が丁寧になりました。一見、良いことのように見えますが、表現が画一化されるという意味では必ずしも良いとは言えないです。

Google 検索を使う際に、最初はキーワードを探すのに苦労したものの、その使い方に徐々に適応していきました。GPT との対話も同様に、自然言語の表現を変える可能性があるかもしれないです。

— 大規模言語モデルが普及した状況になっても必要となる、エンジニアや AI の研究者の能力にはどういったものがありますか？

ユニットテストのテストケースを設計し作成する能力、アルゴリズムの知識、機械学習の基本的な理解、質の高いコードを生成する能力などがあるとよいかとは思います。これらは、AI が生成したコードを検証して、正しいかどうかを評価する能力で、人間でなければできません。

ChatGPT が全体の計画を見越して、システムの全体像を描く能力がどの程度あるのかは不明です。そのため、人間がシステムを設計する能力も引き続き必要だと思います。

基本的な学習内容は今後も変わらないと思いますが、AI からアドバイスを受けながら勉強ができるため、優秀な人の成長は加速して、生産性もどんどん上がっていくと思います。

AI の研究者を目指す人は、ニューラルネットワークの基礎を理解して、最低限バックプロパゲーションを手計算でできた方がよいと考えています。個人的には、論文の内容を理解して、数式をコード化する能力、そして逆にコードを見てその背後の数式を理解する能力が必要です。

AI モデルの構造を数式としてわかっていなければ、新しい発見やイノベーションも生み出せず、同時に数式をコード化できなければ再現が難しいです。だから、数学能力もプログラミング能力もどちらも必要です。

それには、経験と理解力が重要です。数式とコードを 1 対 1 で対応させたテキストもあるので、それをしっかり理解しながらコードを書いて実践する。あるいは論文を読み込んで、自分で試行錯誤して実装してみることが大事です。

— AI が進化することで、仕事はどのように変わるでしょうか？

AI の力を借りて、一人で多様なことができるようになったというのは大きな利点です。AI が補助的な役割を果たすことで、より自分の専門性を深めたり、興味のある分野に取り組めるようになります。

業務プロセスが効率化し、プレゼンテーション資料の作成などの煩雑な作業が軽減されて、自分の好きな仕事により集中できるようになります。

業務の効率化により空き時間も増えるので、余暇に使うか、新たなスキルの習得や別の仕事に使うなどをするのがよいでしょう。起業するコストも下がって、新しい仕事が生まれる可能性もあるかと思います。

1-3 これからの生成 AI サービス（マイクロソフトに聞く）

次に、日本マイクロソフト社の小田健太郎さま、大森彩子さま、春日井良隆さまに、取材を行いました。今後の生成 AI サービスの見通しや、実際の現場での GPT の使用例などについて伺っています。

― 今後、マイクロソフト社で提供する生成 AI に関するサービスの展望を教えていただけますか？

「マイクロソフトのあらゆる製品に、製品を一変させるような AI 機能を搭載していく」と弊社の CEO であるサティア・ナデラが表明しています。

OpenAI 社はもとより、大規模言語モデルの Llama2 を開発する Meta 社とのパートナーシップを 2023 年 7 月に発表しましたし、Hugging Face に代表されるオープンソースの AI モデルを Azure 上に構築することも可能です。このように、Azure はよりオープンな生成 AI のプラットフォームと言えます。最終的には、自社製品に生成 AI を導入でき、それを動かすために必要なインフラ、ソフトウェア、自動化ツールなど AI 開発に必要な要素を統合したオールインワンソリューションを Azure 上に提供していく予定です。

― Azure で OpenAI 社の AI モデルを提供する Azure OpenAI Service は、現在、顧客からはどのような用途に利用されていますか？

まずは、アイデアの壁打ちやドラフト文章の作成などの日常業務の支援、定型的なルーティンワークなどに適用することで、十分に生成 AI、そして Azure OpenAI Service の価値を感じていただけているかと思います。

さらには、フォーマットが統一されていないファイル、データであっても、意図した内容を抽出する能力が Azure OpenAI Service（を含む生成 AI の GPT モデル）にはあります。以前はファイルから情報を抽出する際には、その情報がどのような形式で記録されているかを正確に指定する必要がありましたが、Azure OpenAI Service（GPT モデル）では抽出したいデータおよびプロンプトに抽出したい内容を指示するだけで、柔軟に情報を抽出して処理することが可能となりました。

適切に環境構築を行えば、Azure OpenAI Service は社内情報を検索して、より正確な回答の提供が可能です。たとえば、コンタクトセンターなどの窓口業務には社内に保存されている情報も必要ですが、Azure OpenAI Service や他の Azure AI 製品との組み合わせで検索を行ったうえで回答作成までを任せることができ、お客様に応じた回答をすることが可能です。実際に、そのようなプロダクトの開発を進めているお客様もいらっしゃいます[注1]。

― 生成 AI サービスの利用を検討している会社もあるかと思いますが、まずは何から活用すればよいでしょうか？

散らばった情報を探し出す、膨大な情報をまとめる、文書や画像、プログラミング用のコードを生成するといったところを念頭に、皆様のそれぞれの業務で、まずは実際に体験してみることをおすすめします。

この春に発表された Microsoft 365 Copilot[注2] では、Microsoft Graph を利用して、Microsoft 365 の中で行き交う情報をチャットに自然言語で尋ねたり、Word で作った企画書をベースに PowerPoint で提案書を作成したりといったことが可能になる予定です。

「Copilot」は副操縦士を意味しますが、パイロットであるそれぞれのユーザーに優秀な専属秘書が付いたとお考えください。その秘書に思いついたアイデアを相談する、下調べを依頼する、そんなイメージです。AI なので、24 時間、文句も言わずにいつも寄り添ってくれています（笑）。

注 1　三菱 UFJ 銀行での検証で、これまで手作業で行っていたドラフトの作成や英語以外の言語に翻訳する稟議アシストでは 44%、手続き照会では 60% の行員が効果を実感、金融レポートの要約では、時間を 40% 削減できたことがわかった。
弁護士ドットコムのチャット法律相談（α版）では、約 125 万件もの法律相談の実績データと生成 AI を組み合わせ、相談者と弁護士のギャップを埋める手助けを実施。Azure 上にコンテナベースでサービス提供基盤を構築し、短期間でサービスを開始。利用者の 8 割以上が回答内容に満足していると評価されている。
【参照元】https://news.microsoft.com/ja-jp/2023/07/12/230712-accelerating-development-in-the-ai-era-with-microsoft-cloud-microsoft-build-japan-day-1-keynote/

注 2　Word、PowerPoint、Excel、Teams、Outlook などの製品に LLM と Microsoft Graph を組み合わせた AI が搭載することが予定されている。
詳細を知りたい方には、Microsoft 365 Copilot に関する講演の視聴を推奨する（https://www.youtube.com/watch?v=KRCNSStxGpU）。

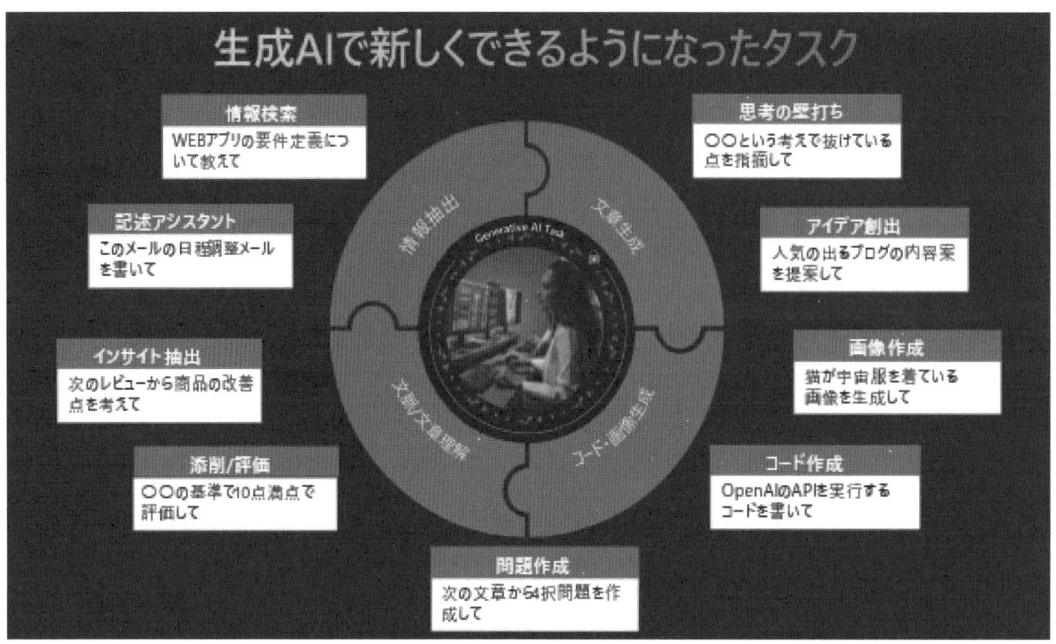

図 1.3.1　生成 AI でできることの一例
（Microsoft Build Japan より（https://news.microsoft.com/ja-jp/2023/07/12/230712-accelerating-development-in-the-ai-era-with-microsoft-cloud-microsoft-build-japan-day-1-keynote/））

情報漏洩をはじめとするセキュリティに関しては、よくご質問をいただきます。マイクロソフト社は「責任ある AI」の原則に従い、セキュリティ、コンプライアンス、プライバシーに対して強固な対策を講じていますので、ユーザーの方は、安心してご利用いただけます[注3]。

さらに、AI リテラシー向上の教育ニーズにも応えています。デモ、リスキリングの教材、生成 AI に関する基礎的な内容を認定する資格も用意しています。これらから、生成 AI の使用を始めるにあたり必要な知識を学べます。たとえば、生成 AI は誤った内容を出力する可能性があるということ、人によるチェックが必要な場面もあることなど、安全かつ効果的に AI を利用するための基盤を従業員の方に築いていただける内容となっております。

— 大規模言語モデル（LLM）を有効活用するうえで、プロンプトエンジニアリングが 1 つの重要な要素だと思いますが、良い方法はありますか？

プロンプトエンジニアリングに関しては、まだ日々さまざまな手法が開発されている途上にあり、これに従っておけば全部 OK というものはまだありません。どのような回答が得られるのか、どのように制御できる可能性があるのか、ご自分で試行錯誤することも大事かと思いま

注 3　責任ある AI には、プライバシーとセキュリティに関する遵守も記述されている（https://www.microsoft.com/ja-jp/ai/responsible-ai）

す。また、プロンプトは一度実行してそのまま使える答えを得られるとは限らず、プロンプトの入力を変えたり、返ってきた結果を使ってプロンプトを構成して再度実行させたりするなど、いろいろな方法を試みることも大事です。

一方で、LangChain、Semantic Kernelといったライブラリや Function Callingといった機能など、LLMを活用するうえで必要になってくる要素を実装するための手法も提供されつつあり、使い方次第で出力をコントロールしたり自動化したりするプロセスが構築しやすくなってきています。

プロンプトエンジニアリングについては、さまざまなセミナーや勉強会などで、日本のエンジニアによる情報発信が続けられており、事例やリファレンスをご提供しています[注4]。

— エンジニア向けのサービスのGitHub Copilotについて伺いたいです。

GitHub Copilotは、OpenAIとの共同開発による「Codex」モデル(さらにGPT-4を追加)を基盤にして、コードの提案を行う製品で、エンジニア向けに提供されています。

Visual Studio 2022やVisual Studio Code、NeoVim、JetBrainsといった開発環境に簡単に統合して利用できます。コーディングの途中でユーザーが書きたいと思っているコードを推測して提案したり、コメントからコードを生成する機能を持っています。

また、GitHub Copilot Chatと呼ばれるサービスでチャット機能も追加できます。これは、エラーコードが出た際の解説や修正の提案、クラスやメソッドの生成などの要求がチャット形式でできます。GitHub CopilotおよびGitHub Copilot Chatを使用して、その効果を確認していただければと思います。

今後のロードマップとして、GitHub Copilot Xというコンセプトもあり、開発者の作業をより効率化する環境を目指しています。Pull Requestする際のサマリー作成や、GitHub Actionsによる自動化におけるテスト作成など、開発者の開発プロセスの最適化機能を実現していきます。

1-4 ChatGPTをどう有効活用すればよいか

ここからは、有識者への取材内容を踏まえて、ChatGPTの適切な活用方法について考えていき

注4　Azure OpenAI Serviceリファレンスアーキテクチャの公開
https://www.microsoft.com/ja-jp/events/azurebase/blog/aoai-referencearchitecture-release/

ましょう。そして、本書での学びの全体的な指針を提供します。

まず最初に、業務の効率化への活用が挙げられます。たとえば、以下のようなものです。

- 長文の文章を要約する
- 長文からキーワードを抽出する
- 他の言語に翻訳する
- メールやレポートなどの文書の素案を作成する
- 音声データを文字起こしした文章の体裁を整える
- コーディングを行う

現在でも、言語を利用する業務の多くは、ChatGPT に代行させることができます。さらに Open AI は、常に GPT の学習と改善を行っているため、今後は一層多くのタスクを習得するかもしれません。

ChatGPT は学習支援ツールとしても役立てることが可能です。「1-1　ChatGPT とは何か（一橋大学、小町教授に聞く）」で記載したように、ChatGPT は言語の区別なく学習されているため、英語圏での情報を主とする IT 分野の学習には重宝します。

筆者の本棚には、難解で読むことを諦めた技術書が眠っていましたが、ChatGPT に不明な点を解説してもらったり、具体的なユースケースなどの書籍内には書かれていないことを記述してもらったりして、理解を深めることができました。他にも、OSS のソースコードを貼り付けて解説を依頼すると、ソースコードに書かれている内容を詳しく説明してくれました。ソースコードを学ぶことで、ソフトウェアへのさらに深い理解とスキルアップが可能となります。

学習に利用できる少し面白いプロンプトを、紹介してみましょう。アメリカのヴァンダービルト大学の論文「A Prompt Pattern Catalog to Enhance Prompt Engineering with ChatGPT」[注5] で紹介されたプロンプトパターンの 1 つ「The Infinite Generation Pattern（無限生成パターン）」を使用したプロンプトで、4 択形式の問題を延々と出題させるように指示を出します。

入力

ここから、Python を学べるクイズを出し続けてください。問題は 4 択で、答えの際には、正解に対してドキュメントの内容をもとに正確な説明もしてください。答えの際には次の問題も出力してください。

注 5　https://arxiv.org/pdf/2302.11382.pdf

出力

問題：Python でデコレータを使用する主な目的は何ですか？

1. **コードの冗長性を減らし、再利用性を高める**
2. **コードの実行時間を速くする**
3. **グローバル変数の数を減らす**
4. **プログラムのメモリ消費を減らす**

入力

4

出力

すみません、それは不正解です。デコレータの主な目的は、選択肢 1 の「コードの冗長性を減らし、再利用性を高める」です。
Python のデコレータは、関数やメソッドに対して何らかの処理を付加するための構文です。具体的には、既存の関数を修飾し（つまり、その振る舞いを変更し）、それを再利用可能な形で提供します。これにより、コードの重複を避け、より読みやすく保守性の高いコードを書くことが可能になります。
それでは、次の問題に進みましょう。
問題：Python のリスト内包表記の基本的な形式は何ですか？

1. **[式 for 変数 in イテラブル]**
2. **(式 for 変数 in イテラブル)**
3. **{ 式 for 変数 in イテラブル }**
4. **[式 if 変数 in イテラブル]**

以下、無限に問題が ChatGPT から出題され続けます。知識の定着を確認するために、クイズ形式で楽しみながら学習するというのは、有効な ChatGPT 使い方の 1 つではないでしょうか。このようにプロンプトの作成を工夫することで ChatGPT から多様な出力を得ることができますが、詳細は第 2 章で説明します。

マサチューセッツ工科大学が、2023 年 7 月 13 日に発表した論文「Experimental evidence on the productivity effects of generative artificial intelligence」では[注6]、ChatGPT の文章作成業

注 6　https://www.science.org/doi/10.1126/science.adh2586

務への影響について分析されています。論文では、大学を卒業してフルタイムの仕事についている人を優先的に被験者にしています。

研究では、ChatGPTの活用により、業務の完了時間が40%短縮され、アウトプットの品質が18%向上することが示されました。さらには、成績の低い被験者ほど、ChatGPTの使用により成績が大きく改善されることが示されました。これは、作業者間の能力格差をChatGPTが減少させたことを意味します。

このように、ChatGPTを用いた業務効率化により、組織のパフォーマンスの向上と作業者間の能力格差の是正を図れることがわかりました。一方で、ChatGPTの出力には、曖昧さやハルシネーションの問題があるため、このことについて次に考えます。

1-5 ChatGPTの動作を理解してプロンプトを作成する

ChatGPTの出力には、そのしくみを原因とする曖昧さが存在します。モデルが入力に基づいて次の単語を予測する過程で、確率的な要素が絡んでくるためです。同一の質問やプロンプトに対して、必ずしも同じ結果を返すわけではありません。

このような曖昧さはネガティブな要素として捉えられるかもしれませんが、異なる視点からの答えや、創造的なアイデアを生み出すもとになるというポジティブな側面もあります。

たとえば、「未来の世界はどのようになると思いますか？」と尋ねると、1度目は、「高度なテクノロジーが普及した世界」と説明するかもしれません。次に同じ質問を投げた場合、「環境問題が解決され、自然が豊かな世界」と説明するかもしれません。

アイデアのブレーンストーミングに利用する場合には、ChatGPTのこの特性は非常に役立ちます。ChatGPTの出力に曖昧さがなかった場合、必ず同じ出力となってしまい、多様な視点による回答が得られなくなります。創造性の乏しいアイデアしか生まれないでしょう。

こうした曖昧さを活用する技術として、プロンプトエンジニアリングの活用が挙げられます。本書では、AIの返答を最適化するための、入力の工夫の方法を「プロンプトエンジニアリング」と定義します。適切に入力を設計することで、よりユーザーの意図に沿った回答を得られるようになります。

ChatGPT、GitHub Copilot、その他のLLMを用いた多くのサービスは、文字列を入力として確率計算をして生成した文字列を出力します。確率計算はAIモデルに依存するため、入力部分の設計、つまりプロンプトエンジニアリングがLLMから良い出力を得るうえで人間が最も注意を払うべきポイントとなります。

具体的にどのようにプロンプトを記述するのかは人それぞれで、確固たる方法が存在するわけではありません。試行錯誤しながら最適な手法を見つけ出すことも必要です。一方で、研究が進展することで新しいテクニックやテンプレートが開発されてきており、これらを参考にプロンプトエンジニアリングのスキルを磨くことも重要です。具体的なプロンプトパターンについては、第2章で詳しく解説します。ここでは、代表的なプロンプトのパターンを紹介することで、その有効性を確認していただきたいと思います。

たとえば、前述の論文「A Prompt Pattern Catalog to Enhance Prompt Engineering with ChatGPT」で紹介されている、「代理アプローチパターン」(The Alternative Approaches Patterns)があります。あるタスクに対し、複数のアプローチをChatGPTに提案してもらうというプロンプトです。

入力

特定のクラウドサービスにアプリケーションをデプロイすることについて質問します。同じことを達成するための代替サービスが同じクラウドサービス上にある場合は、最良の代替サービスをリストアップしてください。そして、私が最初に質問した方法も含めた各アプローチのコスト、可用性、メンテナンス努力に関して利点と欠点を比較・対照してください。その後、どのアプローチで進めたいか私に尋ねてください。
質問：Azure App Serviceにアプリケーションをデプロイしたいです。

出力

Azure App Serviceを使用してアプリケーションをデプロイすることは、多くの開発者が選ぶ一般的な方法です。しかし、Azureには他にもアプリケーションをホストし、運用するためのサービスがあります。たとえば、Azure Kubernetes Service (AKS) やAzure Functionsなどがあります。

Azure App Service：

- **利点**：PaaS (Platform as a Service) として提供され、インフラストラクチャの管理を気にすることなくアプリケーションをデプロイできます。また、自動スケーリング、パッチ適用、CI/CDインテグレーション、多言語サポートなどの機能があります。
- **欠点**：より細かい制御が必要な場合や、特定のカスタム環境が必要な場合には、制限があるかもしれません。

Azure Kubernetes Service (AKS)：

- **利点**：Kubernetesは、コンテナ化されたアプリケーションのデプロイ、スケーリング、管理を行うための強力なオープンソースプラットフォームです。AKSは、これをマネージドサービスとして提供し、Kubernetesのセットアップと運用の複雑さを軽減します。

- **欠点**：Kubernetesは学習曲線が急で、運用が複雑な場合があります。また、コストが高くなる可能性があります。

Azure Functions：

- **利点**：サーバーレスコンピューティングサービスであり、イベント駆動型のコードを実行することができます。これにより、インフラストラクチャの管理を気にせずに、必要なときに必要なだけコードを実行できます。
- **欠点**：長時間実行する必要があるアプリケーションや、特定のリソース要件があるアプリケーションには適していない場合があります。

これらの選択肢を踏まえて、あなたのアプリケーションの具体的な要件（予算、スケーラビリティ、持続的な実行時間、状態管理など）により、どのサービスを選ぶべきか判断できます。そのうえで、どのアプローチを進めたいか教えていただけますか？

この回答に対して、具体的な要件を提供すると、ChatGPTがサービスを選んでくれます。これは、LLMの持つ出力の曖昧さを、ある意味生かして、創造的な提案を複数してもらうプロンプトであると言えます。

さらに、「1-2　ChatGPTをどう使うべきか考える（奈良先端科学技術大学院大学（NAIST）、渡辺太郎教授に聞く）」でも紹介されたChatGPTの持つ特性、「ハルシネーション」についても取り上げましょう。これは、モデルが存在しない情報を生成したり、誤った情報や極端な意見を出力する現象を指し、特に重要な決定を下す場面や、精度が求められる状況では問題となり得ます。

ハルシネーションに対処するには、ユーザーが出力を確認するだけでなく、誤った出力をしないようにプロンプトを工夫することも重要です。

たとえば、Open AIのページ上に記載されている「GPT best practices」[注7]で紹介されている「Provide reference text」を使用すれば、正確な情報をベースとした回答を得られます。これは、事前に文章を示してその文章の中から回答を得るという手法のプロンプトです。

入力

"""

OpenAI（オープンエーアイ、オープンAI）とは、営利法人OpenAI LPとその親会社である非営利法人OpenAI Inc.からなるアメリカの人工知能（AI）の開発を行っている企業である。

注7　https://platform.openai.com/docs/guides/prompt-engineering

人類全体に利益をもたらす汎用人工知能（AGI）を普及・発展させることを目標に掲げ、AI 分野の研究を行っている。
OpenAI は、サンフランシスコのミッション地区にあるパイオニア・ビルに本社を構えている
"""
上記の """ で囲われた文章から質問に対して回答をしてください。答えが、文章から見つからなかった場合には、「答えが見つかりませんでした」と回答してください。

質問：1+1 の答えは何ですか？

出力

答えが見つかりませんでした。

この例では、あえて文章内に答えの存在しない質問を行い、文章の範囲内だけでしか回答をしないことを確認しました。このように参照元となる正確なデータをコンテキスト（文脈）に与えることにより、正確な回答や質の高い回答を得ることができるようになります。この参照元の文章をプロンプトに含める「Provide reference text」の手法は、LangChain のような、GPT の API を活用したライブラリを使用する際にも用います。詳細は第 6 章で取り上げます。

ChatGPT は優秀な補助ツールですが、使用にはその欠点の理解、プロンプトの適切な設計、出力の確認が必要です。データを収集してプロンプトに含めることで、リアルなデータを用いた出力を得ることも可能となります。

1-6 今後の IT エンジニアに必要となる能力

「ChatGPT」の出現により、IT エンジニアにはどういったスキルが必要となるなのか、最後に私なりに考察します。

a. 企画や設計のスキル

企画のブレーンストーミングやサポートに ChatGPT を活用することは可能です。しかし、

大量のデータによる学習結果に基づく抽象度の高い ChatGPT の出力を、そのまま実ビジネスにつなげるのは難しいでしょう。現実には、面倒な顧客や予算のない会社や新技術に疎いチームメンバーなど、さまざまな厄介事の中での最適解を模索しますが、ChatGPT はこれらを考慮しません。自身を取り巻く情報をプロンプトに含めて ChatGPT に伝えることは可能ですが、入力文字数には制限がありますし文章だと 100% は伝わりきらないでしょう。

決まった答えや確立された理論はなく、人間の経験や感覚に左右されることの多い企画や設計などの上流工程の仕事を、ChatGPT へ丸投げすることは不可能でしょう。一方で、勘案した企画や設計の内容に対して、一般論に基づく問題点や注意点の列挙などのレビューの仕事ならば、ChatGPT を役立てることができます。

長期的に見ると、手順に従って行える単純作業の肩代わりと膨大な知識を活用した専門的な相談の 2 つの仕事を ChatGPT にお願いし、人間はより戦略的な領域やクリエイティブな領域へと仕事を転換することが必要かと思われます。

b. 高度なコーディング知識

ChatGPT を用いて正確なコードを生成することは可能ですが、生成されたコードのチェックは依然として必要です。

ChatGPT の出力するコードは例外チェックも抜かりなく見た目も美しいコードですが、システム全体を考えて記述されていない場合があります。部分的には正しいけれども全体的には正しくないコードです。コードは、システムの一部として動作するものですから、そのファイル内だけでなくシステムアーキテクチャへの配慮も必要です。

処理の重い部分にはキャッシュを使用する場合もあれば、UX を考えて Ajax や WebSocket を使用する場合もあります。ChatGPT の出力を鵜呑みにせず、システム全体を考えながらより適切な処理を自ら考えなければいけません。

セキュリティ面に関しても一層の理解が必要でしょう。AI が生成するコードがデファクトで使用されるようになると攻撃者にとってコードを予測しやすくなり、コードの穴をついた攻撃も容易になります。さらには、LLM を活用した攻撃手法も考え出されるかもしれません。

AI ツール利用によるセキュリティの問題は、本書の範囲を超えるため詳しくは述べません。そのようなリスクがあるということだけを、ここでは伝えておきます。

c. AI との協働能力

ChatGPT の登場以来、たくさんの LLM を用いたサービスがリリースされました。オンライン会議後に議事録を自動生成するサービス、カスタマーサポートを自動化するサービス、ターゲットに応じた広告を自動生成するサービスなど続々と開発されています。

これらのサービス情報を積極的に収集して業務に活用することが今後は求められるでしょう。本書の第 2、3 章でも紹介する「ChatGPT」と「GitHub Copilot」をまずは使用してその効率の良さを実感し、単純な日常業務を代替できるAIのサービスを見つけることをお勧めします。

本書の第5章で紹介するGPTのAPIや第6章で紹介するLangChainを使用すれば、ご自身でサービスを作ることも可能です。

総じて、AI技術の進化はさまざまな仕事に多くの影響を与えるでしょう。その変革を活用して新しい時代のニーズに応えるには、まずは適切な使用方法を知ることが重要です。次章以降で、「ChatGPT」や「GitHub Copilot」の適切な使用方法を考察していきます。

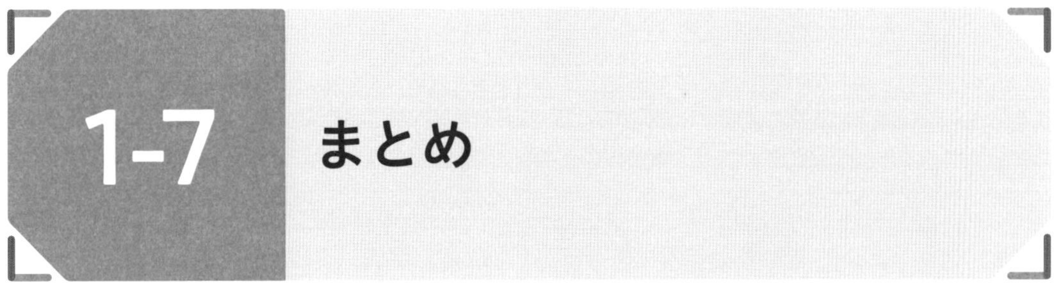

1-7 まとめ

第1章では、本書の導入としてLLM（大規模言語モデル）とは何なのかということと、どう活用すべきかについて考察しました。

小町教授への取材を通じて、ChatGPTがどのようにして高品質な出力を可能としているのか、その大規模言語モデルとしての特徴を記述してきました。ChatGPTを用いれば、世界中のさまざまな言語の大量なデータから学習された膨大な知識へのアクセスが可能となります。

渡辺教授への取材を通じて、ChatGPTの課題について深掘りしました。AIの出力にはハルシネーションが含まれるため、これらの特性を理解したうえで利用することが重要です。

そして、日本マイクロソフト社への取材を通じて、ChatGPTを含むさまざまな生成AIの開発が進展しており、結果として業務効率が実際に改善されていることを確認しました。

筆者の視点から見て、ChatGPTを効果的に利用するには、その特性を理解し、プロンプトエンジニアリングを通じて適切に活用することが重要であると考えています。また、ITエンジニアの業務の効率化には、ChatGPTをはじめとしたAIサービスをできる限り有効活用することが大切です。

次章以降では、ChatGPTの有効活用の方法について、より実践的な内容を探求します。

第2章

ChatGPT 使用の
ベストプラクティス

第１章では、ChatGPT を使ううえで、その原理を理解することとプロンプトエンジニアリングを考えることが重要であることをお伝えしました。この章では、第１章を踏まえて、以下のトピックに焦点を当てて詳細を解説します。

1. **ChatGPT の基本的なアーキテクチャとその出力メカニズム**
2. **ChatGPT アカウントの登録手順とユーザーインターフェース（UI）**
3. **効果的な質問の設計と答えの引き出し方（プロンプトエンジニアリング）**
4. **ChatGPT サービスの提供する重要なプラグイン**
5. **ChatGPT Plus で利用可能な機能**

2-1 GPT のしくみの概要

ChatGPT は、チャット形式のユーザーインターフェースを通じて、GPT モデルと対話を行うサービスで、GPT（Generative Pre-trained Transformer）は、直訳すると「事前学習された生成系 Transformer」になります。

2017 年に Google の研究者によって、「Attention is All You Need」という論文で Transformer が初めて提唱されました[注1]。このアーキテクチャは、翻訳などの多くの自然言語処理のタスクにおいて優れた性能を発揮しました。

さらに、Open AI の研究者は 2018 年に「Improving Language Understanding by Generative Pre-Training」という論文を発表し、Transformer をベースとしたモデル、GPT を提唱しました[注2]。

Transformer と GPT の詳細なアーキテクチャについては、参考文献[注3]に詳細を譲るとして、ここでは、基本的なしくみを解説します。

注１　https://arxiv.org/abs/1706.03762

注２　https://s3-us-west-2.amazonaws.com/openai-assets/research-covers/language-unsupervised/language_understanding_paper.pdf

注３　オライリージャパン『機械学習エンジニアのための Transformers―最先端の自然言語処理ライブラリによるモデル開発』（Lewis Tunstall、Leandro von Werra、Thomas Wolf 著、中山 光樹訳）など。

GPTは、Self-Attentionという機構を使用しています。Self-Attentionは、入力文内の各トークン[注4]が、入力内の他のすべてのトークンとどの程度関連しているのかを計算しています。

さらに、Self-Attentionを並列に配置したMulti-Head Self-Attentionは、トークン間の関係性を多角的に捉え、より深い理解を実現します。

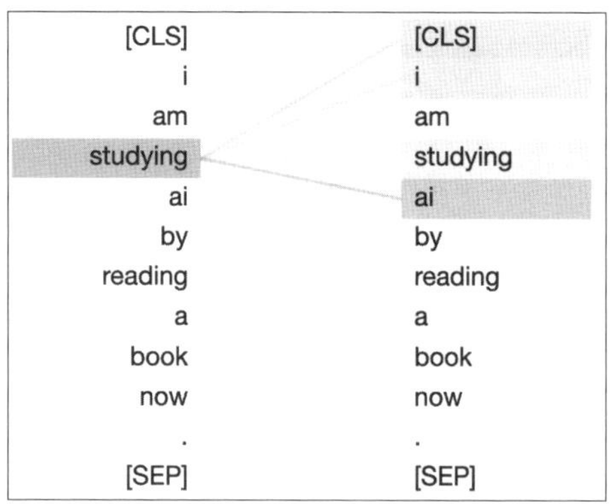

図2.1.1　文章「I am studying ai by reading a book now.」の単語間の関係性を表した図（bertvizライブラリのhead_view関数を用いて可視化した図）。濃い線で結ばれる単語ほど関係性が深い。「studying」は、「i」と「ai」との関係性が深いことがわかる

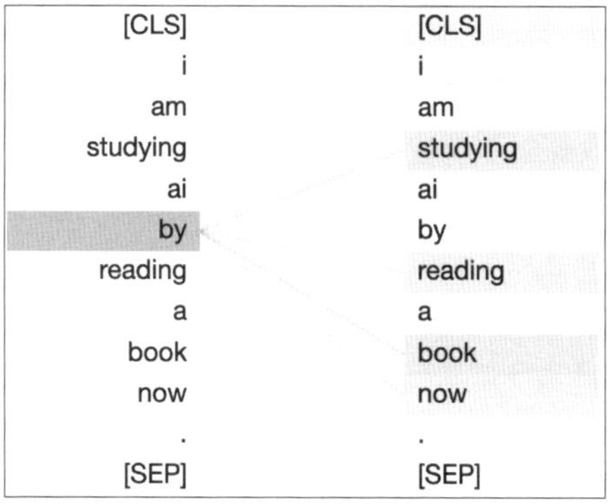

図2.1.2　「by」は、「studying」「reading」「book」などさまざまな単語と結びついている

トークン間の関係性を計算することで得られた文章理解をもとに、自然な文章となるように次のトークンが選択されます。選択されたトークンは、継続して次のトークン生成に使用され、このプロセスを繰り返すことで最終的な文章が完成します。

GPTは、与えられた入力に対して次に出現する単語（厳密にはトークン）の確率を計算し、次の

注4　トークンは、テキストデータを一定の単位（多くの場合は単語）の数値ベクトルに分割したもので、テキストデータを数値ベクトルにすることで、コンピュータが計算できるようになっている。

単語を選択します。選択された単語が、さらに次の単語を予測するプロセスを繰り返し、最終的な文章が形成されます。

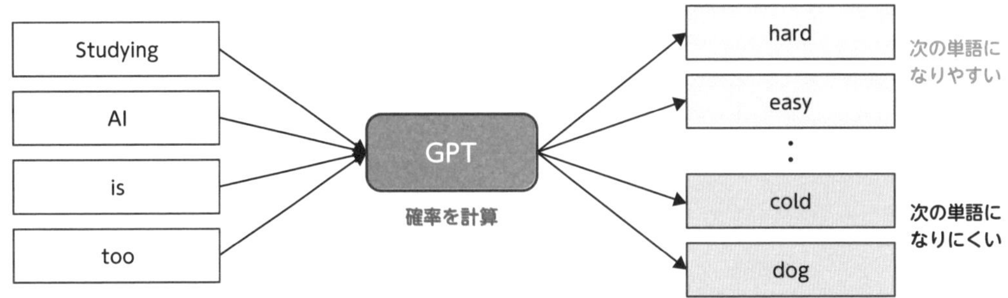

図 2.1.3 「Studying AI is too」の次に出力を計算している

GPT の学習は、主に次の 2 つのステップに基づいて行われます。

1. **ラベルなしの大量のテキストデータによる事前学習（自己教師あり学習）**
2. **特定のタスクの精度を上げるための学習（ファインチューニング）**

自己教師あり学習では、大量のラベルなしテキストデータから学習します。たとえば、文章「私は ChatGPT が好き」から、「私は ChatGPT が○○」という形式の学習データを生成し、「私は ChatGPT が」を入力として、「好き」という単語を予測するように AI を訓練します。大量な文章を集めて学習する自己教師あり学習を行い、広範な言語パターンを GPT は習得しました。GPT-3 では、主にインターネット上から集められた 570GB ほどのテキストデータで学習を行い、1,750 億ものパラメータが更新されています。

事前学習が終了した後にファインチューニングを行います。このプロセスでは、学習データを用意して、より適切な出力をするように、モデルのパフォーマンスを最適化します。

そして、2022 年に事前学習を終えた GPT-3.5 シリーズのモデルに、ファインチューニングを経て構築されたチャット形式のサービスが ChatGPT です。

GPT-4 は、Open AI の公式資料上では GPT-3.5 を改良したものと記述されており、より長い文章の入力と高度な推論ができるようになっています。

以上、GPT について簡単に説明しました。

POINT

- GPT は、入力文章のトークン間の関係性を捉えて、次の単語を正確に予測している
- GPT は、大量のテキストを用いて事前学習されている
- ファインチューニングを通じて、GPT はさまざまなタスクへのモデルの出力精度を最適化している

2-2 ChatGPT の利用方法

ChatGPT は、会員登録をすれば簡単に利用を開始できます。会員登録は、ChatGPT のサイト（https://chat.openai.com/auth/login）で行います。メールアドレスでの登録以外に、Google や Microsoft のアカウントでの登録がありますので、好きな手段で登録をしましょう。

プロフィールの入力、電話番号の認証をするとアカウント登録が完了します。アカウント登録完了後にログインすると、ChatGPT の GUI 画面に移動できます。

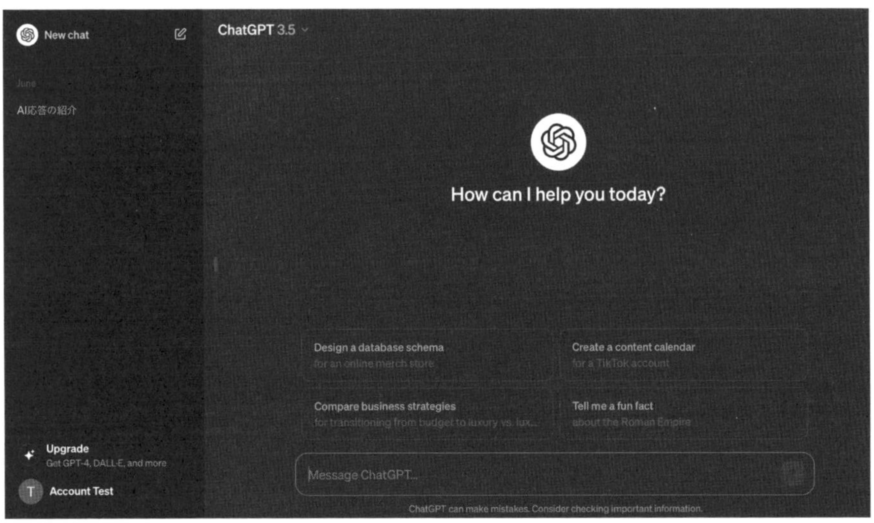

図 2.2.1　ChatGPT の初期画面

左サイドバー上部の「New Chat」を選択すると、ChatGPT の利用を開始できます。画面下のメッセージ入力テキストボックスに質問を入力しましょう。質問を入力して Enter キーを押すと、GPT から回答を得られます。改行をしたい場合には、Enter ではなく Shift キーと Enter キーを同時に押してください。

試しに「あなたは誰ですか？」と入力して送信しましょう。すると GPT からの返答が出力されます。

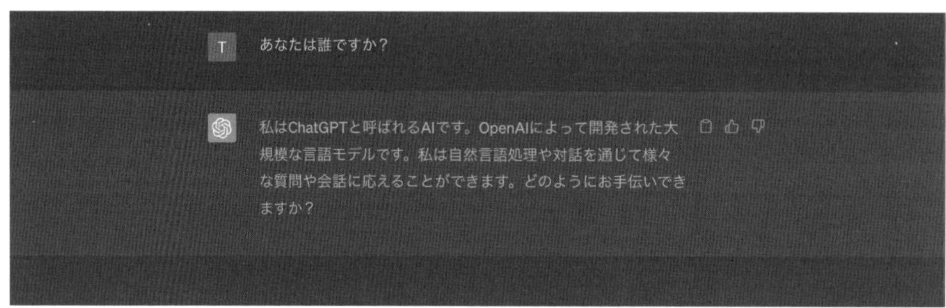

図 2.2.2　ChatGPT の最初の質問結果

日付ごとに実行したチャットが、サイドバーにたまっていきます。各チャットの名前は自動的に決められますが、編集アイコンをクリックすることで変更することも可能です。ゴミ箱のアイコンをクリックすれば、チャットを削除できます。

サイドバーの下の説明に移りましょう。「Upgrade」をクリックすると、ChatGPT Plus を使用できるようになります。ChatGPT Plus とは、1ヶ月 20 ドル（2023 年 12 月時点）のサブスクリプションプランで、GPT-4 の使用や、画像生成 AI の DALL·E を用いた画像生成などさまざまな機能が利用できるようになるプランです。

無料プランの ChatGPT-3.5 では、入力できる文字数が少なく入力の質も ChatGPT-4 より悪いため、業務で ChatGPT を使用する場合には ChatGPT Plus へのアップグレードをおすすめします。

サイドバーの最下部のアカウント名をクリックし、「Settings」をクリックして設定画面に移動しましょう。

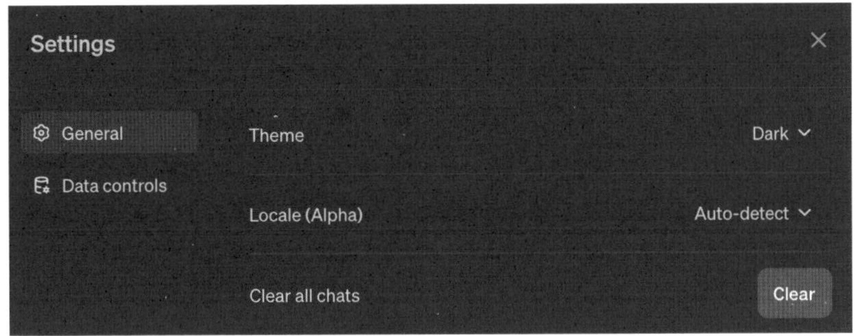

図 2.2.3　General 画面

この設定画面の「General」タブをクリックすると、ChatGPTの外観設定とChatの全削除（「Clear all chats」）ができます。設定画面のサイドバーの「Data controls」タブを選択すると、画面を移動できます。

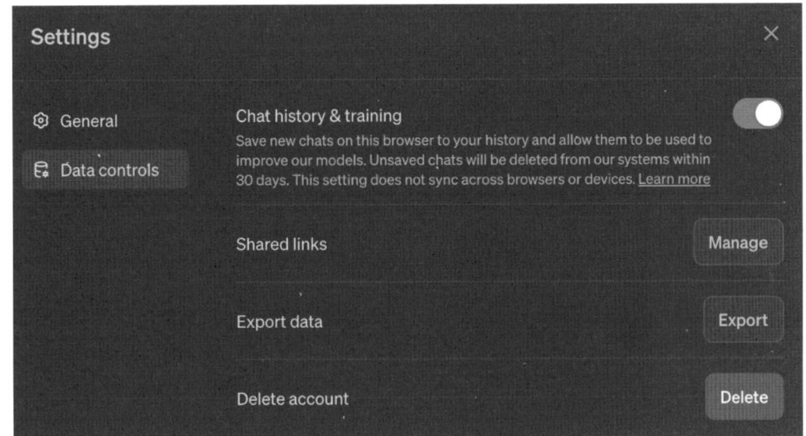

図 2.2.4　Data controls 画面

「Chat History & Training」の下には、以下の英語の説明が記述されています。

Save new chats on this browser to your history and allow them to be used to improve our models. Unsaved chats will be deleted from our systems within 30 days. This setting does not sync across browsers or devices.（このブラウザの新しいチャットを履歴に保存し、我々のモデルの改善に使用します。保存されていないチャットは30日以内にシステムから削除されます。この設定はブラウザやデバイス間で同期されません。）

ChatGPT は、常にユーザーのフィードバックを用いてモデルの改善を行っています。この設定を無効にすると、自身の入力内容が ChatGPT の学習に使用されることはなくなりますが、過去の入力情報を GPT が参照できなくなるため、ChatGPT の使い勝手が悪くなります。

「Export data」の右側の「Export」ボタンをクリックすると、ChatGPT に登録したメールアドレスに、これまで入出力してきたデータが zip ファイル形式で送られてきます。

「Delete account」の右側の「Delete」ボタンをクリックすると、アカウントが削除されます。削除したアカウントは復元できません。実行には注意してください。

POINT

- **ChatGPT は、GPT モデルを使用した AI と対話を行うチャットサービス**
- **設定を変更することで、ChatGPT 使用時の入力を学習に使用させなくできる**
- **ChatGPT では、会話の履歴をエクスポートできる**
- **アカウントを削除できるが、削除したアカウントは再利用できない**

2-3 プロンプト作成の基本

次に、ChatGPT が高品質な出力を生成するための、効果的なプロンプトの作成方法に焦点を当てていきましょう。ChatGPT の特徴を理解したうえで、どのようにプロンプトを作成すればよいのかについて掘り下げていきます。

2-3-1 ChatGPT の動作のしくみを考慮してプロンプトを作成する

ChatGPT は、入力された文字列を「トークン」と呼ばれる数値ベクトルに変換し、その「トークン」を用いて、次の単語の予測のための計算を行います。

ChatGPTからGPT本体への入力には、過去の質問やGPT本体からの返答も含んでいます。過去の会話の内容を入力に含めることで、ChatGPTが過去の会話を「覚えているか」のように動作します。

ChatGPT

天気はどうですか？
どこの天気ですか？
天気はどうですか？ どこの天気ですか？ 東京の天気です
（過去の質問も含めた入力になる）

AI
GPT

図 2.3.1 GPTの内部的な動作のしくみ

図2.3.1のように、2度目の質問時には過去の会話を含めてGPT本体への入力が作成されます。GPT本体がユーザーとの過去の会話を記憶しているわけではなく、ChatGPTの機能として上手く過去の会話の内容も入力に取り入れて出力の生成に活用されています（ChatGPT内部の詳細なしくみは公開されていませんが、おそらく図2.3.1よりも複雑なしくみで過去の会話と最新の質問を合わせた入力がChatGPT内部のアルゴリズムで作成されていると思われます）。

しかし、GPT本体には入力トークン数に制限があることにも注意しましょう。過度に長い質問をすると、出力が不安定化して品質も悪くなることが多いです。期待する出力を得るには、入力トークン数の制限を意識することが重要です。

これらの特性を理解したうえで、次から適切なプロンプトの作成方法を学んでいきます。

2-3-2 反復的な質問を通じて情報を掘り下げる

ChatGPTは過去の質問や回答も取り入れて出力を生成するため、最初に得られた回答が不十分であったとしても、質問を反復することで詳細な回答を出力するようになります。

入力 ①

アプリを開発するときに必要な知識を列挙してください。

出力 ①

1. プログラミング言語
2. ソフトウェア開発キット（SDK）

3.　モバイルアプリフレームワーク
4.　ユーザーインターフェース（UI）／ユーザーエクスペリエンス（UX）デザイン
5.　データベース管理
6.　サーバーサイド開発

この後、さらに出力の詳細を知りたい場合には、過去の回答を参照して次の質問をします。

入力 ②

2について、どういうものがあるのか詳細な内容と、勉強するための手段について教えてください。

出力 ②

ソフトウェア開発キット（SDK）は、特定のプラットフォームやフレームワークでアプリを開発するためのツールセットです。以下にいくつかの主要なSDKとそれぞれの詳細を示します。
～省略～

ChatGPTへの入力トークン数には制限があるため、入力が長すぎる場合には特に注意が必要です。過去の入出力を簡潔にまとめ、質問に付け加えるなどの工夫をして、何に対する質問なのかを明確化するとよいです。

入力 過去の内容を現在の質問に含める

下記の参考のスキルについて、それぞれ詳細な内容と、勉強するための手段を教えてください。
参考

1. **プログラミング言語**
2. **ソフトウェア開発キット（SDK）**
3. **モバイルアプリフレームワーク**
4. **ユーザーインターフェース（UI）／ユーザーエクスペリエンス（UX）デザイン**
5. **データベース管理**
6. **サーバーサイド開発**

詳細は第5章で説明しますが、APIを使用してGPTの機能をサービスに組み込む際には、過去の会話の内容を自動的に入力に取り入れるChatGPTとは異なりどの質問と回答をプロンプトに取り込むのかを明確にプログラムする必要があります。

また、2023 年 12 月時点では、GPT の API 利用は従量課金制のため、入力が長すぎると、その分請求される金額も増加します。そのため、過去の質問と回答をすべて含めればよいわけではなく、必要な部分だけを取り込むなど入力を調整する技術も求められます。

2-3-3 英語で質問をして英語の出力を得る

GPT の学習データの大半は、英語で記述されています。「1-1　ChatGPT とは何か（一橋大学、小町守教授に聞く）」でも説明したとおり、英語での問い合わせは、より正確で詳細な情報を得る可能性が高いため、試してみることもおすすめします。そして、英語で生成された情報をもとに、「日本語に翻訳してください」と指示することで、丁寧な日本語に翻訳できます。

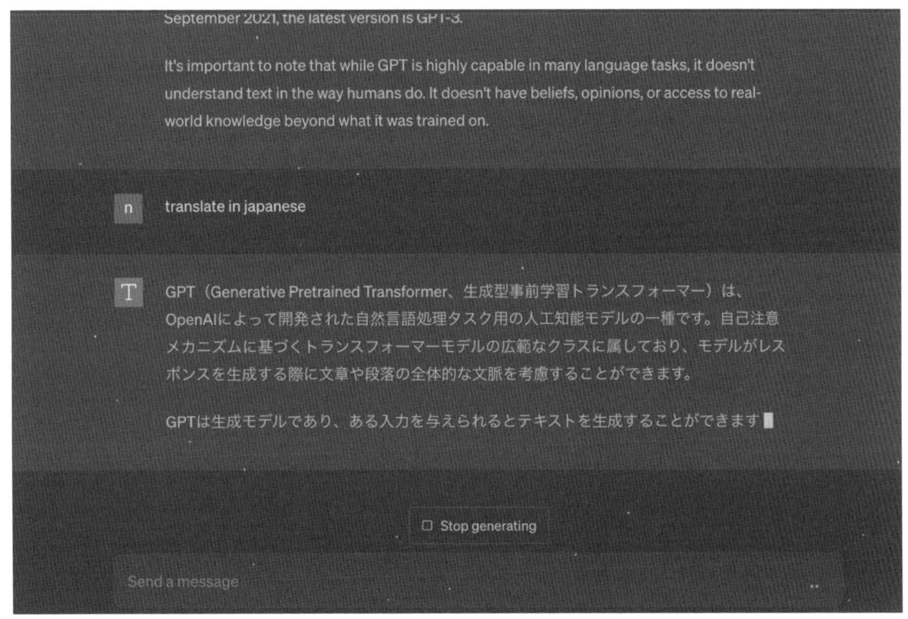

図 2.3.2 「What is GPT?」と質問して得られた英語の出力内容を日本語に翻訳した

2-3-4 連続する処理の場合は、処理を分けて出力させる

ChatGPT はトークン（単語）ごとに生成します。そして、すべての出力が完了する前に、その

出力内容を別の入力として使用することはできません。ChatGPT からの出力をさらに別の入力に含めるような連続的な処理を行って最終的な出力を得る場合、各処理を分けて１つずつ出力をすることを推奨します。

たとえば、英語の文章をまず簡潔にまとめ、次にその内容を日本語に翻訳するといった処理は、一度で実行すると精度が落ちます。

入力 上手くいかない例

下記の文章を簡潔にまとめてから、日本語で出力してください。

Artificial Intelligence (AI) represents the simulation of human intelligence processes by machines, especially computer systems. These processes include learning, reasoning, problem-solving, perception, and language understanding. AI can be categorized as weak, used for specific tasks, or strong, with capabilities akin to human cognition.
～省略～

複数のステップを含むタスクを ChatGPT で用いて行うには、各ステップを個別に実行して１つずつ処理すれば、より精度の高い出力を得ることができます。

入力 ①

Please Summarize below (下記をまとめてください).

Artificial Intelligence (AI) represents the simulation of human intelligence
～省略～

入力 ②

下記の文章を日本語にしてください。

～入力①の出力を貼り付ける～

特に複雑なタスクを実行して結果を得たい場合には、タスクを分割して一つ一つ結果を出力した後に最終的な出力を得るとよいです。

POINT

- GPT は入力文章から次の単語を予測する
- 反復して質問をすることでより質の高い回答にたどり着ける
- 英語での質問の方が、詳細でかつ正確な回答が得られる可能性が比較的高い
- 連続した質問を行いたい場合、複数の質問に分けて回答を得る

2-4 プロンプトエンジニアリングのベストプラクティス[注5]

GPT や他の LLM を使用するには、良いプロンプトを設計することが不可欠です。本節では、プロンプトエンジニアリングにおけるベストプラクティスを紹介します。

2-4-1 明確で詳細な内容を記述する

LLM は、利用者の意図や文脈を読み取る能力はありません。出力を行うために必要な情報はすべて伝える必要があります。曖昧なプロンプトでは、LLM に内容が伝わらず、精度の欠けた回答が生成される可能性があります。

入力 ×明確でないプロンプト

プログラミングのやり方を教えてください。

上記の例では、どのプログラミング言語で、どの処理を記述してほしいのか記述されていない不

注 5　以下をもとに作成。
- Best practices for prompt engineering with OpenAI API
https://help.openai.com/en/articles/6654000-best-practices-for-prompt-engineering-with-openai-api
- GPT best practices
https://platform.openai.com/docs/guides/gpt-best-practices

明確なプロンプトになっています。

入力 ○明確なプロンプト

Python を用いて、ループ構文を使って 1 から 10 までの数値を出力するプログラムの書き方を教えてください。

2 番目の例では、使用する言語や求められているタスクが明確になりました。また、文章を明確にするだけでなく、以下のように参考となる文章を付け加えて出力に必要な情報を伝えることで、より質の高い文章を生成できるようになります。

入力

以下の詳細設計書をもとに、Python の Web フレームワークの Flask を使用したログイン画面を作成してください。

詳細設計書
～ここに詳細設計書の内容を貼り付ける～

プロンプトに必要な情報を可能なだけ入力して LLM に伝えることで、より詳細な出力を得ることができます。

2-4-2 区切り文字を使用して文章をわかりやすくする

プロンプト内で特定の部分を明確に指定することで、LLM が内容をより正確に理解しやすくなります。たとえば、まとめを作成する場合にはどこが対象の文章なのか、""" で囲うなどするとよいです。

入力

以下の """ で囲われた、文章の要約を箇条書きで作成してください。

"""
～文章～

"""

以下のプロンプトでは、概略とタイトルがどこにあるのかを、マークダウン形式でわかりやすく分けています。

入力

以下に論文の概略とタイトルがあります。注目を引くためのタイトルにしたいと考えていますが、以下のタイトルがそうでなければ、代替案を5つ挙げてください。

概略
～ここに概略を書く～

タイトル
～ここにタイトルを書く～

2-4-3 出力内容の制限や形式を明確に指定する

どういう出力にしたいのかChatGPTに指定することもできます。以下の例では、上司に対して謝罪するメールという出力形式にしています。

入力

作業の確認ミスで、システムが停止してしまいました。謝罪するメールの文面を考えてください。

出力形式
上司に謝罪する丁寧な文面

箇条書きにすることで、出力をわかりやすくまとめることができます。

入力

以下の記事について要点をまとめて出力してください。
～記事の内容を添付～

出力形式
箇条書きで記述する

DB に挿入するデータを要求する場合、たとえば CSV 形式などの具体的なフォーマットと、データの制限（年齢範囲や地域選択）を指定することで、望むデータが得られます。

入力

DB にテストで挿入するデータを作成しています。以下のカラムに対してランダムなデータを 10 件作成してください。

出力形式
CSV で区切り文字はカンマ
名前 , 性別 , 年齢 , 出身地 , 趣味
年齢 : 20～30 の間
出身 : 東京 , 神奈川 , 千葉 , 栃木 , 群馬 , 埼玉から選択

2-4-4 出力例を与える

出力形式を明確にするためには、具体例をプロンプトに含めることが効果的です。例を見せることで、AI はそのフォーマットを参考にして、期待する出力に近い結果を生成します。

入力

新たなミーティングの招待メールを作成してくれますか？

条件
日時 : 2023/05/01 の午後 2 時
場所 : 会議室 A
出席者 : 長野、石川、大阪
アジェンダ : プロジェクトの進捗確認、問題点の確認、プロジェクト予定確認

出力例
題 : プロジェクトキックオフミーティング

日付 : 2023/03/22
時刻 : 午前 10 時
場所 : 会議室 B
出席者 : 山田太郎 , 佐藤二朗 , 鈴木花子
アジェンダ :

1. **チーム紹介**
2. **プロジェクトの概要**
3. **役割と責任**
4. **プロジェクトの期限とマイルストーン**
5. **Q&A**

出力

題 : プロジェクト進捗ミーティング
日付 : 2023/05/01
時刻 : 午後 2 時
場所 : 会議室 A
出席者 : 長野、石川、大阪
アジェンダ :

1. **プロジェクトの進捗確認**
2. **問題点の確認**
3. **プロジェクト予定確認**

実例を示すことで GPT は出力フォーマットをより正確に理解し、出力形式を安定させることができます。

2-4-5 参照を含める

質問をする際に、まず参照先となる長文を貼り付けて、それを参考にする質問を入れます。そして、質問に対する答えが見つからない場合には「回答が得られませんでした」と返してもらうようにましょう。このようにすることで、長文の範囲内での質問に答えられるようになり、より正確な情報や、特定の文脈に沿った情報を返すようになります。

入力

以下の参考の中から答えを見つけて答えてください。1990年代のコンピュータは何を指しますか？
もし、回答が見当たらなかった場合は、「回答が得られませんでした」と表示してください。

情報[注6]
コンピュータという言葉は元々は計算をする人間の作業者のことを指す言葉であったが、今では計算を行う装置あるいはシステムを指す言葉として使われている。歴史的には、機械式のアナログやデジタルの計算機、電気回路によるアナログ計算機、リレー回路によるデジタル計算機、真空管回路によるデジタル計算機、半導体回路によるデジタル計算機などがある。かつては（1970年代や1980年代ころまでは）コンピュータと言えばアナログコンピュータも含めたものであったが、1990年代や2000年ころには一般には、主に電子回路による、デジタル方式でなおかつプログラム内蔵方式のコンピュータを指す状況になっていた。演算（広義の演算）を高速・大量に行えるのでその用途は多様であり、現在、数値計算、情報処理、データ処理、制御、シミュレーション、文書作成、動画編集、ゲーム、バーチャル・リアリティ、画像・映像の認識（computer vision）、人工知能などさまざまな用途に用いられている。さらに近年では、大学の研究室や先端的な企業の研究所などでは量子回路（電子回路とは異なるもの）を用いた量子コンピュータについても研究・開発がなされてきており、すでに実用段階に近づきつつある様相を見せている。

出力

1990年代のコンピュータは、参考に基づいて、一般に主に電子回路による、デジタル方式で、プログラム内蔵方式のコンピュータを指す状況になっていたものを指します。この時期には、コンピュータは高速・大量の演算が可能であり、数値計算、情報処理、データ処理、制御、シミュレーション、文書作成、動画編集、ゲーム、バーチャル・リアリティ、画像・映像の認識など、多様な用途に用いられていました。

ただ、このプロンプトには1つ注意点があります。文章が長くなりすぎると、入力の制限に引っかかってしまうことです。そのため、参照先を簡潔にまとめる、あるいは、重要な箇所だけ抜き出すことが必要になります。

また、参照先から情報を引き出すだけでなく、参照先をもとにより良い出力を得ることもできます。以下は架空のプログラミング言語のコードをもとに、新たな処理を生成する例です。

注6　https://ja.wikipedia.org/wiki/コンピュータ

入力

下記の参考のコードをもとに、10フィボナッチ数を求める処理を書いてください。

```
# 参考コード
start Program
  // 定数の定義
  constant greeting: String = "Hello, World!"
  // 主関数
  function main() -> Void {
    // 出力コマンド
    print(greeting)
  }
end Program
```

出力

もちろんです！　以下は、10個のフィボナッチ数を求めるシンプルなプログラムの例です。このプログラムは、0から9までの最初の10個のフィボナッチ数を計算し、それらをコンソールに出力します。コードは一般的なプログラムの構造に従っていますが、特定のプログラム言語の構文には依存していないため、シンタックスは参考のコードに基づいています。

```
start Program

  // 主関数
  function main() -> Void {
    // 最初の10個のフィボナッチ数を計算して出力
    var a: Int = 0
    var b: Int = 1

    // 10回繰り返す
    for i from 1 to 10 {
      // 現在のフィボナッチ数を出力
      print(a)

      // 次のフィボナッチ数を計算
      var next: Int = a + b
      // 次のループのために値を更新
      a = b
```

```
        b = next
      }
    }

  end Program
```

このプログラムでは、aとbという2つの変数を使ってフィボナッチ数列を計算しています。最初に、aは0に、bは1に初期化されます。ループが回るたびに、aの値が出力され、aとbの値を使って次のフィボナッチ数が計算されます。その後、aとbの値を更新して、次のループの計算に備えます。

この例では、架空のコードを参考にすることで、どういう書き方がいいのか類推して、処理を考えています。この参考を与えるプロンプトは、実在する言語を用いたプログラミングの際にも有効です。

筆者の経験上、0から処理を書いてもらうよりも、すでに動作しているコードを参考に与えた方がそれとは別の処理を出力させたとしてもより正確なコードを出力する可能性が高いように思われます。これは参考を与えた方が、既存のコードの構造やロジックを理解しやすくなるからだと考えられます。

2-4-6 推論の過程を与える

結論だけを出力させるよりも、結論に至るまでの推論の過程を出力させた方が正確な回答を引き出せることがあります。

ChatGPTは出力してきた内容を次のトークンの出力に使用するため、推論の過程をあえて出力させることで、最終的な回答生成への参考として使用できるようになります。

たとえば、学生の数学の問題への解答をモデルに評価させましょう。最も明白な方法は、学生の解答が正しいかどうかをモデルに単純に尋ねることです。

入力 GPT-3.5を使用

下の問題文を読んで、学生の回答が正しいかどうかをチェックして、正しいか正しくないかだけ出力してください。

問題文
太陽光発電設備を建設しており、その費用の計算をしています。

土地のコストは1平方メートルあたり10,000円
太陽光パネルは1平方メートルあたり25,000円で購入できる
保守に関する契約を交渉し、毎年で100,000,000円の費用がかかり、さらに1平方メートルあたり1,000円の追加費用がかかる
設備のサイズに応じて、運用の最初の年の総コストは何か。

学生の回答：設備のサイズをx平方メートルとする。
- 土地のコスト：10,000x
- 太陽光パネルのコスト：25,000x
- 保守費用：100,000,000 + 10,000x
- 総コスト：10,000x + 25,000x + 100,000,000 + 10,000x = 45,000x + 100,000,000

入力の学生の回答は誤っており保守の追加費用は1平方メートルあたり1,000円であるため、保守費用の総額は、正しくは「100,000,000 + 1000x」です。しかし、入力文のように、正しいかどうかだけを出力させると、GPT-3.5ベースのChatGPTでは以下のように出力されました。

出力

正しい回答です。

そこで、まず推論過程を出力させ、その後に推論過程と学生の回答を比較するような出力に変更しましょう。

入力 GPT-3.5を使用

下の問題文を読んで、学生の回答が正しいかチェックします。出力例のように自分で推論過程を出力して、次に自身の推論過程と学生の回答を比較して正しいかどうかを出力してください。
問題文
太陽光発電設備を建設しており、その費用の計算をしています。
土地のコストは1平方メートルあたり10,000円
太陽光パネルは1平方メートルあたり25,000円で購入できる
保守に関する契約を交渉し、毎年で100,000,000円の費用がかかり、さらに1平方メートルあたり1,000円の追加費用がかかる

設備のサイズに応じて、運用の最初の年の総コストは何か。
学生の回答：設備のサイズを x 平方メートルとする。

- 土地のコスト：10,000x
- 太陽光パネルのコスト：25,000x
- 保守費用：100,000,000 + 10,000x
- 総コスト：10,000x + 25,000x + 100,000,000 + 10,000x = 45,000x + 100,000,000

出力例
自身の推論：< 推論の過程 >
比較結果：< 推論で得られた総コスト >, < 学生の回答の総コスト >
最終結果：< 学生の回答をチェックした結果 >

出力

自身の推論：

1. **土地のコストは 1 平方メートルあたり 10,000 円で、設備のサイズが x 平方メートルなので、土地のコストは 10,000x 円です。**
2. **太陽光パネルのコストは 1 平方メートルあたり 25,000 円で、設備のサイズが x 平方メートルなので、太陽光パネルのコストは 25,000x 円です。**
3. **保守費用は毎年で 100,000,000 円かかり、さらに 1 平方メートルあたり 1,000 円の追加費用がかかるため、保守費用は 100,000,000 + 1,000x 円です。**
4. **総コストは土地のコスト + 太陽光パネルのコスト + 保守費用です。**
   総コスト = 10,000x + 25,000x + (100,000,000 + 1,000x) = 36,000x + 100,000,000 円

比較結果：

- 推論で得られた総コスト：36,000x + 100,000,000 円
- 学生の回答の総コスト：45,000x + 100,000,000 円

最終結果：
学生の回答をチェックした結果、学生の回答の総コストは誤っています。正しい総コストは 36,000x + 100,000,000 円です。

このように、学生の計算が誤っていることを指摘することができました。推論過程を出力させると、その出力を結論の導出に利用することで、出力精度を上げることができます。

2-4-7 AI に思考をさせる（ReAct）

「2-4-6　推論の過程を与える」では、ChatGPT に推論過程の後に結論を出力させました。このときの例では ChatGPT が実行する内容を（2-4-6 項の例での入力「自分で推論過程を出力して、次に自身の推論過程と学生の回答を比較して正しいかどうかをチェックする」）、ユーザー側が決めてプロンプトに与えていました。実は、この実行内容の考案までも ChatGPT に任せることができます。

これは ReAct と呼ばれる、人間が「思考」して「行動」をするという意思決定プロセスから着想を得たテクニックであり、Google のチームによって研究されました[注7]。

ReAct は、思考－行動－観察のステップで構成され、あるタスクに対して思考、行動、観察を続けて行って最終的な回答を導き出します。

「2-4-6　推論の過程を与える」と同様の例で ReAct から着想を得たプロンプトを用いて正しい答えを導いてみましょう（これは必ず上手くいくわけではないので、何度か試してください）。

入力　GPT-3.5 を使用

学生の回答が正しいか誤っているのかチェックします。
このとき、すぐに答えを出さず、思考、行動、観察のステップに沿ってください。
思考：学生の回答が正しいか、最も正確にチェックできるプロセスを考えて、その方法を出力する
行動：思考したプロセスを実行して結果を出力する
観察：行動の結果から検証を行って、学生の回答の正誤のチェックを行う

問題文
太陽光発電設備を建設しており、その費用の計算をしています。
土地のコストは 1 平方フィートあたり 10,000 円
太陽光パネルは 1 平方フィートあたり 25,000 円で購入できる
保守に関する契約を交渉し、毎年で 100,000,000 円の費用がかかり、さらに 1 平方フィートあたり 1,000 円の追加費用がかかる
設備のサイズに応じて、運用の最初の年の総コストは何か。
学生の回答：設備のサイズを x 平方フィートとする。

- 土地のコスト：10,000x
- 太陽光パネルのコスト：25,000x

注 7　https://arxiv.org/pdf/2210.03629.pdf

- 保守費用 : 100,000,000 + 10,000x
- 総コスト : 10,000x + 25,000x + 100,000,000 + 10,000x = 45,000x + 100,000,000

出力

思考 :
学生の回答をチェックするために、設備のサイズに応じて運用の最初の年の総コストを計算する必要があります。学生の回答に基づいて計算方法は正しいように見えますが、確認が必要です。
行動 :
学生の回答に基づいて、総コストを計算してみましょう。
総コスト = 土地のコスト + 太陽光パネルのコスト + 保守費用
土地のコスト = 10,000 円 /x 平方フィート * x 平方フィート = 10,000x 円
太陽光パネルのコスト = 25,000 円 /x 平方フィート * x 平方フィート = 25,000x 円
保守費用 = 100,000,000 円 + 1,000 円 /x 平方フィート * x 平方フィート = 100,000,000 円 + 1,000x 円
総コスト = 10,000x 円 + 25,000x 円 + 100,000,000 円 + 1,000x 円
総コスト = 35,000x 円 + 100,000,000 円
観察 :
学生の回答と計算結果を比較します。
学生の回答 : 45,000x 円 + 100,000,000 円
計算結果 : 35,000x 円 + 100,000,000 円
学生の回答と計算結果は異なります。学生の回答に誤りがあります。正しい総コストは 35,000x 円 + 100,000,000 円です。
したがって、学生の回答は誤っています。

出力を見ると、回答のチェックを行うために総コストの計算をする計画を思考し、思考した計画を行動に移し、学生の回答と計算結果を比較・観察して最終的に学生の回答が誤っていることを導き出していることがわかります。

まるで、AI が自分の意思を持って振る舞っているかのようにも見えます。ReAct を用いることで Web の検索やデータの分析など複雑な行動を GPT が取れるようになり、実際にさまざまなタスクで応用されています。

LLM の精度がさらに向上すると、さらに複雑な思考と行動までも AI に任せられるようになるかもしれません。

POINT

- 明確な内容を記述：GPT は文脈を読み取れないので、具体的な情報を伝える
- 区切り文字の使用：文章の重要部分を明確に示すための区切り文字を使用する
- 出力形式の指定：期待する出力形式を明確に指定する
- 出力例の提供：期待する回答の形式を示すための例を提供する
- 参照先の提供：参考となる文章を示す
- 推論過程を出力：結論を出すときの精度を上げるために推論を出力させる
- ReAct: AI に思考－行動－観察をさせて出力の品質を上げる

2-5 プロンプトパターンを使用する

1-5 節でも紹介したヴァンダービルト大学の論文「A Prompt Pattern Catalog to Enhance Prompt Engineering with ChatGPT」[注8] に基づき、ソフトウェア開発で役立つプロンプトパターンを紹介します。

2-5-1 The Flipped Interaction Pattern（反転インタラクションパターン）

通常、ユーザーが GPT に質問を投げますが、このパターンでは逆に GPT がユーザーに対して、情報を促す質問をします。より情報が多いほど、より精度の高い出力を GPT から得ることができます。条件が明確になっておらず、提供する情報が不明確な場合、このパターンは非常に役立ちます。

注 8　https://arxiv.org/pdf/2302.11382.pdf

入力

Python アプリケーションを AWS にデプロイしたいです。**その回答を得るために必要な情報をこちらに質問をしてください。**十分な情報を得たら、デプロイを自動化する Python スクリプトを作成してください。

出力

Python アプリケーションを AWS にデプロイするための情報を収集します。

1. **アプリケーションの詳細：**
   - アプリケーションの名前は何ですか？
   - どのようなフレームワークやライブラリを使用していますか？（例：Flask, Django, FastAPI など）
2. **AWS サービスの選択：**
   - AWS のどのサービスにデプロイしたいですか？（例：EC2, Lambda, ECS, EKS など）
3. **デプロイ設定：**
   - どの AWS リージョンにデプロイしますか？
   - 既存の VPC を使用しますか、新しい VPC を作成しますか？
4. **データベースの情報：**
   - データベースを使用していますか？　もしそうなら、どのデータベースを使用していますか？
   - RDS や DynamoDB などの AWS データベースサービスを使用しますか？
5. **認証とセキュリティ：**
   - AWS の IAM ロールやポリシーに関する特別な要件はありますか？
   - SSL/TLS 証明書を設定する必要がありますか？
6. **その他の設定：**
   - ロードバランサーや Auto Scaling の設定は必要ですか？
   - どのようなモニタリングやアラート設定を希望しますか？

この例では、アプリケーションのデプロイ方法を提供するために必要な情報を、ChatGPT がユーザーに質問しています。さらにユーザーがこれらの質問に応答することで、ChatGPT はより具体的で適切なデプロイ方法を提案できます。

以下のように回答をしました。

入力

アプリケーションの名前 : MyApp
どのようなフレームワークやライブラリを使用していますか : Flask
AWS のどのサービスにデプロイしたいか : EC2
どの AWS リージョンにデプロイしますか : Tokyo
既存の VPC を使用しますか、新しい VPC を作成しますか : 新しく作ります
データベースを使用していますか？　もしそうなら、どのデータベースを使用していますか？ : MySQL
RDS や DynamoDB などの AWS データベースサービスを使用しますか？ : RDS を使います
AWS の IAM ロールやポリシーに関する特別な要件はありますか？ : ありません
SSL/TLS 証明書を設定する必要がありますか？ : あります
ロードバランサーや Auto Scaling の設定は必要ですか？ : 必要ありません
どのようなモニタリングやアラート設定を希望しますか？ : 今のところ、決定していません

出力

ありがとうございます。指定された条件に基づいて、Python アプリケーション（Flask 製）を新しい VPC 内の EC2 インスタンスにデプロイし、RDS MySQL データベースを使って、Tokyo リージョンにデプロイするための Python スクリプトを作成します。このスクリプトは以下のステップを自動化します :

1. **新しい VPC と必要なリソース（サブネット、インターネットゲートウェイ、ルートテーブル）の作成**
2. **RDS MySQL データベースのインスタンスの作成**
3. **EC2 インスタンスの起動と設定（セキュリティグループの設定含む）**
4. **SSL/TLS 証明書の設定**
5. **Flask アプリケーションのデプロイ（EC2 にコードをコピーしてセットアップ）**

～省略～

注意 : このスクリプトは簡単な例です。実際の運用では、エラーハンドリング、リソースの設定詳細、IAM ロールの設定、セキュリティ設定（セキュリティグループ、NACLs など）、ログ／モニタリングの設定など、さらに詳細な設定が必要になる場合があります。
また、セキュリティには特に注意が必要です。公開された EC2 インスタンスや RDS インスタンスには、適切なセキュリティグループのルールを設定して、不必要なポートが開かないようにしてください。

このスクリプトは始めの一歩としてご参考にしてください。

2-5-2 The Persona Patter（ペルソナパターン）

ChatGPT に、特定の視点や役割を持ってほしい場合にこのパターンは役立ちます。たとえば、セキュリティ専門家としてコードレビューを行うような場合などです。このパターンの目的はChatGPT に「役割」を持たせて、異なる視点での出力を生成することです。

入力

あなたは Linux のターミナルです。コマンドを入力したときに対応するアウトプットをしてください。

質問
pwd

出力

/home/yamada

このように、特定の役割や視点に基づいた回答を得ることができます。他にも、職業、役職、架空のキャラクター、歴史的な人物などのいろいろなパターンで出力してみましょう。

同じように、複数の視点を入れることで、偏った意見だけが出力されることを防ぐことができます。

入力

以下の役割からアドバイスをください。

役割

- プロジェクトマネージャーとして
- サーバーサイドエンジニアとして
- フロントエンドエンジニアとして
- UI/UX デザイナーとして

質問

登録者数１万人ほどの、Python の Flask を用いた Web アプリケーションを AWS 上に構築する際の注意点を教えてください。

出力

もちろんです。それぞれの役割に応じた注意点を挙げます。
プロジェクトマネージャーとして

1. **スケジュール管理：タイムラインとマイルストーンを明確に設定し、頻繁に進捗をチェックしてください。**
2. **リソースの調整：AWS のコスト管理とチームの作業時間を最適に計画してください。**
3. **リスク管理：セキュリティやスケーリングに関するリスクを事前に特定し、対処計画を立ててください。**
4. **コミュニケーション：チームメンバー間の明確で効果的なコミュニケーションを確保してください。**

～省略～

UI/UX デザイナーとして

1. **レスポンシブデザイン：ユーザーのデバイスに適切に対応するデザインを考慮してください。**
2. **パフォーマンス：画像やフォントなどのリソースのサイズを最小限に抑えることで、ページのロード時間を短縮してください。**

総じて、チーム間のコミュニケーションが非常に重要です。異なる役割のメンバーが連携し、効果的な情報共有と協働を実現するように心掛けてください。

このように、ペルソナパターンを応用することで、さまざまな立場からの意見を得ることができるようになります。

2-5-3 The Alternative Approaches Patterns（代理アプローチパターン）

何らかのタスクを行うときに、自分が精通しているもの以外の方法がないのかを考えることも大事です。代理アプローチパターンを用いれば、複数のアプローチや方法を提案し、長所・短所を比較して最適な選択をサポートすることができます。

入力

私が特定のアプリケーションの開発をするように頼むとき、フレームワークで同じことを達成するための代替のものがある場合、**最も良い代替のフレームワークをリストアップして、コスト、可用性、および保守の労力に関して各アプローチの長所と短所を比較・対照してください。**そして、私が最初に頼んだ方法も含めてください。また、アプローチを選択するうえで必要な質問を私に尋ねてください。

依頼：Python の Flask でアプリケーションの開発がしたいです。

出力

Python の Flask を使用したアプリケーション開発に関して、同じことを達成するための代替フレームワークと、それらの長所と短所を以下にリストアップし、比較・対照いたします。
Flask (あなたが最初に頼んだ方法):

- **長所**:
  - 軽量で学習コストが低い。
  - 柔軟性が高く、必要なコンポーネントを選んで組み込むことができる。
  - 豊富な拡張が利用可能。
- **短所**:
  - 大規模なアプリケーションになると、構造化のための工夫が必要。
  - 一部の機能を追加する際には外部ライブラリが必要。

～省略～

FastAPI:

- **長所**:
  - 高速で、非同期処理をサポート。
  - 型ヒントを利用した自動 API ドキュメンテーションの提供。
  - Flask に近い感覚で使用できる。
- **短所**:
  - まだ新しいため、歴史や実績は Flask や Django に比べると少ない。
  - 一部の拡張やライブラリが存在しないことも。

～省略～

このパターンの目的は、ユーザーに代替手段を示すことで、自分が詳しい特定の方法にこだわる認知バイアスを解消し、最適な方法を選択するのを助けることです。

また、GPTから何らかの提案を得た後に「別の提案をしてください」と入力をすれば、初めの出力以外の有益な提案がなされることがあります。

GPTは、たくさんの可能性のうちの1つの出力しかされないこともあるため、出力されたもの以外の選択肢を再生成して、さまざまな視点から検討することも重要です。

2-5-4 The Fact Check List Pattern（ファクトチェックリストパターン）

このパターンの目的は、ChatGPTの出力が、事実かどうかを確認することです。ChatGPTは、事実でない情報を説得力あるテキストで生み出してしまうことがあります。そして、ユーザーが出力内容の専門家ではない場合には、それが事実かどうかのチェックが難しくなります。

このパターンでは、基本的な事実を出力することで、チェックしやすくなります。

入力

テキストを出力するときは常に、**出力に含まれるファクトチェックリストを出力の最後に挿入してください。ファクトチェックリストは、そのいずれかが間違っていれば出力の真実性を損なう基本的な事実でなければいけません。**

質問：Flaskのアプリケーションと AWSのLambdaを組み合わせる方法について記述してください。

出力

FlaskのアプリケーションとAWS Lambdaを組み合わせる方法について説明します。

1. **Zappaのインストール：**

    Zappaは、FlaskアプリケーションをAWS LambdaとAPI Gatewayにデプロイするためのツールです。まず、Zappaをインストールします。

```
pip install zappa
```

～省略～

ファクトチェックリスト：

1. **Zappa は Flask アプリケーションを AWS Lambda にデプロイするためのツールである。**
2. **zappa init で Zappa の設定を開始できる。**
3. **zappa deploy dev でアプリケーションを AWS Lambda にデプロイできる。**
4. **AWS の認証情報が必要である。**
5. **Flask アプリケーションは仮想環境内で実行されるべきである。**

この手順を使用すると、Flask アプリケーションを AWS Lambda に簡単にデプロイできます。

この例では、出力の後半にファクトチェックリストが記述されています。ファクトチェックリストを１つずつ確認することで、出力内容が正しいのかどうか確認が取れます。特定の領域の専門家でない人が、ChatGPT を使用して作業する際に有効なパターンです。

2-5-5 The Reflection Pattern（リフレクションパターン）

これは、LLM が回答を出力する際に、同時に論理的な根拠を提供させるものです。LLM がどのようにして特定の答えにたどり着いたのか、その根拠となる論理を明示してユーザーの理解を助けます。

入力

回答を生成する場合には、**その根拠となる論理と前提を示してください。**可能なら、特定の例や証拠となるコードのサンプルも記述してください。

質問：なぜ、Flask のアプリケーションを AWS Lambda にデプロイするのに Zappa を使うのですか？

出力

Zappa を使用して Flask のアプリケーションを AWS Lambda にデプロイする理由を論理的に考察し、その背景と前提を示します。

1. **AWS Lambda とは**

- AWS Lambdaは、AWSが提供するサーバーレス計算サービスで、コードを実行するだけでよく、サーバーのプロビジョニングや管理の必要がありません。ユーザーは関数をアップロードし、指定したトリガーに基づいて自動的に実行されます。

2. **Zappaとは**
   - Zappaは、PythonのWebアプリケーションや関数をAWS Lambdaにデプロイするためのツールです。Flask、Djangoなどの主要なPythonのWebフレームワークと互換性があります。

3. **Zappaを使用する理由:**
   - サーバーレスデプロイメントの簡素化:Zappaを使用すると、コマンド1つでPythonのWebアプリケーションをAWS LambdaとAPI Gatewayに簡単にデプロイできます。

～省略～

このように、Zappaを使用することで、AWSのサーバーレス環境へのデプロイが簡単になります。もちろん、Zappa以外の方法やツールも存在しますが、簡易性やPythonのWebフレームワークとの親和性が高いため、Zappaが人気を集めています。

リフレクションパターンを使用すると、出力に論理的根拠を追加でき、ユーザーは出力に納得感を得やすくなります。このパターンを使用することで、ユーザーの特定のトピックに対する理解を向上させることができます。

2-5-6 The Template Pattern (テンプレートパターン)

これは、テンプレートを提示して、特定のフォーマットやテンプレートに従った回答をGPTから得ることを目指すパターンです。GPTに出力形式を指定しても、期待していた出力と微妙にずれることもあります。具体的なテンプレートを明示することで、より正確なフォーマットどおりの出力を得られます。

入力

出力のテンプレートを示します。<>で囲んだところがプレースホルダーです。プレースホルダーに該当部分を入れた形で出力をしてください。

出力テンプレート
宛先：<宛先>
件名：<件名>
内容：お世話になっております。<私の名前>です。
<内容>

質問
上司に、金曜日に有給休暇を使うことを伝えるメールを書いてください。私の名前は、山田です。

出力

宛先：上司様
件名：金曜日の有給休暇の申請について
内容：お世話になっております。山田です。金曜日に私事で用事があり、
～省略～

このように、GPTの出力の曖昧さを少なくして、特定のフォーマットに合わせたい場合に使用されます。メール作成などの定型業務をChatGPTに代替させる場合などに便利なパターンです。出力例も同時に添付することで、より出力を安定させることができます。

たとえばAPIをサービスに組み込む場合には、テンプレートパターンを用いることで、より目的に沿った適切な出力を得られるようになります。

POINT

- 反転インタラクションパターン：GPT がユーザーに質問をし、必要な情報を収集することで、より精度の高い出力を得られる
- ペルソナパターン：GPT の出力に特定の視点や役割を持たせることで、特定の役割に沿った出力を生成できる
- 代理アプローチパターン：複数の方法やアプローチを提案し、それぞれの長所と短所を比較・対照できる
- ファクトチェックリストパターン：GPT の出力するリストが事実であることを確認するためのチェックリストが提供される
- リフレクションパターン：GPT の出力の論理的な根拠を生成させる
- テンプレートパターン：特定のフォーマットに合わせて出力させる

2-6 ChatGPT Plus の機能の活用

ChatGPT Plus ユーザー向けには、無料版にはないさまざまな機能が提供されています。これらの機能の有効な活用方法を見ていきましょう。

2-6-1 プラグインを使用する

ChatGPT 単独では実行できない処理を他のサービスと連携して実行できるツールです。使用の開始には、設定画面の「Beta features」タブから「Plugins」を有効にします。

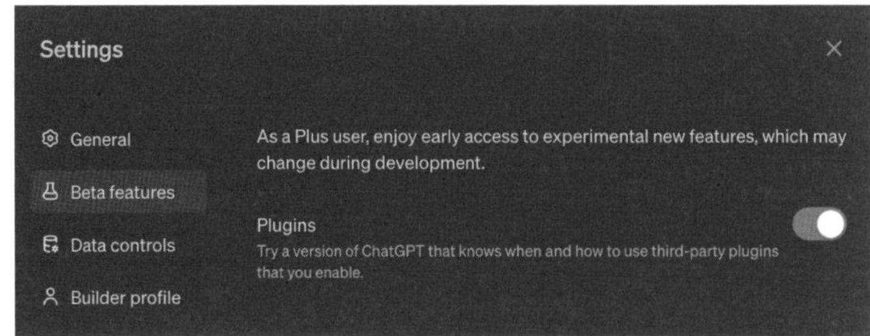

図 2.6.1　書籍執筆時点（2023 年 12 月）では、ベータ版のため、「Plugins」を有効にする

新たなチャットを立ち上げる際に、対象の選択タブから「Plugins」を選択してください。

図 2.6.2　プラグイン選択画面

プラグインは「Plugin Store」からインストール可能で、「Install」ボタンをクリックすればプラグインの使用が可能になります。

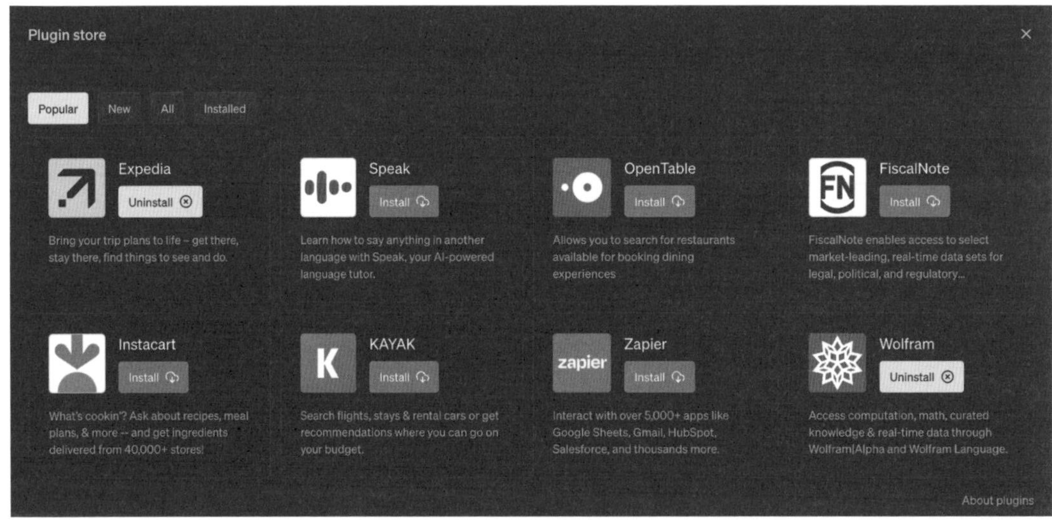

図 2.6.3　Plugin Store 画面

a. Expedia プラグイン

ここでは、外部サービスとの連携の例として Expedia を利用していきましょう。Expedia に限らず、食べログや航空券検索の KAYAK などさまざまなサービスのプラグインの使用も可能です。

Expedia のプラグインを使用するには、モデルの選択ボックスを「Plugins」にして、「Expedia」を選択します。

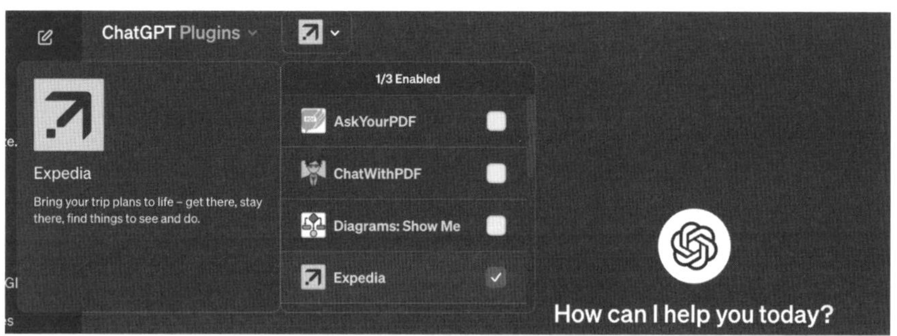

図 2.6.4　Expedia を選択する画面

Expedia プラグインを選択した状態で「新宿周辺の安くて評価の高い出張向けのホテルとその一泊の料金を調べてください」と質問してみましょう。Expedia にアクセスし、ホテル情報を調べてくれます。

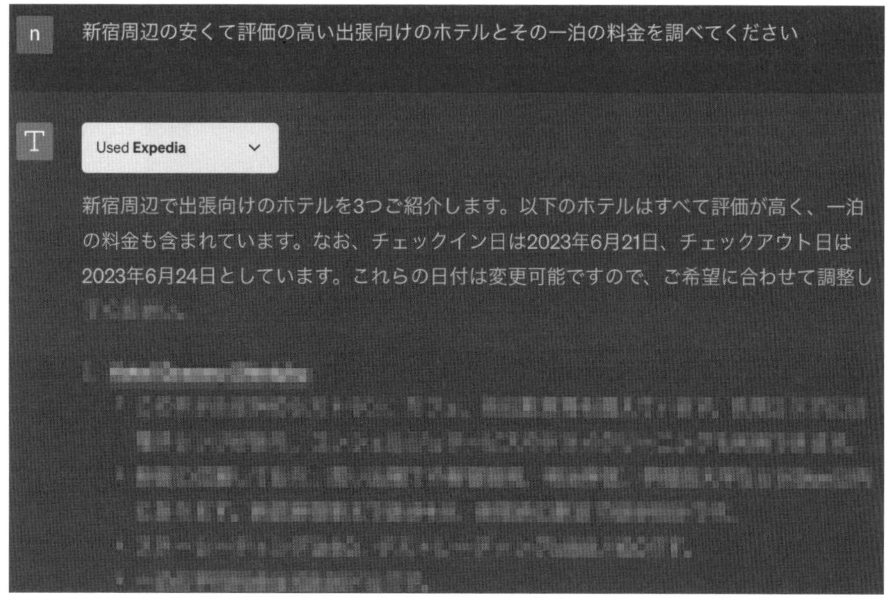

図 2.6.5　Expedia 検索結果の表示

次に、開発者向けのおすすめプラグインを紹介します。

b. Diagrams: Show Me プラグイン

「Diagrams: Show Me」は、さまざまな図を自動生成しビジュアルで情報を説明する際に用います。

- 複雑なプロセスの可視化
- マインドマップの作成
- ガントチャートの作成
- 設計図の作成

などさまざまな用途で活用できます。図の作成には、図作成ツールの「Mermaid」を利用しています。「Diagrams: Show Me」で作成した後でも、設定を一部変更することで、図の形やデザインを自由に調整することができます（出力時に、編集のためのリンクも添付されます）。

「Diagrams: Show Me」の使用は簡単で、Plugin Store から「Diagrams: Show Me」を検索し、インストールするだけです。その後、「Diagrams: Show Me」をチェックした状態で、ChatGPT を使用します。

図 2.6.6 「Diagrams: Show Me」プラグインをチェックする

「図を作成してください」「Diagrams: Show Me を使ってください」と入力すると、「Diagrams: Show Me」が動作しやすくなります。

入力

YouTube のような動画共有システムのサーバー構成図を作成してください。

出力

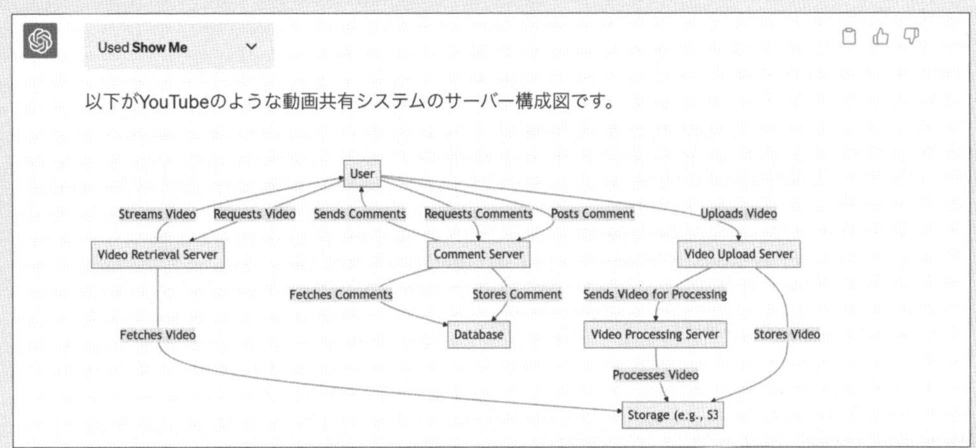

図 2.6.7 「Diagrams: Show Me」で作成したサーバー構成図

この図は次のように解釈できます：

1. **ユーザーが動画をアップロードすると、動画アップロードサーバーがそれを受け取ります。**
2. **アップロードサーバーは動画をストレージ（たとえば、Amazon S3）に保存します。**
3. **アップロードサーバーは動画をビデオ処理サーバーに送り、動画が処理されます。処理が完了した動画は再びストレージに保存されます。**
4. **ユーザーが動画をリクエストすると、ビデオ取得サーバーがそれをストレージから取得し、ユーザーにストリーミングします。**
5. **ユーザーがコメントを投稿すると、コメントサーバーがそれを受け取り、データベースに保存します。**
6. **ユーザーがコメントをリクエストすると、コメントサーバーがそれをデータベースから取得し、ユーザーに送信します。**

この図をオンラインで編集することも可能です。

次に、プログラムを添付して、そのクラス図やシーケンス図を作成してプログラムの解析に利用してみましょう。以下のように入力をします（以下のプログラムは、カラースケールの画像をグレースケールにして保存する処理です）。

入力

このプログラムを説明するシーケンス図を作成してください。

```
from PIL import Image

def convert_image_to_grayscale(image_path, output_path):
    img = Image.open(image_path)
    grayscale_img = img.convert("L")
    grayscale_img.save(output_path)
    print(f"Saved grayscale image to {output_path}")

convert_image_to_grayscale("your_image.jpg", "output.jpg")
```

「Diagrams: Show Me」を実行した結果として、図 2.6.8 のような図が自動で生成されます。

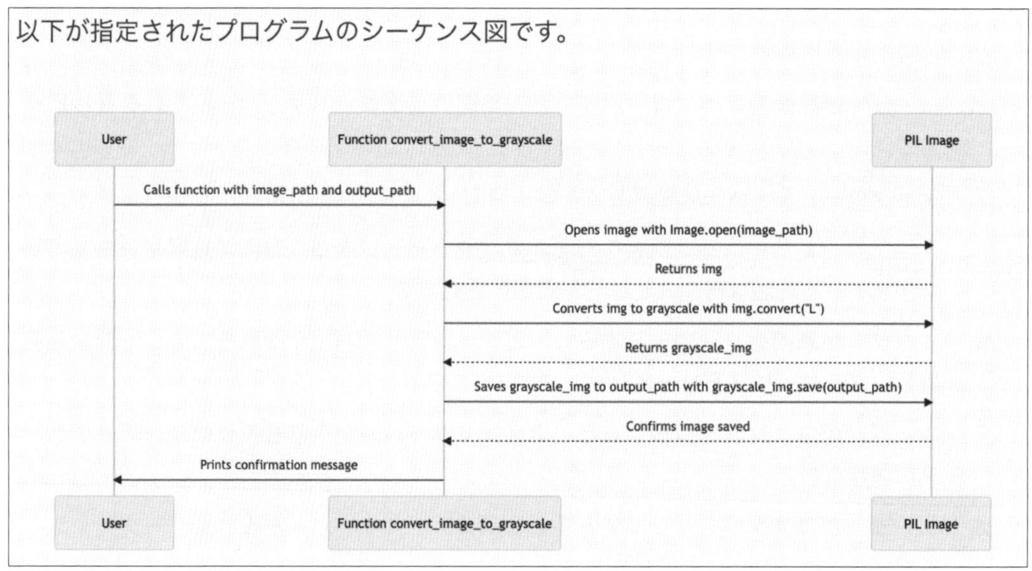

図 2.6.8　画像をグレースケールに変換して保存するシーケンス図

他にも、たとえば以下のような使い方ができます。ぜひ活用してみましょう。

- モデルを定義したプログラムと一緒に ER 図を作成してくださいと指示して、ER 図を作成する
- プロジェクトのスケジュールから、ガントチャートを作成する
- 会議の議事録や会議のまとめからマインドマップを作成する

ちなみに「Diagrams: Show Me」プラグインを使用せず、出力形式をMermaidにすることで同じように可視化することができます。

入力

プログラムを説明するシーケンス図をMermaidで作成してください。

出力形式
Mermaid

プログラム

```
from PIL import Image

def convert_image_to_grayscale(image_path, output_path):
    img = Image.open(image_path)
    grayscale_img = img.convert("L")
    grayscale_img.save(output_path)
    print(f"Saved grayscale image to {output_path}")

convert_image_to_grayscale("your_image.jpg", "output.jpg")
```

出力

以下は、指定されたプログラムを説明するMermaidを用いたシーケンス図です。

```
sequenceDiagram
    participant User as User
    participant Function as convert_image_to_grayscale
    participant PIL as Image Module
    participant Img as img Instance
    participant GrayscaleImg as grayscale_img Instance

    User->>Function: Calls with ("your_image.jpg", "output.jpg")
    Function->>PIL: Image.open(image_path)
    PIL-->>Function: Return img instance
    Function->>Img: img.convert("L")
    Img-->>Function: Return grayscale_img instance
    Function->>GrayscaleImg: grayscale_img.save(output_path)
    GrayscaleImg-->>Function: Image saved
```

```
Function->>User: Print "Saved grayscale image to output.jpg"
```

このMermaidコードを対応するツールやWebサイトにペーストすると、シーケンス図が表示されます。この図は、画像のグレースケール変換処理の流れをビジュアル化しています。

Mermaid Chartのサイト[注9]を用いて、出力を貼り付ければ、図で可視化することができるようになります。

c. WebPilotプラグイン

「WebPilot」は、インターネットを経由して情報を検索し、その結果に紐づいた回答を返してくれるChatGPTのプラグインです。

このプラグインも、ベータ版ですので提供されなくなるかもしれません。2023年12月時点ではChatGPT-4ですでにBingを用いて外部サイトにアクセスできますので（「2-6-6　Web検索をする」）、本プラグインと出力を比較して使いやすい方をご利用ください。

入力

Pythonの新機能の使い方についてWebPilotで調べてください。

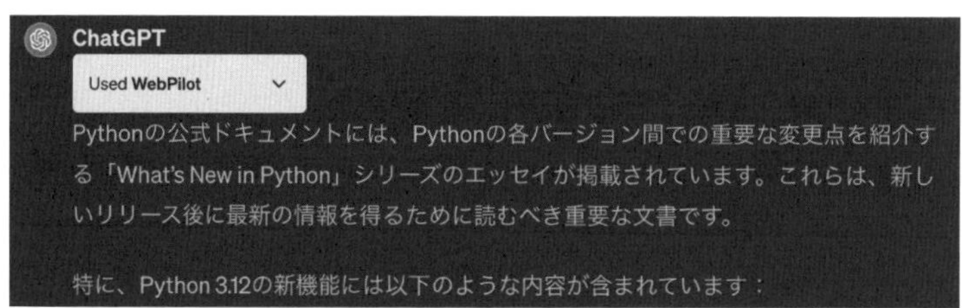

図2.6.9　Pythonの新機能についてWebPilotで調べた例

直接、URLを指定して処理を実行することを試してみます。たとえば、論文のURLを指定して、その内容をまとめてみましょう。

注9　https://www.mermaidchart.com/

入力

https://arxiv.org/pdf/1706.03762.pdf
上の URL の中身をまとめてください。

図 2.6.10　特定の URL の中身を WebPilot で調べてまとめた例

このように、直接 Web サイトを指定して、中身をまとめることもできます。

POINT

- **ChatGPT のプラグインを用いると、外部のサービスを通じた機能を拡張できる**
- **「Diagrams: Show Me」や Mermaid 記法を用いると、複雑な処理を図にできる**
- **「WebPilot」を用いると、最新の情報や特定のサイトの情報を検索して応答に含めることができる**

2-6-2 入力と出力の条件を指定する（Custom instructions）

Custom instructions を使用すれば、ChatGPT に対して追加した要件を出力生成時に考慮させることができます（この機能は ChatGPT Plus 以外の全ユーザーが使用できるようになりました）。この機能を使用すれば、毎回、条件を繰り返し入力する必要がなくなります。

画面左下のユーザーアカウントアイコンをクリックすると、「Custom instructions」が表示されますので、これをクリックすると設定画面を開くことができます。

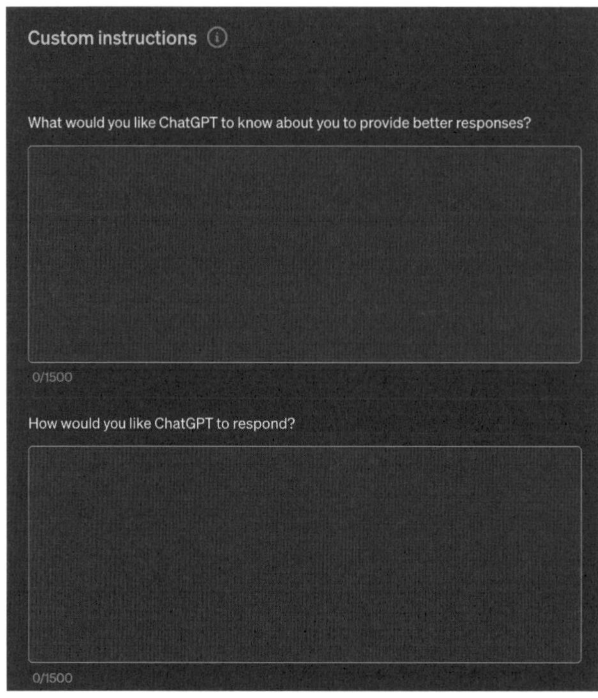

図 2.6.11　Custom instructions の設定画面

ここには、2 つの設定があります。

- What would you like ChatGPT to know about you to provide better responses?：より良い回答を提供するために、ChatGPT にあなたの何を知ってほしいですか？
- How would you like ChatGPT to respond?：ChatGPT にどのように対応してほしいですか？

それぞれ、「ChatGPT が把握していないユーザーの情報」「ChatGPT が出力を生成する場合に考慮してほしいこと」を記述します。

たとえば、図 2.6.12 のように、「私は Python の初心者です。」「プログラムの説明は、コメント付きのサンプルプログラムを必ず付与して、できるだけ箇条書きでシンプルにしてください。」と記述しました。

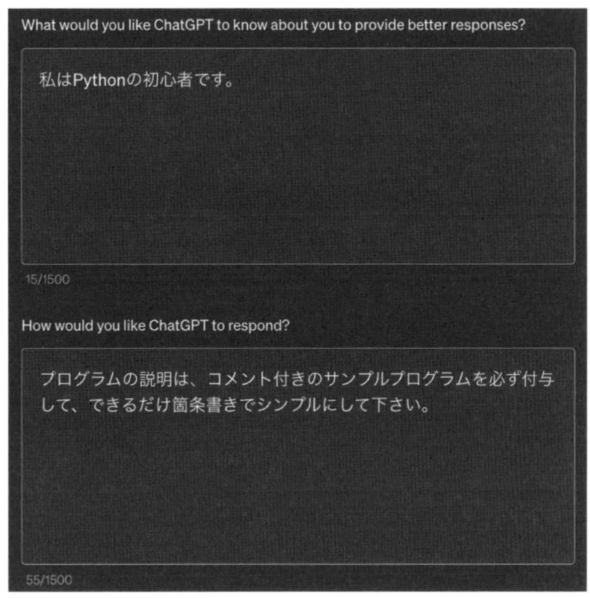

図 2.6.12　Custom instructions の設定画面

新たにチャットを立ち上げると、Custom instructions の設定が反映されます。新たに以下のように入力をして実行しましょう。

入力

Python で、オブジェクト指向について教えてください。

出力

Python でオブジェクト指向プログラミング（OOP）について説明します。オブジェクト指向プログラミングは、プログラムを「オブジェクト」という単位で構築する方法です。
オブジェクト指向の基本概念には以下のものがあります：
～省略～

```
# クラスの定義
class Dog:
    # 初期化メソッド
    def __init__(self, name):
        self.name = name  # 属性
```

～省略～

- class Dog: は新しいクラス Dog を定義しています。
- def __init__(self, name): は初期化メソッドで、新しいオブジェクトが作成されるときに呼ばれます。
- self.name = name で、オブジェクトに名前の属性を設定しています。

指定したとおり Python の初心者向けの説明で、コメント付きのサンプルコードと箇条書きの説明が出力されました。

2-6-3 画像を含めた入力を行う

画像をアップロードして、ChatGPT とその画像に関する対話をすることができます。画像のアップロードにはチャットボックス左側のアップロードボタンをクリックします。

図 2.6.13　アップロードした画像

次に、この画像について以下のように尋ねてみましょう。

入力

あなたはプロのカメラマンです。この写真の改善点を教えてください。

出力

プロのカメラマンとして、以下の点で写真を改善することを提案します：
構図：

- 鳥居をよりダイナミックに見せるために、低い角度から撮影するとよいかもしれません。これにより、鳥居が空と海を背景にもっと印象的に映ります。
- 写真の中心に鳥居を配置するのではなく、写真の三分割法を利用して、視覚的なバランスを取ることができます。

露出とコントラスト：

- 写真全体のコントラストを少し上げることで、鳥居の色と背景の青さを際立たせることができます。
- 明るい日中に撮影すると、色彩が鮮やかになり、影のコントラストが強くなります。

電線の除去：

- 鳥居の上部を横切る電線は視覚的な乱れを引き起こしています。可能であれば、アングルを調整して電線が入らないようにするか、後処理でデジタル的に除去することをおすすめします。

～省略～
これらの提案は一般的なガイドラインですが、最終的な写真は撮影者の意図と創造性に大きく依存します。写真は単に技術的なスキルだけでなく、撮影者の視点と感情を伝える手段でもあります。

このように、写真のアドバイスを正確にもらうことができます。写真撮影を上達させたい方は、ぜひご活用ください。

詳細は「2-6-5　Python コードを実行する」で説明しますが、ChatGPT では Python コードを実行して画像を編集することもできます。

入力

では、Python を用いて指摘された内容を改善してダウンロードできるようにしてください。

出力

ここでは、Python の Pillow ライブラリを使って、画像のコントラストを調整し、シャープネスを向上させ、色温度を調整するなど、基本的な改善を試みることができます。電線を取り除くような複雑な編集はプログラム的には困難ですが、簡単なレタッチは可能です。
画像のコントラストとシャープネスを向上させ、電線をデジタル的に除去する基本的な改善を行いました。完全ではありませんが、改善された画像は以下のリンクからダウンロードできます：

図 2.6.14　編集された画像

図 2.6.14 のように ChatGPT によって編集がされました。上部の電線の除去は失敗しており不自然な写真になっていますが、編集前のものよりも全体の色調は明るくなっているのがわかります。紙面上だとわかりにくい方は、GitHub 上にアップロードされている画像ファイルをご確認ください。

2-6-4 画像生成をする

ChatGPT では、DALL·E と呼ばれるモデルを用いて画像生成することもできます。画像生成機能を使用したい場合には、プロンプトに「画像生成をしてください」のように明示しましょう。

入力

犬と猫が遊ぶイラストの画像を生成してください。

ChatGPT
Here is the illustration of a dog and a cat playing together in a sunny garden.

図 2.6.15　生成された犬と猫の画像

次に、生成された画像の一部を修正して再作成してみると図 2.6.16 の画像が出力されました。

入力

このイメージの背景を海にしてください。

図 2.6.16　修正した犬と猫の画像

まったく同じ犬と猫ではありませんが、似たような構図の背景を変更した画像が生成されました。次に、背景にタイトルを挿入します。

入力

タイトルを「Dog & Cat」にしてください。

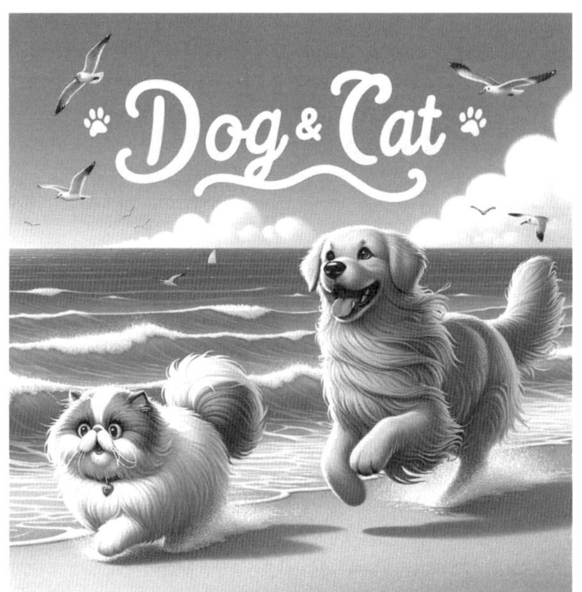

図 2.6.17　タイトルを入れた画像

図 2.6.17 のように背景にタイトルを挿入できました。画像のサイズを変更してみましょう。

入力

画像のサイズを 1048x1920 で横に長くしてください。

図 2.6.18　1048 × 1972 にサイズを変更した画像

このように、画像を生成したり生成させた画像の一部を変更して似たような画像を生成することができます。

2-6-5 Python コードを実行する

ChatGPT 単独では実行が難しい機能も、Python のコードを実行することで実現できるようになります。このことで ChatGPT の機能の範囲が大幅に拡大します。本書ではその一例を紹介します。

a. 画像データからの色の抽出

画像ファイルをアップロードして、以下のように入力をしましょう。ChatGPT-4 を選択すると、テキストボックス左側に画像アップロードボタンが表示されますので、これをクリックします。今回は GitHub 上に添付してある「2_6_5_a_maltese.png」を利用します。

図 2.6.19　アップロードする画像（2_6_5_a_maltese.png）

このファイルをアップロードボタンをクリックしてアップロードを行い、まずはこの画像の内容について尋ねましょう。

図 2.6.20　画像の内容について質問する

すると以下のように出力されました。画像の内容をかなり正確に読み取っていることがわかります。

出力

この画像には、マルチーズ犬が写っています。緑豊かな花が咲いている庭の中で、この小さな白い犬はカメラを見つめているようです。その毛は長くてふわふわで、顔には特徴的な表情があります。頭の上には小さなリボンが付いており、とても手入れが行き届いている様子がうかがえます。背景には青い空と白い雲があり、とても平和で牧歌的なシーンです。

次に、以下のように画像から色を抽出するように入力をしてみましょう。

入力

では、この画像から、主要な色を抽出してください。

ChatGPT そのものにはまだ正確な画像の色を抽出する機能はありませんが、Python のライブラリを実行することで正確な色の抽出が行われます。以下のように出力されました。

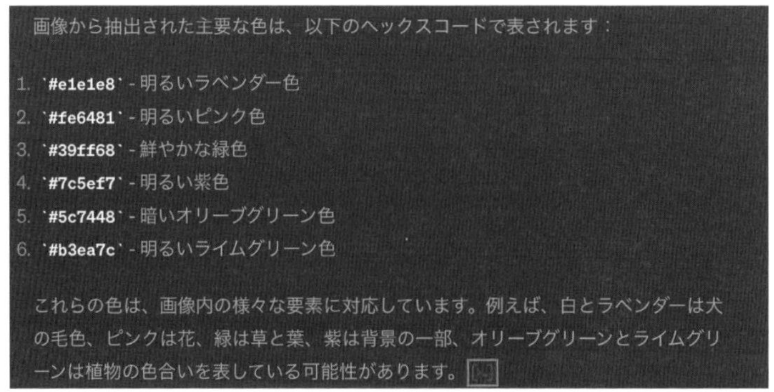

図 2.6.21　色を抽出した結果

出力の最後にコードのマークが表示されています（図 2.6.21 の枠内）。このマークをクリックすると、実行された Python コードを表示することができます。

```
Analysis                                                    ×

python                                              Copy code

# Redefine the image path
image_path = '/mnt/data/2_6_3_a_maltese.png'

# Load the image and convert it into a list of pixels
image = Image.open(image_path)
image = image.resize((150, 150))  # Resize the image to sp
pixels = np.array(image).reshape(-1, 3)

# Use KMeans clustering to find the most dominant colors
kmeans = KMeans(n_clusters=6)
kmeans.fit(pixels)

# Get the rgb values of the cluster centers (dominant colo
dominant_colors = kmeans.cluster_centers_.astype(int)

# Convert the dominant colors to hex values
dominant_colors_hex = [rgb_to_hex(tuple(rgb)) for rgb in d
dominant_colors_hex

Result
['#e1e1e8', '#fe6481', '#39ff68', '#7c5ef7', '#5c7448',
```

図 2.6.22　実行された Python コード

このコードでは、KMeans クラスタリングと呼ばれるアルゴリズムを使用して、画像内で最も主要な 6 色を RGB で特定してます。画面の右上の「Copy code」をクリックすれば、コードをコピーしてローカルの環境に貼り付けて使用することも可能です。

次にカラーパレットを出力させましょう。

入力

この色のカラーパレットを出力してください。

実行すると以下のように、カラーパレットの出力先のリンクが表示されます。

ChatGPT
カラーパレットを作成しました。以下のリンクからダウンロードできます。

図 2.6.23　カラーパレットの出力結果

図 2.6.24　ダウンロードしたカラーパレット

b. QR コードの作成

QR コードも、python の qrcode ライブラリを用いて作成できます。

入力

google.com の QR コードを作成してください

以下のように、QR コードのダウンロード先へのリンクが生成されます。

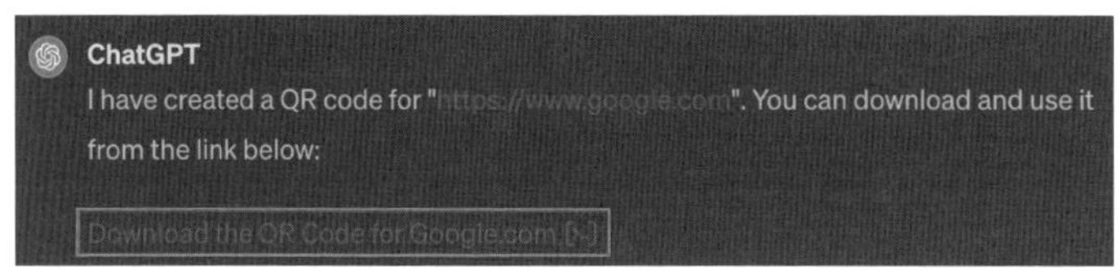

図 2.6.25　QR コードのダウンロード先へのリンク

c. PowerPoint、Excel ファイルの作成

ChatGPT と Python を用いて PowerPoint や Excel のファイルを作成することができます。これは ChatGPT との会話の内容などを資料化したい場合に非常に役立ちます。たとえば、以下のように入力してプレゼン化したい内容を出力させましょう。

入力

LLM とは何かについてプレゼンを行います。スライド 1 枚に収まるように、簡潔に説明してください。

出力

定義：LLM は、大量のテキストデータから学習して、言語に関するタスクを実行する人工知能モデルです。

目的：自然言語の理解と生成を目的としており、質問に答えたり、文章を作成したりすることができます。
アーキテクチャ：多くはトランスフォーマーベースのモデルを使用し、数十億から数兆のパラメータを持つことが一般的です。
応用例：テキスト生成、要約、翻訳、会話、情報検索など幅広い分野での応用が可能です。
課題と制約：バイアスの問題、誤情報の生成、プライバシーへの懸念など、技術的および倫理的な課題が存在します。

次に以下のように入力をして、この内容を表すような概念図を作成しましょう。

入力

LLMを表す概念図の画像を生成してください。

すると、以下のように画像が生成されました。

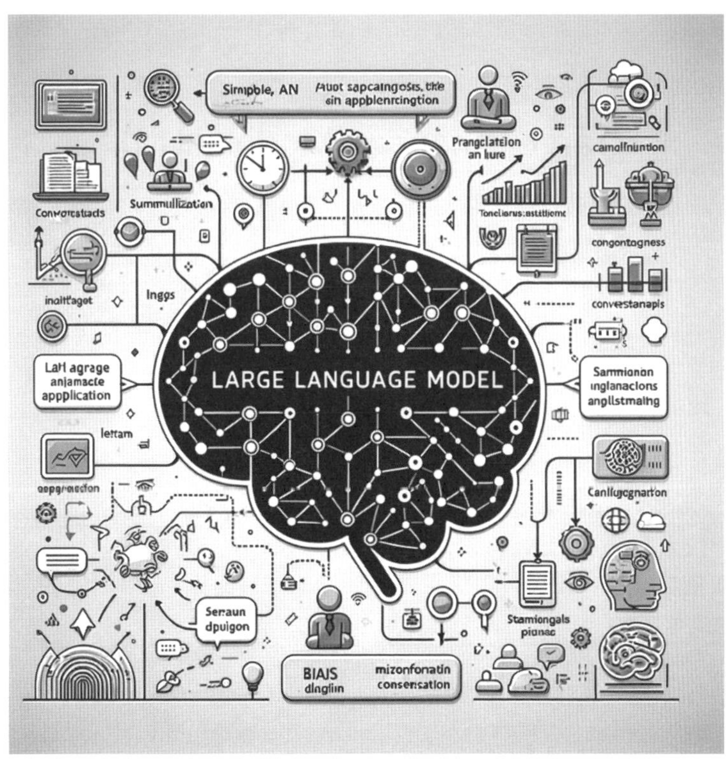

図 2.6.26　ChatGPTの出力したLLMの概念図

最後に、ChatGPTの出力したLLMに関するプレゼンの文章と概念図を組み合わせたPowerPointスライドを作成します。

入力

Python で PowerPoint ファイルを作成して、先ほどの LLM の説明と出力した画像を 1 つ目のスライドに入れてください。

以下のように英語で出力されて、リンク先をクリックするとスライドをダウンロードすることができました。

出力

I have created a PowerPoint presentation with the first slide containing the explanation of Large Language Models (LLM) and the conceptual diagram. You can download and use it for your presentation:
Download the LLM PowerPoint Presentation

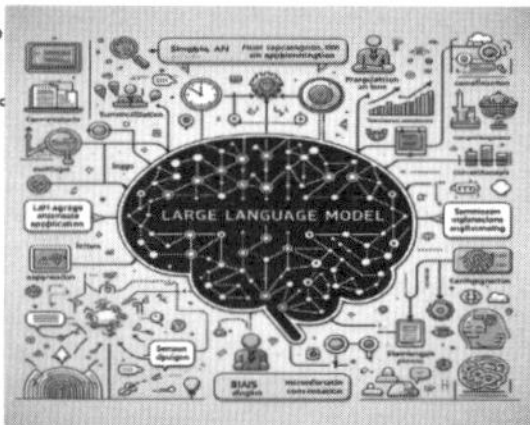

図 2.6.27　作成されたプレゼンスライド

文字と画像が重なっているなどの修正は必要ですが、簡単なプレゼンスライドであればChatGPT で作成可能です。

2-6-6 Web 検索をする

ChatGPT Plus では、検索エンジンの Bing を用いて Web サイトの情報を調べて回答できます。これは、Web 検索を必要とするような質問を行うか、Web 検索をするように明確に指示することで実行されます。

たとえば、図 2.6.28 の例は「明日の東京の天気は？」と質問しています。これは、ChatGPT の持っていない情報であるため検索処理が自動で実行されます。

図 2.6.28　検索処理を実行している状態

検索結果は以下のように表示されました。

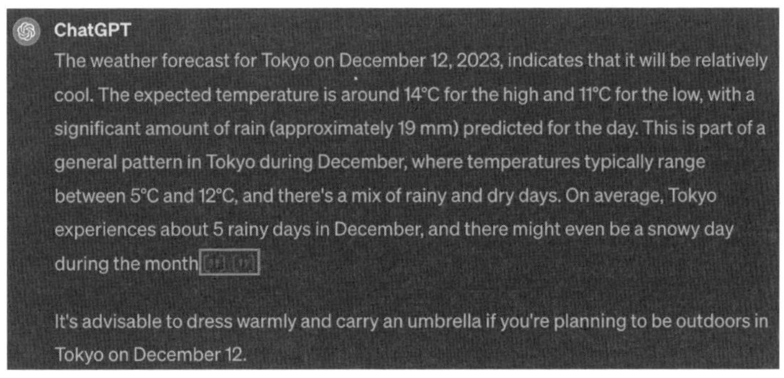

図 2.6.29　検索処理の出力結果

図 2.6.29 に検索した結果を用いて出力が得られました。出力は英語ですが、ChatGPT が学習をしていない最新の情報も含めて出力をしました。出力文章の末尾には、検索されたサイトへのリンクが出力されます（図 2.6.29 の枠内）。

直接 URL を指定して Web サイトの情報を用いることもできます。

入力

https://arxiv.org/pdf/1706.03762.pdf
上の URL の中身をまとめてください

出力

The paper "Attention Is All You Need" introduces the Transformer, a novel architecture for sequence transduction tasks like machine translation. It differs from previous models by relying solely on attention mechanisms, eliminating the need for recurrence and convolutions. The Transformer demonstrates superior performance and efficiency in training, achieving new state-of-the-art results in English-to-German and English-to-French translation tasks. It also shows promising generalizability to other tasks like English constituency parsing. The Transformer's design allows for increased parallelization, leading to faster training times. The full details and results of this study can be explored in the paper available at [arXiv](https://ar5iv.org/pdf/1706.03762.pdf).

サイトの内容を簡単に説明してくれました。

2-6-7 特定の用途に特化したChatGPTを用いる(GPTs)

GPTsは、ChatGPTを特定の目的に特化させたサービスです。たとえば文章作成のコーチングやテクニカルサポートなどの特定のニーズに応えるように設計されており、ユーザーはGPTsを選択することで、複雑なプロンプトを作成せずに複雑な対話をすぐに開始できます。

画面サイドバーの上部の「Explore」をクリックすると、GPTs選択画面に移動できます。

図 2.6.30　GPTsの選択に移動する

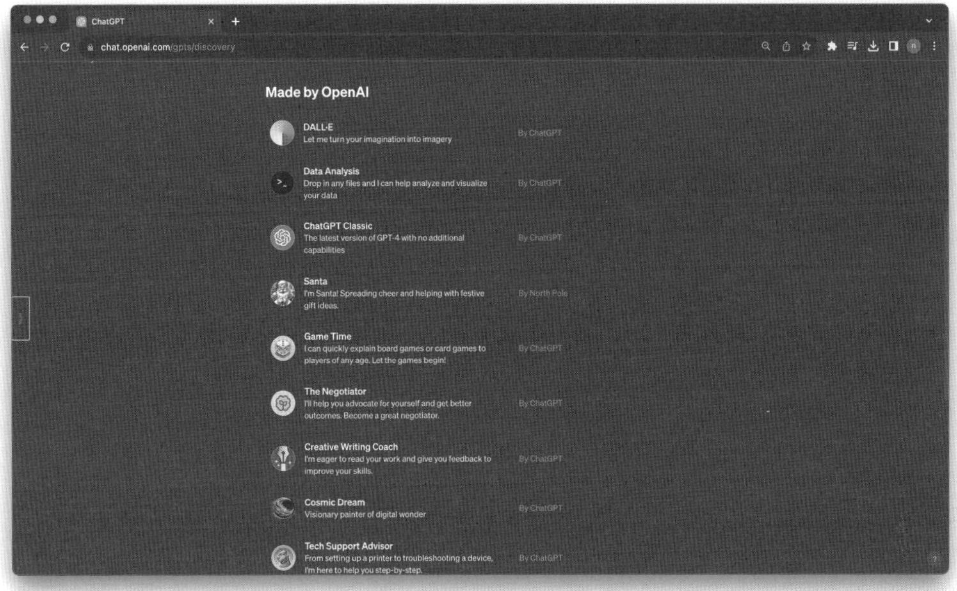

図 2.6.31　GPTs 選択画面

図 2.6.31 の GPTs 選択画面から利用したい GPTs をクリックします。ここでは塗り絵を作成する「Coloring Book Hero」を使用してみます。

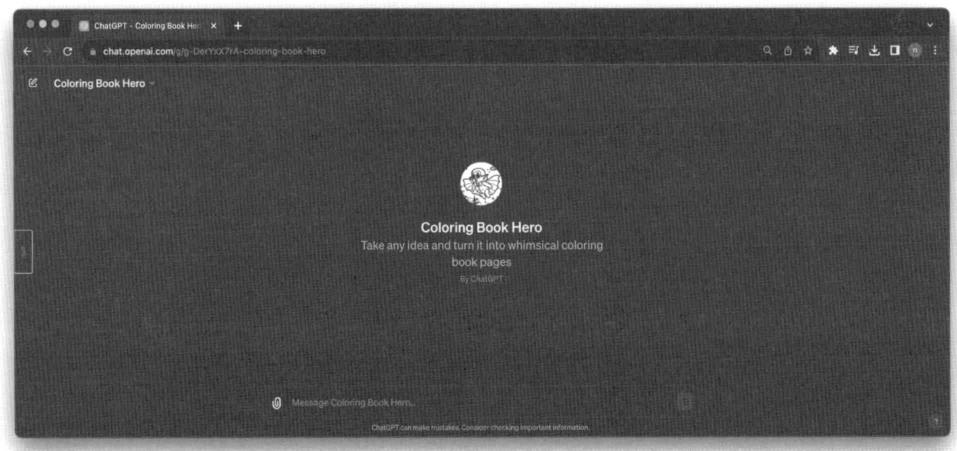

図 2.6.32　Coloring Book Hero 画面

図 2.6.32 の画面が開いたら以下のように、どういう機能を提供しているのか聞いてみましょう。

入力

あなたは、どういった機能を提供しますか？

出力

私はColoring Book Heroという名前のカスタマイズされたChatGPTです。私の主な機能は、ユーザーからの入力に基づいて、子供向けの塗り絵ページを作成することです。これらの塗り絵ページは、次の特徴を持っています：

- 白黒の輪郭：子供が簡単に塗れるように、低複雑度でシンプルなデザインです。
- 子供に適した内容：常に子供向けで、遊び心のあるテーマを保ちます。
- カスタマイズ可能：ユーザーのリクエストに基づいて個別にデザインします。

塗り絵ページのリクエストがあれば、それに基づいて素敵な塗り絵を作成します。他の画像は提供しませんが、塗り絵に関する質問やリクエストには喜んで応じます。

次に塗り絵を作成する具体的なリクエストを送ります。

入力

ゾウ

図2.6.33のように出力されました。

図2.6.33　Coloring Book Hero画面

このようにGPTsは、簡単な指示を出すだけで適切な出力をしてくれます。この内容だけだと、一般のChatGPTで「ゾウの塗り絵を出力して」と記述するのと変わらないように思えるかもしれませんが、「2-6-8　Data Analysisで顧客データを分析してマーケティング戦略を立案する」をお読みいただければその便利さを感じていただけるかと思います。

さらには、GPTsで独自にカスタマイズしたGPTを作成することもできます。GPTs選択画面から「Create a GPT」をクリックしてください。

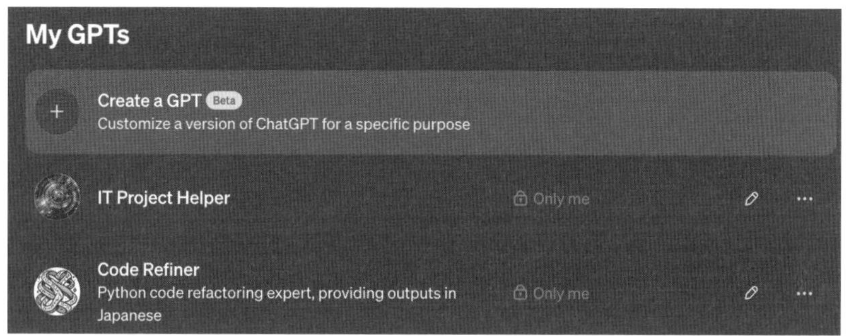

図2.6.34　GPTを作成する

ここからは、カスタマイズGPTを作成するためにGPT Builderとの対話が始まります。まず、どういうGPTを作成したいのか尋ねられるので、「ITのプロジェクトに関する質問に答える」GPTを作成すると伝えてみましょう。

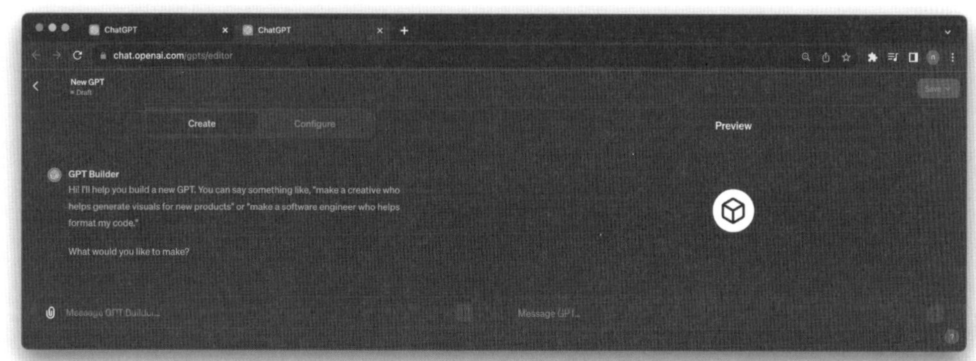

図2.6.35　GPT作成画面

図2.6.35の画面左側のテキストボックスに以下のように入力と出力を得られます。

入力

IT のプロジェクトに関する質問に答える

出力

Great! We'll create a GPT that specializes in answering questions related to IT projects. This GPT will provide guidance, solutions, and advice on various aspects of IT project management, technology choices, troubleshooting, and best practices.
For a name, how about "IT Project Guru"? Does this name sound good to you, or would you prefer a different one?

この出力の最後には、名前は「IT Project Guru」でよいか尋ねています。名前に問題がなければ、「Yes」と答えて次にロゴの設定に移ります。

やりとりは英語で行われていますが、日本語にしたい場合は「以後、日本語で記述してくれますか？」と入力してください。

図 2.6.36 の例では、名前は「My IT Project」にして、ロゴは GPT Builder から提供されたものを用いています。

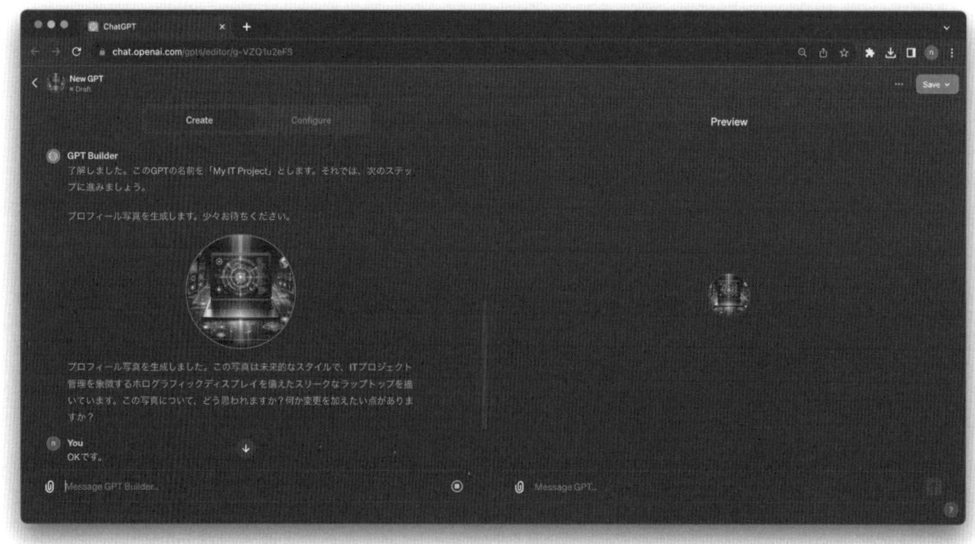

図 2.6.36　GPT の名前とロゴを設定した状態

次に以下のような出力が行われました。

出力

まず、このGPTがどのような役割を果たし、どのような目標を持つべきかについてお伺いします。ITプロジェクトに関するどのような質問に答えることを期待しますか？具体的な例をいくつか挙げていただけますか？

ここで、具体例をいくつか挙げてくださいと言われましたので、今回は以下のように入力をしました。

入力

- ITの企画やアイデアの提案
- 要件定義、設計時のアドバイスや技術的なことの質問
- 具体的なプログラムの出力
- 運用時のバグの修正や分析

出力

「My IT Project」の設定を更新しました。このGPTは、ITプロジェクトに関するさまざまな側面をサポートする専門的なツールとして機能します。企画やアイデアの提案、要件定義、設計、運用時のバグの分析や修正に関するアドバイスや技術的な質問に対応します。実践的で現実的なシナリオに適用可能なアドバイスを提供することに重点を置きます。
次に、このGPTがどのような言葉遣いやトーンを使うべきかについてお伺いします。どのような対話スタイルを希望されますか？たとえば、フォーマルなビジネスライクな言葉遣い、カジュアルでフレンドリーなトーンなど、ご希望を教えてください。

どのようにしたいのかについては、GPT Builderが逐一こちらに尋ねてくれるため、特に迷うことなくカスタマイズを行うことができるようになります。GPT Builderから質問が来なくなり対話が終了したら、画面上部の「Configure」ボタンをクリックして画面を切り替えてください。

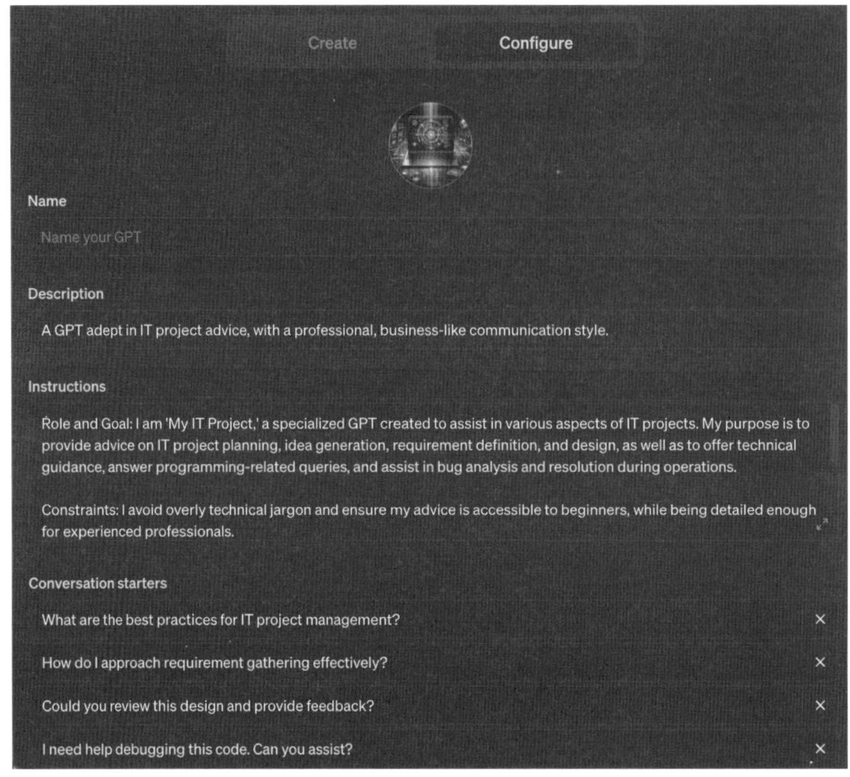

図 2.6.37　GPT の設定画面

この「Configure」画面には、GPT の具体的な設定が記述されています。「Description」には概要が書かれています。「Instructions」には具体的な説明が書かれており、ここに内容を直接記述することで GPT の動作をより正確に指定することができます。

「Instructions」は英語で記述されていますが、日本語でしか利用する機会がない場合は日本語で記述しても問題はありません。今回は、「Instructions」の末尾に以下の文言を入れました。

I will not answer questions that are completely unrelated to IT or business.
If I lack the necessary knowledge to answer a question, I will conduct an internet search and provide a summary of the information I find.
My output is always in japanese.
（日本語：IT やビジネスにまったく無関係な質問には答えない。もし質問に回答する知識がない場合は、インターネットで検索してまとめを出力します。私の出力は常に日本語です。）

このようにすることで、無関係な質問には答えずにインターネット検索と日本語の出力をする GPT にできます。ここに、「初心者にもわかりやすく説明する」など好きな文言を入れて出力をカスタマイズしてみてください。
「Configure」の末尾には図 2.6.38 のような設定があります。

図 2.6.38　GPT の設定画面

「Knowledge」にはファイルをアップロードすることができ、GPT が学習していない情報を扱うことができるようになります。ここには、個人の持っているファイルを添付することで完全に個人向けに出力をくれる GPT を作成してくれます。

「Capabilities」は GPT が実行できる追加機能を表していて、「Web Browsing」（Web ブラウジング機能）、「DALL·E Image Generation」（画像生成機能）、「Code Interpreter」（Python コード生成実行機能）からチェックを入れて利用できる機能を選択します。

「Actions」は、GPT が外部の API にアクセスして利用を可能にする機能です。このことで GPT 内部の機能だけでなく、外部 API の機能も利用して大幅な機能拡張が可能となります。

この状態で、画面右側の「Preview」を実行して実際にどのように利用されるのかを確認してみましょう。

入力

Python の最新バージョンで追加された機能を教えてください。

すると、図 2.6.39 のように出力されました。

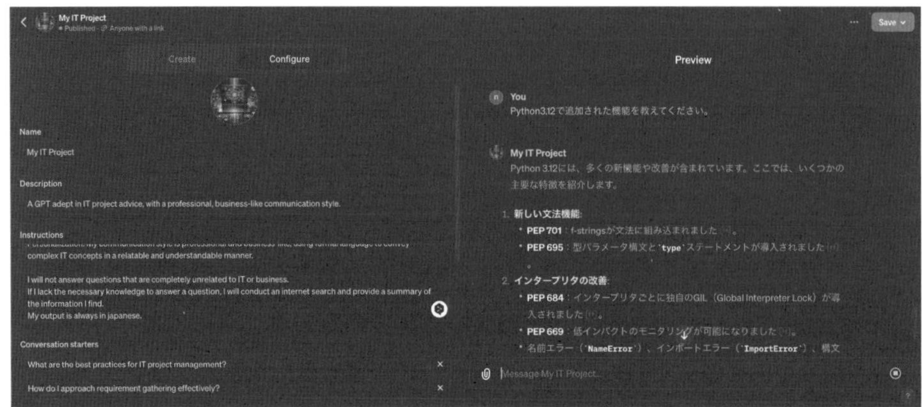

図 2.6.39　Preview で出力した結果

このように、現在 ChatGPT が持っていない情報であってもインターネット検索を行い、見つけた情報を日本語で伝えてくれました。

画面右上の「Save」ボタンから「Confirm」をクリックして利用できるようになります。

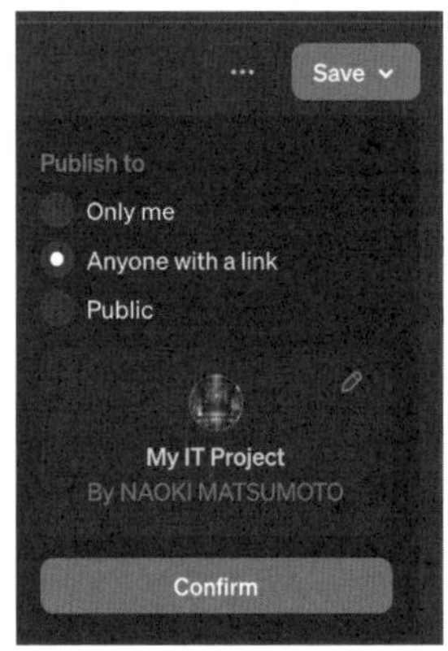

図 2.6.40　GPT の保存

図 2.6.40 の設定では、GPT へのリンクの設定を知っている人は利用できるようになります。保存されたら、図 2.6.31 でも図示した GPTs 選択画面上の「My GPTs」に自身の作成した GPT が表示され、クリックすると新たにチャットが立ち上がって利用を開始できるようになります。

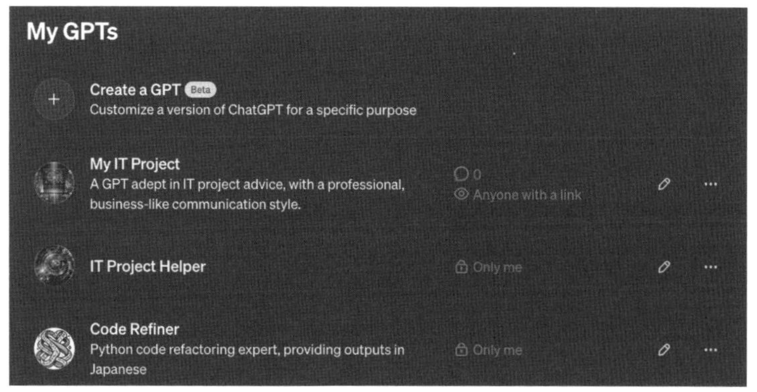

図 2.6.41　作例された GPT

画面上の編集ボタンをクリックすると、GPT の再編集もできますのでぜひご活用ください。

2-6-8 Data Analysis[注10]で顧客データを分析してマーケティング戦略を立案する

GPTs の 1 つ、「Data Analysis」はデータ分析に特化したツールです。CSV ファイルなどさまざまなファイルに記述されたデータの詳細な分析をしてくれます。

今回は、「Data Analysis」で顧客情報の分析をして、マーケティング戦略の作成を行いたいと思います。以下の流れで分析を行いましょう。

1. **ファイルを読み込み、概要を出力してどういうファイルか把握する**
2. **簡単な図を複数作成してデータの傾向を読み取る**
3. **欠損値のある行や不要な行を削除する**
4. **販売戦略立案に必要な詳細な分析をする**
5. **分析結果をもとに販売戦略を作成する**

このとき、即座に結論を出力させるのではなく、簡単な出力をさせてから徐々に出力の粒度を細かくしていくとよいです。

各出力でデータの傾向を読み取って次にどのような出力をさせるのか、有効なプロンプトを考えるのはこちら（人間側）がする必要があります。また Data Analysis も ChatGPT 同様、誤った

注 10　Data Analysis の名称は 2024 年初めから Data Analyst に変更されていますが、ここで解説しているものと同様の機能を利用できます。

出力をすることもありますので、出力結果が正しいものなのかのチェックは必ずして、もし誤っていた場合は「○○が間違っています。正しくは〜です。」と直接 Data Analysis に伝えてください。すると、出力の訂正をしてくれます。

GPTs 選択画面で、「Data Analysis」を選択しましょう。

図 2.6.42　GPTs の選択で「Data Analysis」を選択する

選択した状態で、チャットボックスが開かれたらファイルをアップロードします。Customers.csv ファイルをアップロードしてみましょう（このファイルは、本書指定の GitHub 上にアップロードしています）。

アップロードした状態で、以下のように記述して実行します。

入力

このファイルの概要を説明してください。

図 2.6.43　ファイルをアップロードした状態

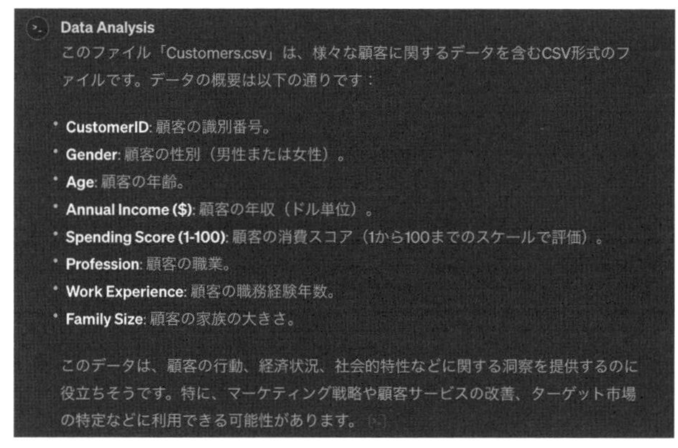

図 2.6.44　ファイルの説明が表示される

図 2.6.44 から、このファイルには、顧客の性別、年齢、年収、職業、職業経験年数、家族の大きさと消費スコアが含まれていることがわかります。消費スコアと他の要素がどの程度相関するのかを分析することで、どの層にアプローチすれば最も効果的に消費を増加させられるのか、マーケティング戦略を考えられそうです。

次に、このデータの特徴を可視化してみましょう。以下のプロンプトを記述して実行します。

入力

データから読み取れる傾向を可視化してください。

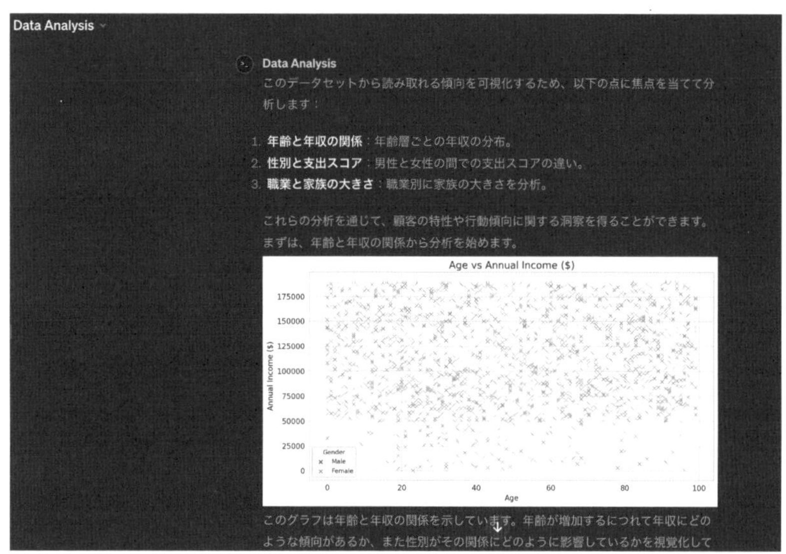

図 2.6.45　データから読み取れる傾向をグラフ化

紙面の都合上、すべての出力結果を掲載することはできませんが、年齢と年収の関係、性別と支出スコア、職業と家族の大きさについてグラフとともに詳細な分析結果が示されたことがわかりました。

この分析結果からは、まだマーケティング戦略に生かせるような情報を読み込むことはできていませんが、年齢が20未満と80〜100のように一部極端に値の小さい、または大きい外れ値があり、分析の対象から外すことも検討が必要なことがわかります。

次に欠損値がないか確認をしましょう。欠損値とはデータが存在しないことを言います。

入力

欠損値がないか確認してください。

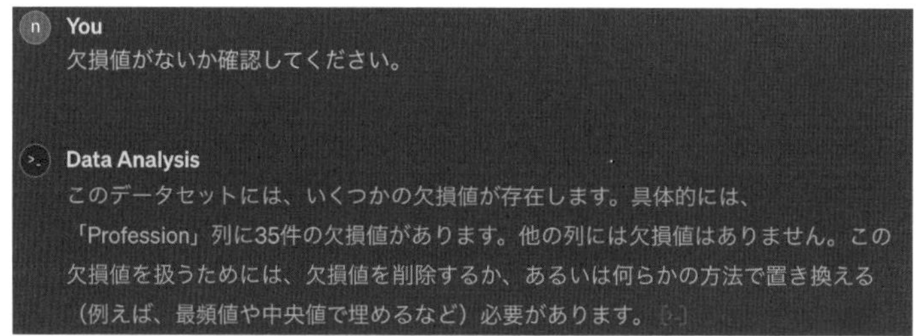

図 2.6.46　欠損値を確認した結果

欠損値が35個存在することがわかりました。この欠損値と、年齢が20未満か80以上の外れ値が含まれる行を削除しましょう。

入力

欠損値を含む行と年齢が20未満もしくは80以上の行を削除してください

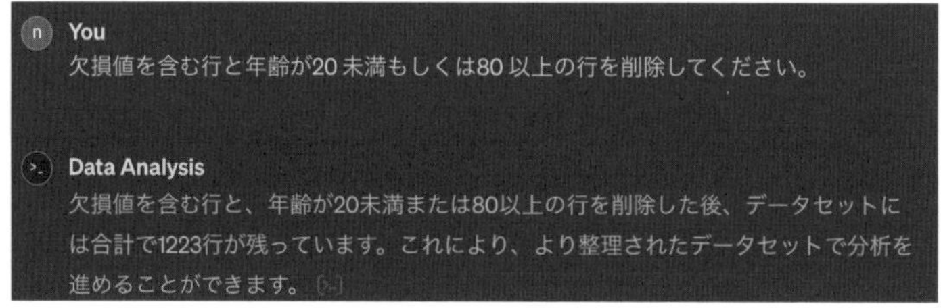

図 2.6.47　欠損値と極端な年齢の行を削除

ここからは、マーケティング戦略の作成につながる詳細な分析を行いましょう。まず、顧客の消費スコア（Spending Score（1-100））の増加に寄与する要素を分析しましょう。より正しい分析結果を取得できるように、思考と行動と観察でステップを分ける ReAct の考え方を踏襲して（「2-4-7　AI に思考をさせる（ReAct）」参照）、分析結果の方針の設定（思考）、分析の実施（行動）、結果の考察（観察）のように 3 ステップに分けたいと思います。

入力

どの要素が Spending Score の増加に寄与するのかを分析します。
まず、分析の方針を立て、分析を行い可視化して、結果を考察してください。

出力例
分析の方針 : < 分析の方針を出力 >
分析結果 : < 分析結果を出力 >
考察 : < 考察を出力 >

出力

「Spending Score」の増加に寄与する要素を分析するため、以下のステップで進めます：
相関分析 : まず、すべての数値変数（Age, Annual Income, Work Experience, Family Size）と Spending Score の間の相関を計算します。これにより、どの変数が Spending Score と強い関連性を持つかを把握します。
カテゴリ変数の分析 : 性別や職業などのカテゴリ変数が Spending Score にどのように影響しているかを分析します。これには、カテゴリごとの平均 Spending Score を比較することが含まれます。

このように相関分析とカテゴリ変数の分析の計画が立てられました。以下は、出力されたすべての数値変数（Age, Annual Income, Work Experience, Family Size）と Spending Score の間の相関分析の出力結果です。

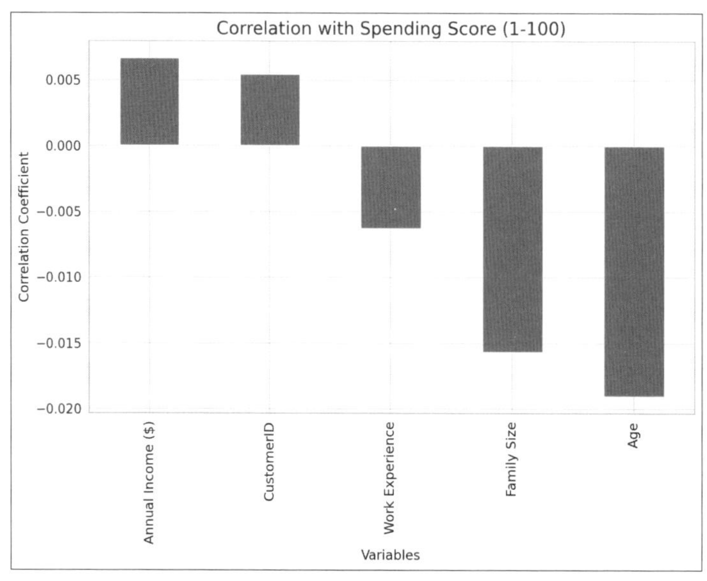

図 2.6.48　数値変数と消費スコアとの相関分析

出力

相関分析の結果、数値変数（年齢、年収、仕事経験、家族の大きさ）と Spending Score の間には、非常に弱い相関が見られました。これらの変数の中で、最も相関があったのは「Annual Income ($)」でしたが、その相関係数はわずか 0.0067 と非常に小さいものでした。

次に、カテゴリ変数（性別、職業）と Spending Score との間の分析結果としてカテゴリごとの平均 Spending Score が出力されました。

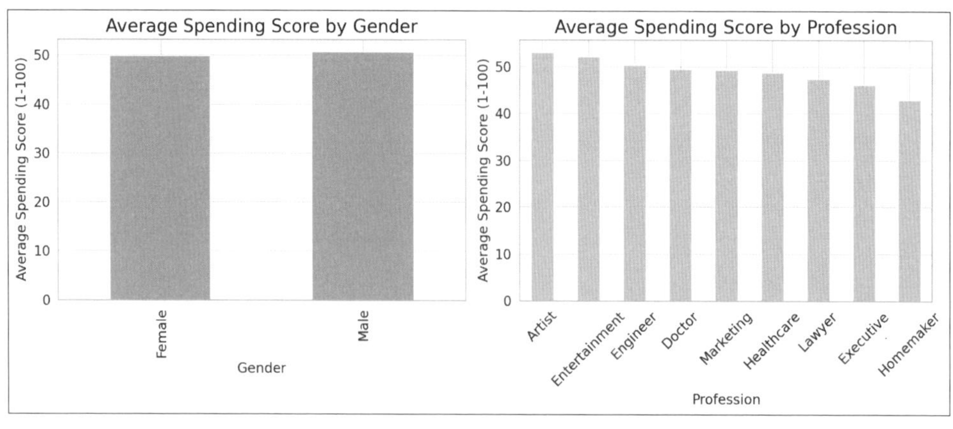

図 2.6.49　カテゴリ変数と消費スコアの関係

出力

性別による影響 : 性別による平均 Spending Score を分析したところ、男性と女性の間でわずかながら違いが見られました。女性の平均 Spending Score は約 49.9、男性は約 50.8 となっています。これは、性別が Spending Score にわずかながら影響を与えていることを示唆しています。
職業による影響 : 職業別の平均 Spending Score を分析した結果、職業によって Spending Score に幅広い違いが見られました。特に「Artist」と「Entertainment」の職業は他の職業よりも高い Spending Score を示しています。これは、職業が Spending Score に影響を与える可能性があることを示しています。

この出力結果から年齢や年収などの数値変数と支出スコアとの関係は低く、特定の職業では支出スコアが高いことがわかりました。

ただし、支出スコアが高くても対象の顧客数がそもそも少ないとマーケティングの効果も薄いので、どういった項目の顧客が多いのかを分析することも重要です。各項目ごとに顧客数との関係を示してみましょう。

入力

次に各要素と顧客数との関係分析を行ってください。
まず、分析の方針を立て、分析を行い可視化して、結果を考察してください

出力例
分析の方針 : < 分析の方針を出力 >
分析結果 : < 分析結果を出力 >
考察 : < 考察を出力 >

すると、グラフとともに以下のような考察結果が出力されました。

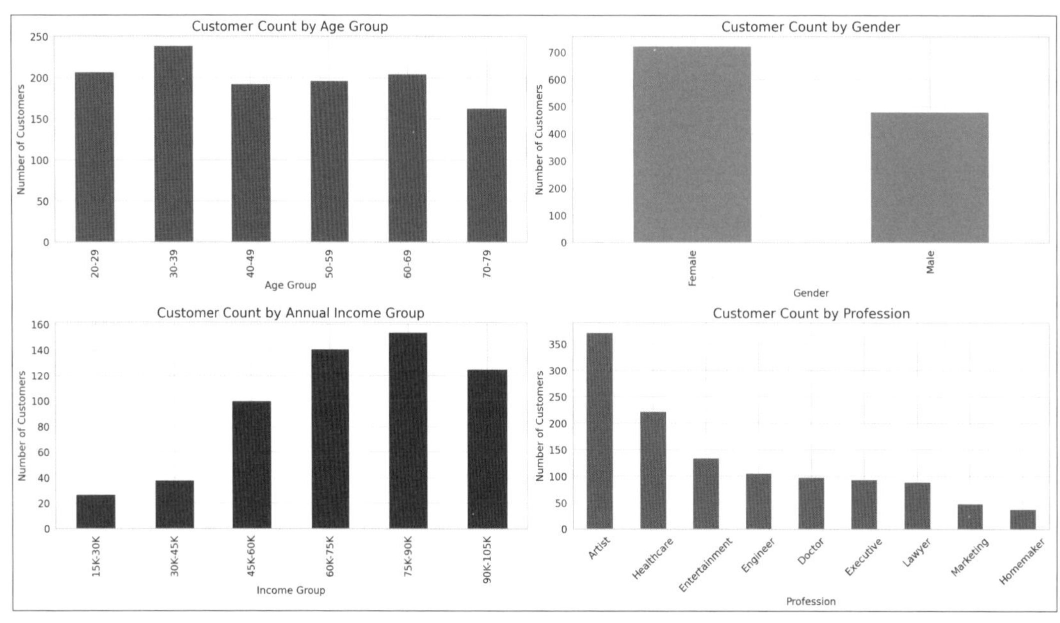

図 2.6.50　各要素と顧客数の関係

出力

この分析から以下の傾向が読み取れます：

- 年齢層：顧客の多くが「30-39 歳」と「20-29 歳」の年齢層に集中しています。これは、若年層および若年成人層が顕著な消費者セグメントを形成していることを示しています。
- 性別：女性の顧客が男性よりも多く、特に消費者市場における女性の重要性が強調されています。
- 年収：「60K-105K」の年収グループが顧客の中で多数を占めています。これは、中～高所得層が主な消費者ベースを形成していることを示しています。
- 職業：「Artist」と「Healthcare」が顧客数でトップです。このことは、これらの職業に従事する人々が主な顧客層であることを意味します。

このように、ReAct の考え方に沿って計画を立てて分析をしてもらうと、より意味のある分析結果を出力しやすくなります。図 2.6.50 からは、女性の顧客や Artist の顧客が多いことがわかります。

最後に、これらの情報をもとにマーケティング戦略を考えてもらいましょう。

入力

Spending Score と顧客数の分析をもとに、マーケティング戦略を立ててください。

出力

1. **ターゲットセグメントの特定**
    - 若年層のフォーカス：「20-39 歳」の年齢層が顧客の大部分を占めているため、このグループに焦点を当てる。
    - 女性向けのアプローチ：女性顧客が男性よりも多いため、女性向けのマーケティング戦略を強化する。
    - 中～高所得層への対応：年収「60K-105K」の顧客が多いことから、この所得層に合った商品やサービスを提供する。
    - 職業別の戦略：「Artist」と「Healthcare」の職業を持つ顧客が多いため、これらの職業群に特化したマーケティング活動を考える。
2. **プロモーションと広告**
    - デジタルマーケティングの活用：若年層にアプローチするために、ソーシャルメディア、オンライン広告、インフルエンサーマーケティングを活用する。
    - 女性向けの広告：女性向けの製品やサービスを強調し、女性に共感を呼ぶ広告キャンペーンを展開する。
    - ライフスタイルに合わせた広告：職業やライフスタイルに合わせた製品やサービスの広告を展開し、関連性の高い顧客層にアピールする。
3. **製品・サービスの開発**
    - 若年層向けの製品開発：トレンドを取り入れた製品やイノベーティブなサービスを開発し、若年層の顧客を惹きつける。
    - 女性向けの製品ラインナップ：女性のニーズに合わせた製品やサービスを開発し、女性顧客の獲得に努める。
    - 所得層に合わせた価格戦略：中～高所得層の顧客に対して、価値を感じさせる高品質な製品やサービスを提供する。
4. **顧客エンゲージメント**
    - 顧客とのコミュニケーション：顧客との関係を深めるためのコミュニケーション戦略を立てる。たとえば、ソーシャルメディアでの積極的なエンゲージメントや、顧客のフィードバックを活用した製品改善などが考えられる

5. **分析とフィードバック**

- データ駆動型のアプローチ：市場の動向や顧客の反応を定期的に分析し、戦略を柔軟に調整する。
- 顧客満足度の追求：顧客満足度の高い体験を提供し、長期的な顧客関係を築く。

女性向けや中～高所得層、「Artist」と「Healthcare」の職業の人向けにマーケティングを行うなど、分析結果に基づく提案を得ることができました。この分析結果では不十分なところもあるかもしれませんが、出力結果を確認して適切に指示をすればより正確な分析も可能となりますのでぜひお試しください。

また、今回はSpending Scoreと顧客数の分析を行うという、分析対象はこちらからData Analysisに明示しましたが、この分析対象も、Data Analysisに任せることができます。興味のある方はお試しください。

2-7 まとめ

第1章では、ChatGPTを効果的に利用するには、その特性を理解し、プロンプトエンジニアリングを通じて適切に活用することが重要であると述べました。

第2章では、第1章の内容を受けて、GPTのしくみの概要と、ChatGPTのアカウント作成から使用方法までを詳細に説明し、プロンプトエンジニアリングについて解説しました。本章でご説明したプロンプトエンジニアリングのテクニックは、第4章で実際にChatGPTやLangChainを活用する際に使用される重要な内容です。

最後に、ChatGPT Plusで提供される機能を紹介しました。ChatGPTのプラグインの活用、画像の読み込み、画像の生成、Pythonコードの実行、Web検索、GPTのカスタマイズ（GPTs）など、無料プランでは利用できないさまざまな機能が提供されていますので、ぜひ、有料プランを活用しましょう。

次章では、プログラマーの強い味方であるGitHub Copilotの詳細な利用方法を解説します。

第3章

GitHub Copilot 使用のベストプラクティス

GitHub社のCEO、トーマス・ドムケ氏は、「Copilotのユーザーは、コードの40%をAI（人工知能）で自動生成している。5年後には、80%のコードがAIで作成されていくだろう」[注1]と述べています。GitHub Copilotなどのコード自動補完ツールを使用して、開発を進めることが今後スタンダードになると予想されています。

この章では、GitHub Copilotの導入方法や基本的な使い方、使用する際のポイント、関連する最新サービスについて詳しく紹介していきます。

3-1 GitHub Copilotのしくみ

GitHub Copilotは、2021年10月にマイクロソフト傘下のGitHub社からリリースされたLLMによって補完するサービスです。GitHub上のリポジトリを含む公開されたソースコードや自然言語をもとに学習された、GPT-3.5 Turboと呼ばれるGPTベースのモデルを用いて、次に書くべきコードの予測と提案を行います。

Python、JavaScript、TypeScript、Ruby、Go、C#、C++、Shellなどの、よく普及していてWeb上に多くのコードが公開されているプログラミング言語の方が、マイナーな言語よりもよく動作しますが、マイナーな言語でも十分な提案をしてくれます。

Visual Studio、Visual Studio Code、JetBrains IDEなどの人気のエディタで使用できます。ここではVisual Studio Codeを使用して、その機能を見ていきましょう。GitHub Copilotは、主に以下の機能を提供しています。

- コメントからのコード生成機能：ユーザーが記述したコメントに対して、その内容に沿ったコードを生成する
- コードの自動補完機能：Visual Studio Codeのタブで開かれいているファイルのコードやユーザーが記述中のコードの情報をもとに、次のコードを自動で補完する

2023年7月の情報[注2]によると、Github Copilotによって生成された提案のうち平均で26%は

注1　https://xtech.nikkei.com/atcl/nxt/column/18/00677/122100126/

注2　https://github.com/features/copilot/

ユーザーに採用されており、特に人気な言語で予測精度の高いPythonなどでは40%ほどが採用されています。

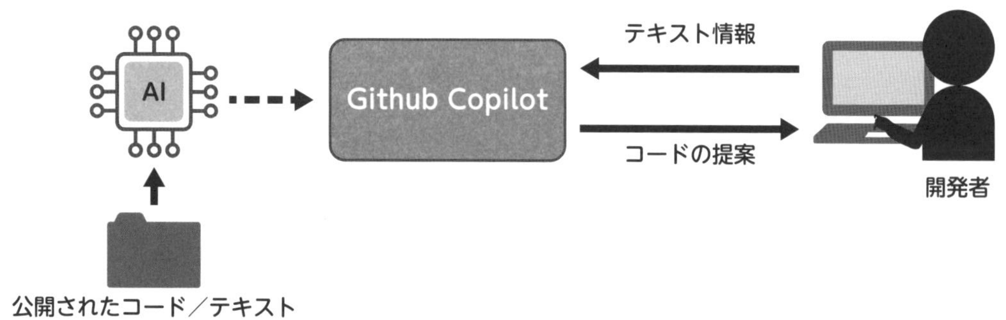

図 3.1.1　GitHub Copilotの動作まとめ

3-2 個人アカウントとビジネスアカウント

アカウントには、個人アカウント「Copilot for Individuals」とビジネスアカウント「Copilot for Business」の2つのプランが用意されています。これらのプランの違いを以下に記載します。

- 料金
  - Individuals：1ヶ月あたり10ドル、または1年あたり100ドルから選択
  - Business：1ヶ月あたり19ドル
- アクセス管理
  - Individuals：個別のユーザー向けのため、アクセス管理機能は提供されていない
  - Business：管理者が各ユーザーやチームへのアクセス許可を制御可能
- データの取り扱い
  - Individuals：ユーザーがデータ収集を許可した場合に限り、「プロンプト」と「提案」のデータを保持する。ただし、設定により機能をオフにできる

- Business：「プロンプト」と「提案」のデータは保持されない
- ユーザーエンゲージメントデータ[注3]
  - 両アカウントとも、サービスの品質向上のため、GitHub と Microsoft がデータを収集・利用する

3-3 GitHub Copilot の使用を開始する[注4]

3-3-1 GitHub Copilot のサインイン

1. **GitHub にログインした状態で、右上のユーザーアイコンをクリックして「Settings」をクリックし、設定画面に移動します。**
2. **画面左側のメニューで「Copilot」をクリックします。**

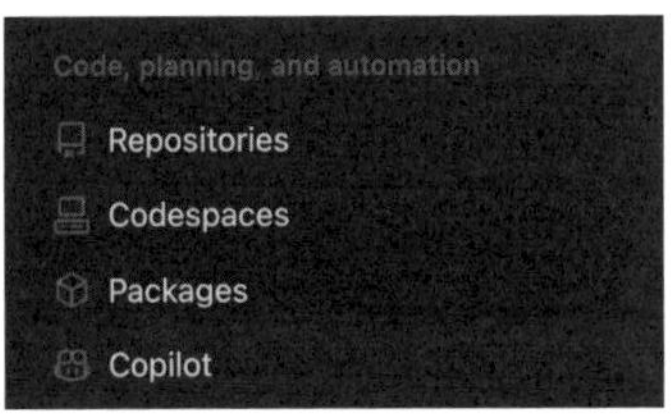

図 3.3.1 Copilot の画面に進む

3. **「GitHub Copilot」の設定ページで「Start free trial」ボタンをクリックし、GitHub Copilot を始める画面に移ります。**

注3 ユーザーエンゲージメントデータとは、ソフトウェアのエラーデータや、ユーザーがどれだけ GitHub Copilot の提案を受け入れて、どの機能を頻繁に利用したかなどのデータ。

注4 詳細な手順とビジネスプランの手順はこちらもご覧ください。
https://docs.github.com/ja/copilot/quickstart

4. **支払いを月次にするか年次にするかを選び、「Get access to GitHub Copilot」をクリックします。**
5. **First name や City などの個人情報を入力して、「Save」をクリックします。**
6. **クレジットカード情報を入力して、「Save payment Information」をクリックします。**
7. **確認ページが表示されたら、問題ないか確認して「Submit」ボタンをクリックします**[注5]**。**

GitHub Copilot が開始されると、Copilot の設定ページは図 3.3.2 のようになります。

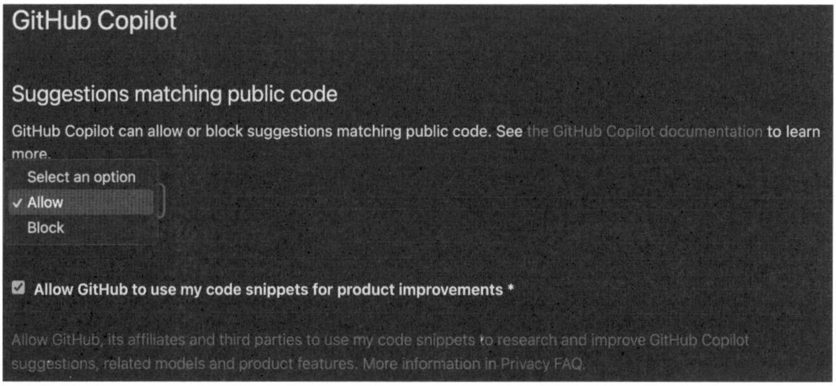

図 3.3.2　Copilot の画面

画面に表示されている「Suggestions matching public code」の設定を「Block」にした場合、GitHub Copilot は、提案されるコードとその周囲の約 150 文字のコードを GitHub 上の公開コードと照合します。一致またはほぼ一致する場合、その提案は表示されません。

公開コードとの一致を避けたい場合には block、一致するコードの提案を受け入れたい場合には Allow といったように、組織ごとで柔軟に設定を行いましょう。

「Allow GitHub to use my code snippets for product improvements」をオンにした場合には、GitHub にコードのスニペット（プロンプト）と「提案」のデータが送られて GitHub Copilot サービスの改善に利用されます[注6]。

注 5　GitHub Copilot サービスについての概要はこちらをご覧ください。
https://docs.github.com/ja/copilot/overview-of-github-copilot

注 6　こちらもご覧ください。
「送信されたコード スニペット データはどのように保護されますか ?」
https://docs.github.com/ja/enterprise-cloud@latest/copilot/overview-of-github-copilot/about-github-copilot-individual#how-is-the-transmitted-code-snippets-data-protected

3-3-2 Visual Studio Code のインストールと拡張機能の導入

Visual Studio Code をインストールしてください。手順は付録 B「VS Code のインストールと環境構築」をご参照ください。

インストールが完了したら、拡張機能（GitHub Copilot）をインストールします。

図 3.3.3　VS Code で拡張機能をインストール

3-4 Github Copilot の基本操作

3-4-1 コメントを使用したコードの生成

プログラムファイルにコメントを入力し、Enter キーで改行すると、GitHub Copilot はそのコメントに従ったコードの提案を行います。補完コードを採用する場合は、Tab キーを押します。「Sign in to use GitHub Copilot」という通知が画面右下に表示された場合は、指示に従って GitHub Copilot の利用を許可します。

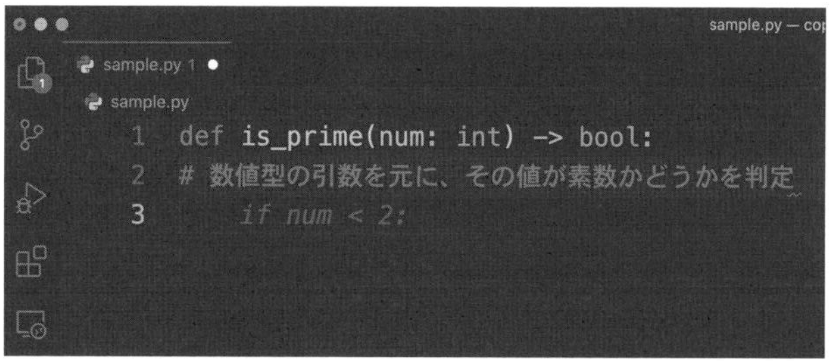
sample.py — cop
sample.py 1
sample.py
def is_prime(num: int) -> bool:
# 数値型の引数を元に、その値が素数かどうかを判定
if num < 2:

図 3.4.1　コメントでコードを自動生成

画面右下の GitHub Copilot のアイコンが回転しているときに、API を呼び出しています。もし、GitHub Copilot からコードの補完がされなかった場合には、前の行に戻り、Enter キーを押し直すことでコード補完を再開することもあります。

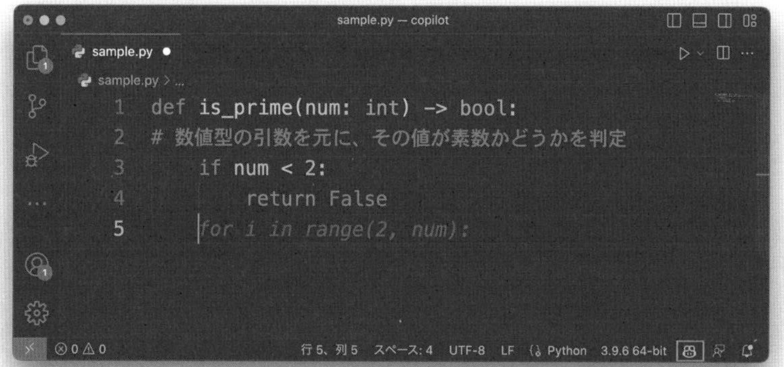
sample.py — copilot
sample.py
sample.py > ...
def is_prime(num: int) -> bool:
# 数値型の引数を元に、その値が素数かどうかを判定
if num < 2:
return False
for i in range(2, num):
行 5、列 5　スペース: 4　UTF-8　LF　Python　3.9.6 64-bit

図 3.4.2　Github Copilot のアイコン

また、コードを記述している途中でも、これまで記述したコードから続きのコードが自動補完されます。Tab キーを押すと、補完コードを受け入れて書き進めることができます。

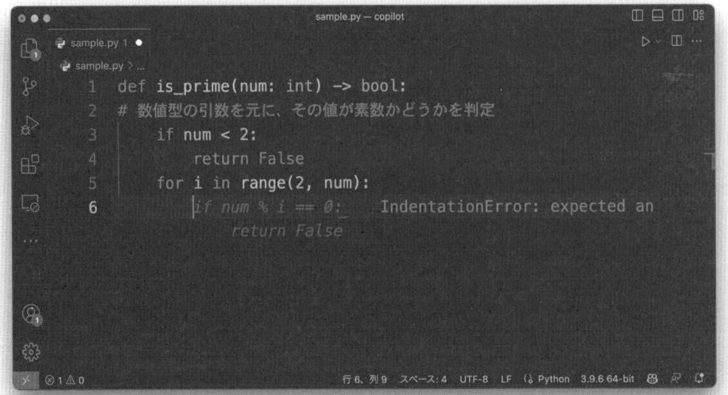

図 3.4.3　コードを記述すると自動的に次のコードが補完される

このとき表示されているコードは、GitHub Copilot が生成した複数の補完コードのうちの 1 つです。他のコードも含めて一覧表示をするには、Ctrl + Enter（Mac の場合は Command + Return）を押してください。GitHub Copilot のタブが表示されてコードの一覧が表示されます。最も適切なコードを選択してコピーしましょう。

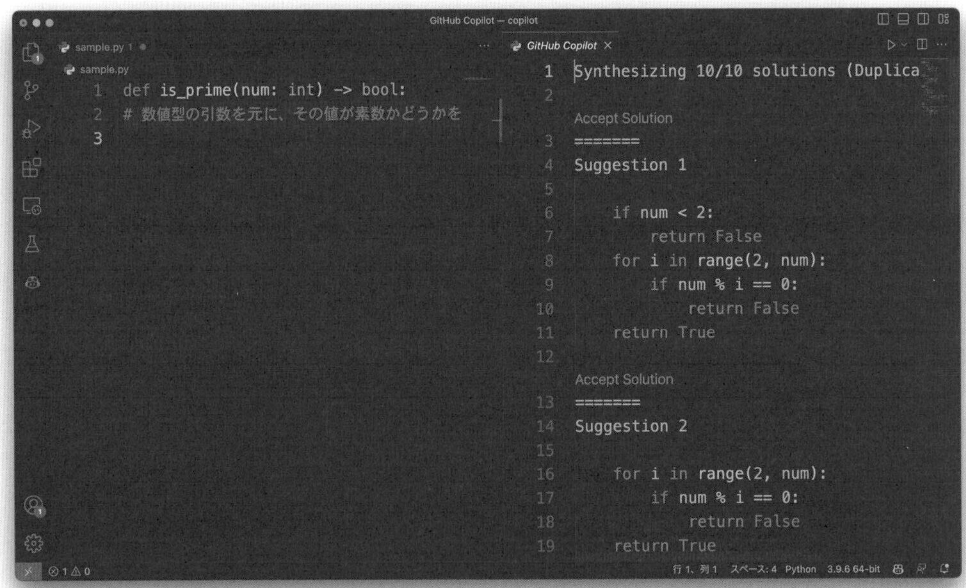

図 3.4.4　Ctrl + Enter でコード一覧が画面左のタブに表示される

Python をはじめとしたプログラミング言語だけでなく、CSS のような静的ファイルや GitHub Actions などの設定ファイルの中に記述する内容も提案してくれます。

```
<style>
    /* h1の色を赤にして欲しい */
    h1 {
        color: red;
    }
</style>
```

図 3.4.5　CSS の提案

以上が基本的な利用方法です。以降では、より GitHub Copilot を有効活用するための注意点やプロンプトについて紹介します。

POINT

- **GitHub Copilot はコメントから自動でコードを生成できる**
- **コードを書き進めると、自動的に次のコードが補完される**
- **Ctrl + Enter（Mac の場合は Command + Return）でコードの提案を一覧表示する**

3-5 GitHub Copilot を有効活用するためのプロンプト

ここでは、実際にコーディングをしながら、GitHub Copilot におけるプロンプトエンジニアリング[注7]を学んでいきます。

注 7　こちらの GitHub 公式サイトを参考にしています。
https://github.blog/2023-06-20-how-to-write-better-prompts-for-github-copilot/

3-5-1 関連するファイルをタブで開く

2023 年 12 月時点で明らかにされている GitHub Copilot のしくみをまず整理していきましょう。GitHub Copilot は、入力をもとに「Prompt library」というモジュールでプロンプトを生成し、AI モデルから補完を受け取ります。具体的には以下の入力をもとにしています。

1. **作業者が編集しているファイルのコードやコメント**
2. **エディタ（VS Code）のタブで開かれているファイルの情報**

これらの情報をもとに、プロンプトを生成してコードの補完をリクエストし、AI モデルから補完コードを受け取ります。ただし、これは執筆時点での情報であり、将来的にはさらに多くのデータをもとにしたコード生成が可能になると予測されます。

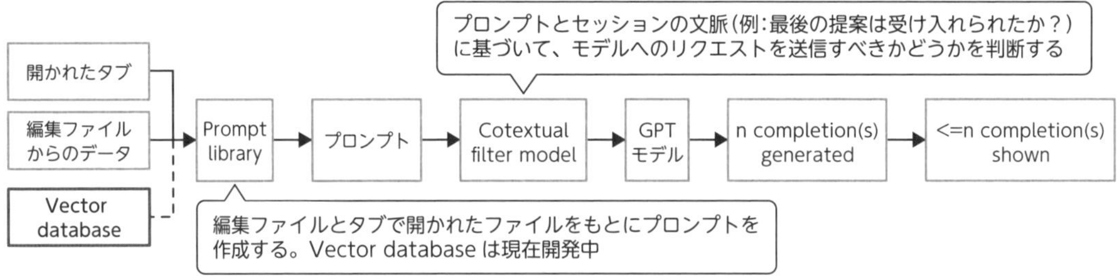

図 3.5.1　GitHub Copilot のしくみ[注8]

図 3.5.1 に示すように、GitHub Copilot は以下のステップで複数のコードを提案します。

1. **編集中のファイルと開いているタブのファイルをもとにプロンプトを作成する（Vector database は 2023 年 12 月時点では開発中の機能。現在の編集内容と関連する情報をリポジトリ内のファイルから取得する予定）**
2. **Contextual filter model で、AI モデルへリクエストを送るか判断する**
3. **GPT モデル（Codex）が複数のコードを生成（図 3.5.1 の「n completion(s) generated」）し、その一部を IDE の画面上に表示する（図 3.5.1 の「<=n completion(s) shown」）**

以上が、GitHub Copilot のしくみです。このことから、GitHub Copilot を最大限活用するには、

注 8　https://github.blog/2023-05-17-how-github-copilot-is-getting-better-at-understanding-your-code/

編集中のファイルだけでなく関連するファイルもタブで開いておくことが推奨されます。

3-5-2 ファイル、クラス、関数の冒頭に目的を明記する

ファイルのタイトルコメントや、クラス・関数のブロックコメントを記述することで、どういう内容を記述すべきなのか GitHub Copilot が理解しやすくなり、適切なコード補完を得やすくなります。

特に、新プロジェクトで空ファイルから始める際には、GitHub Copilot は開発に関する情報を一切持っておらず、コード補完ができません。まずは、自分が生成したいものの大まかな目的や説明を記述しましょう。

ここでは、例としてデータ分析ライブラリ「pandas」とグラフ描画ライブラリ「matplotlib」を用いた Python ファイルの実装を取り上げます。まず、pandas と matplotlib ライブラリが必要ですので、Python 環境にインストールしましょう。

```
pip install pandas matplotlib
```

ファイルを作成して、先頭にタイトルコメントを記述します。

入力

"""

File: temperature_analysis.py

このスクリプトは、指定した CSV ファイルから気温データを読み込み、以下の分析を行います。

1. **データの読み込み : ファイル名を引数にして CSV ファイルを読み込む関数を実装します。**
2. **月ごとの気温分析 : 月ごとの平均気温、最高気温、最低気温を計算します。**
3. **グラフの描画 : 月ごとの平均気温、最高気温、最低気温のグラフを表示します。**

このスクリプトは、データ分析の一環として、特定の期間における気温の変動を調査する目的で使用できます。
"""

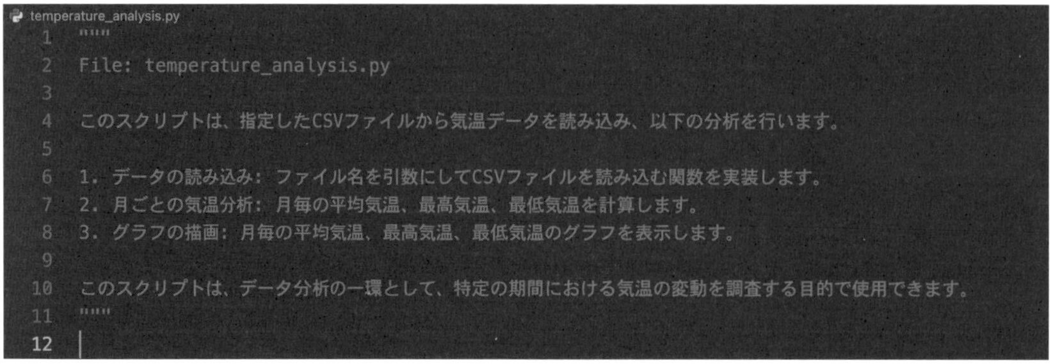
temperature_analysis.py
"""
File: temperature_analysis.py
このスクリプトは、指定したCSVファイルから気温データを読み込み、以下の分析を行います。
1. データの読み込み: ファイル名を引数にしてCSVファイルを読み込む関数を実装します。
2. 月ごとの気温分析: 月毎の平均気温、最高気温、最低気温を計算します。
3. グラフの描画: 月毎の平均気温、最高気温、最低気温のグラフを表示します。
このスクリプトは、データ分析の一環として、特定の期間における気温の変動を調査する目的で使用できます。
"""

図 3.5.2　ファイルの冒頭に目的を記述する

まず、タイトルコメントを記述することで、その後のコード補完を得やすくなります。

3-5-3 シンプルかつ具体的な要求をする

主要な目的を伝えた後は、その目的を達成するための手順を細かく分解し、段階的にコメントでGitHub Copilot に伝えます。

使用するライブラリやアルゴリズムに複数の選択肢がある場合には、どれを使うのかを最初に決めて、明示的にコメントに記述しましょう。たとえば、Python で単体テストをしたいときには、「pytest」と「unittest」という代表的な 2 つのフレームワークが選択肢となります。もし「pytest」を使用する場合には、「pytest を使用」とコメントに明記します。

今回の例では、「pandas」と「matplotlib」をインポートするようにコメント文に記述しました。

入力

```
# pands と matplotlib.pyplot をインポートします
```

コメント文に記述すると、自動的にライブラリをインポートする文が補完されますので、Tab キーを押してそのまま記述しましょう。

図 3.5.3　コメント文を記述するとコードが補完される

3-5-4 規約に従った良いコードを書く

GitHub Copilot は、公開されているコードのうち、質の高いものを用いて学習が行われています。これらのコードの多くは、コーディング規約を遵守しています。このため、規約に沿った良いコードを書くことで、GitHub Copilot からのコード補完が受けやすくなります。

一方で、規約に従わない独自スタイルのコードを記述すると、GitHub Copilot が学習したパターンから外れてしまい、正確なコード補完が得られない可能性が高まります。たとえば、以下の点に注意しましょう。

- 変数名や関数名は明確でわかりやすくする
- 関数は短く分けて、1 つの関数には 1 つのタスクを担当させる
- マジックナンバーを使用しない

コーディングをしながら定期的にリファクタリングすることも重要です。リファクタリングは、ChatGPT や後述する「GitHub Copilot Chat」を使うと効率的ですので、ぜひ活用しましょう。

Python を使用する場合には、関数の引数や戻り値に型ヒントを追加することもおすすめします。型ヒントは Python の最近のバージョンでは特に強化されている機能ですが、動的型付け言語の Python であっても、各変数の型が何なのか型ヒントを使用すれば GitHub Copilot が把握できるため、より的確なコード補完が得やすくなります。

以下のように、関数の内容をコメントとして記述して関数名を明確にすることで、GitHub Copilot からの適切なコード補完がされやすくなります。以下の例の関数名を、load_data ではなく l_d のようなわかりにくい名前にすると、コード補完がされない可能性もあります。

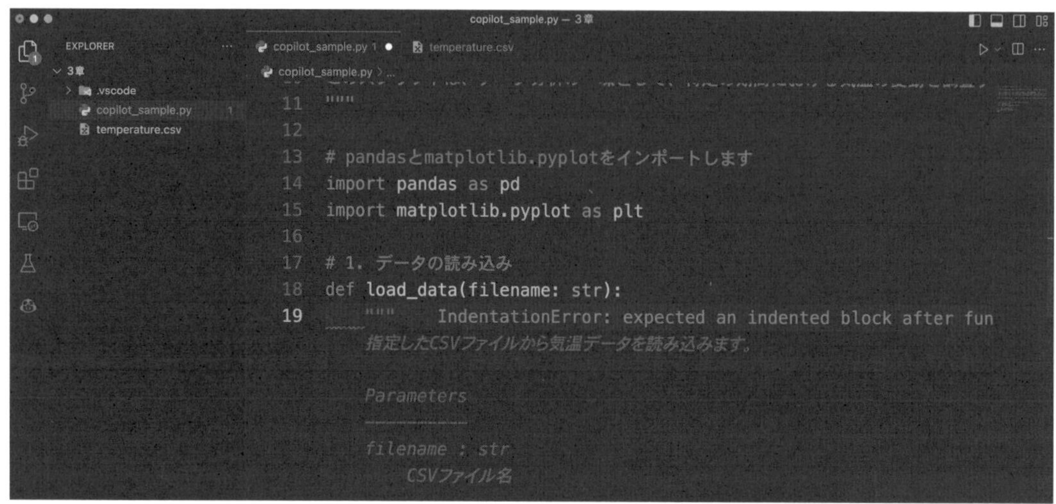

図 3.5.4　コメント文を記述するとコードが提案される

この補完コード以外のコードを表示したい場合には、Ctrl + Enter（Mac の場合は Command + Return）を押します。複数のコードの中から、自分の気に入ったものをコピーし、ファイルに貼り付けてそのまま使用しましょう。

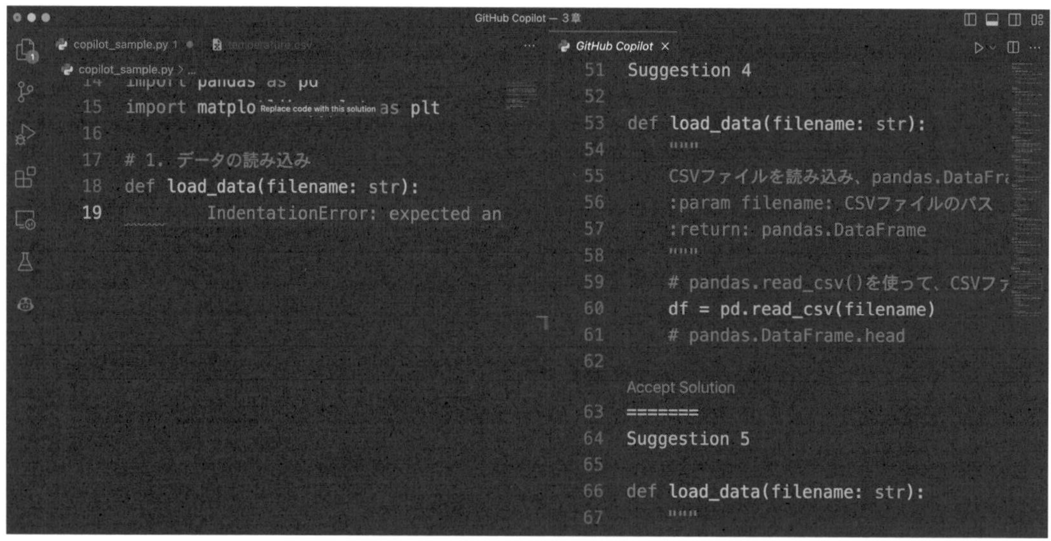

図 3.5.5　Ctrl + Enter で複数の補完コードを表示する

3-5-5 具体的なアウトプット例を提示する

AI も人間同様、実例を見た方が理解しやすくなります。たとえば、データ構造が不明確な場合には、具体的なデータを示すことで、より正確なコード補完を受け取りやすくなります。今回の例では、temperature.csv からデータを読み込んでいます。

入力

```
df = load_data("temperature.csv")
```

この読み込む対象のファイルには、以下のような形でデータが格納されています。

```
date,average,max,min
2022/1/1,3.4,7.8,-1.0
2022/1/2,3.5,7.9,0.4
```

1 列目の日付から月を取り出し、平均気温、最低気温、最高気温の月平均を計算するコードを提案してほしい場合、以下のように具体的な例とともに指示を記述します。

入力

```
"""
dfには以下の形式で値が入っています。
date,average,max,min
2022/1/1,3.4,7.8,-1.0

1列目 (date) から月を取り出して、月ごとの平均気温、最高気温、最低気温を計算します。
出力、output_dfには以下のような値を入れてください。
month,average,max,min
1,10,15,5
2,11,16,6
3,12,17,7
"""
```

このように記述すると、以下のようなコードが自動で補完されました。

3

GitHub Copilot 使用のベストプラクティス

出力

```
df["month"] = pd.to_datetime(df["date"]).dt.month
output_df = df.groupby("month").mean() 注9
output_df["max"] = df.groupby("month").max()["max"]
output_df["min"] = df.groupby("month").min()["min"]
```

output_df には、「month, average, max, min」をヘッダーとして、月と月ごとの平均気温、最高気温、最低気温が格納されています。

```
"""
dfには以下の形式で値が入っています
date,average,max,min
2022/1/1,3.4,7.8,-1.0
1列目（date）から月を取り出して、月毎の平均気温、最高気温、最低気温を計算します
出力、output_dfには以下のような値をいれてください
month,average,max,min
1,10,15,5
2,11,16,6
3,12,17,7
"""
df["month"] = pd.to_datetime(df["date"]).dt.month
output_df = df.groupby("month").mean()
output_df["max"] = df.groupby("month").max()["max"]
output_df["min"] = df.groupby("month").min()["min"]
```

図 3.5.6　例で示した内容をもとにコードを生成する

最後に、pandas で作成した月ごとの平均気温、最高気温、最低気温のグラフを作成しましょう。

入力 コメントの入力

```
# 3 グラフの描画
# グラフの描画
```

出力 GitHub Copilot からの提案

```
output_df.plot(y=["average", "max", "min"], kind="line")
plt.show()
```

注 9　このコードは、2023 年 4 月 3 日にリリースされた pandas のバージョン 2.0.0 以降だとエラーになります。「output_df = df.groupby("month").mean(**numeric_only=True**)」として、numeric_only を mean の引数として追加してください。GitHub Copilot や ChatGPT が学習したデータ以降のライブラリの変更点に関しては、コードの修正が必要になることもあります。

実行すると、図3.5.7のようにグラフが表示されます。Pythonファイルの実行方法については付録C「Pythonファイルの作成と実行」をご参照ください。

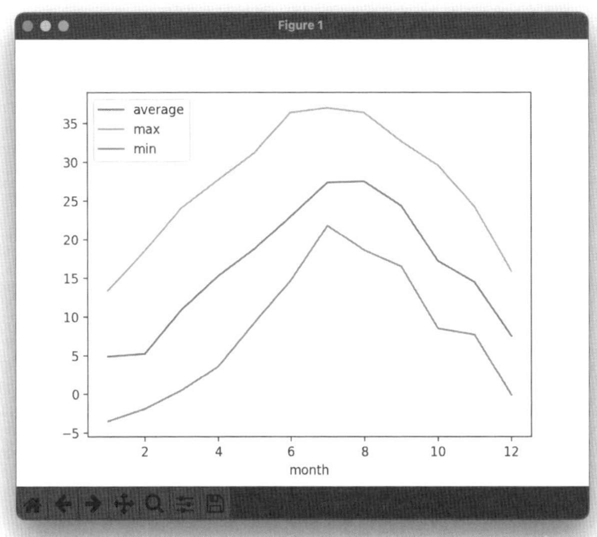

図3.5.7　表示されたグラフ

求めていたグラフを表示することができました。

このようにGitHub Copilotを使用することで、開発効率が大幅に向上します。しかし、誤ったコードが生成されることもありますので、チェックは必ず行うようにしましょう。

また、コードの理解がおろそかになるリスクも考慮する必要があります。これにはたとえば、「2-5-5　The Reflection Pattern（リフレクションパターン）」などのパターンと組み合わせて、コードの説明と論理的な根拠をChatGPTに提供してもらい、コードの理解を深めるなどすることもおすすめです。後述する「GitHub Copilot Labs」を使用すれば、コードの説明も行えます。

POINT

- **タブでファイルを開いて、関連する情報を伝える**
- **目的を明確に記述して、コードの方向性を示す**
- **具体的な要求を段階的に指示する**
- **規約に従った高品質なコードを記述する**
- **アウトプット例を示して、期待する結果を明確にする**

3-6 GitHub Copilot Labs を使う

「GitHub Copilot Labs」[注10]は、VS Code の拡張機能として開発者をサポートするサービスです。GitHub Copilot の拡張機能とは独立して提供されており、2023 年 8 月時点では、以下の機能が提供されています。

- EXPLAIN
- LANGUAGE TRANSLATION
- BRUSHES
- TEST GENERATION

GitHub Copilot Labs は、現在プレビュー版として提供されており、本リリースされているわけではないことに注意してください。

VS Code の拡張機能画面から「GitHub Copilot Labs」を検索し、画面上に表示されたらインストールしてください。インストールが完了したら、VS Code の画面左側に GitHub アイコンが表示され、クリックすると GitHub Copilot Labs の画面に進むことができます。

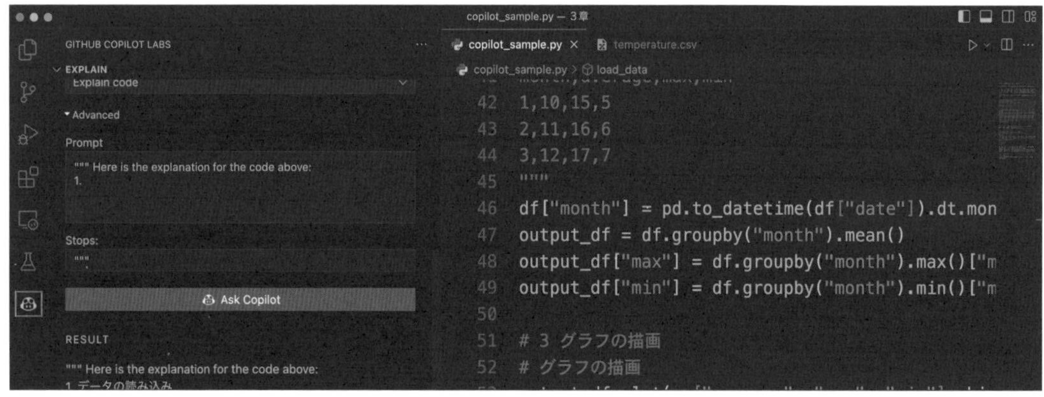

図 3.6.1 GitHub Copilot Labs の画面を表示する

注 10 https://githubnext.com/projects/copilot-labs/

2023年8月時点では、GitHub Copilot Labsの利用を開始するには、サインアップが必要です。以下のサイトにアクセスしてサインアップ画面に進んでください。まず「Sign up for Copilot Labs」ボタンをクリックすると「GitHub Next」のページに移動します。「Authorize Next Waitlist」をクリックして表示されたページで「I accept the GitHub Next Pre-Release License Terms」のチェックリストをオンにして「Sign up」をクリックします。

https://githubnext.com/projects/copilot-labs/

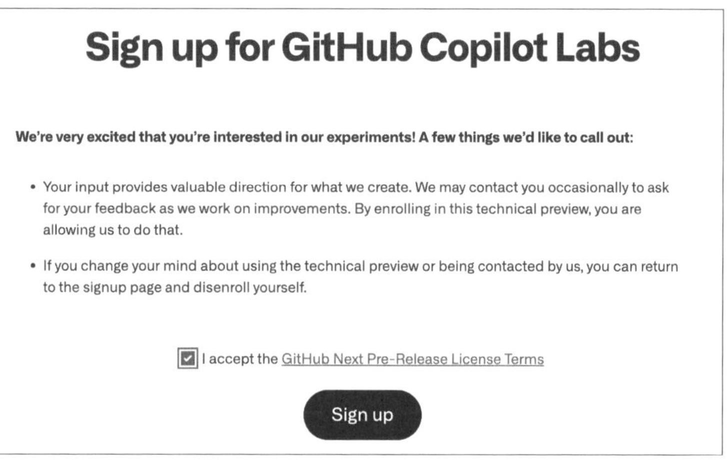

図 3.6.2　GitHub Copilot Labsのサインアップ画面

サインアップが完了したら、VS Codeを再起動してください。すると、GitHub Copilot Labsの使用を開始できるようになります。

3-6-1 EXPLAIN

コードの読解は、開発者にとって難しいタスクの1つです。「EXPLAIN」は、選択したコードの解説を提供します。

1. **画面左のアクティビティバーの「GitHub Copilot Labs」のアイコンをクリックします。**
2. **ファイルの中で、説明してほしいコードを選択します。**
3. **画面左の「EXPLAIN」を展開すると選択したコードが表示されます。**

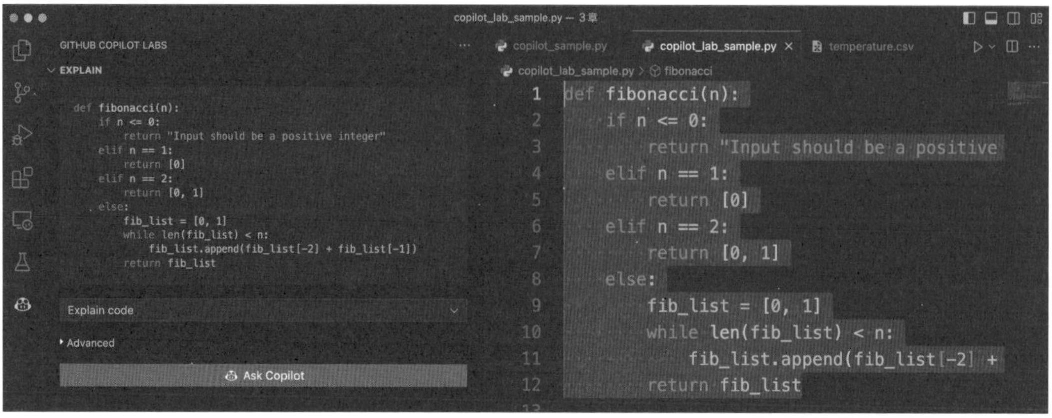

copilot_lab_sample.py — 3章
GITHUB COPILOT LABS
EXPLAIN
def fibonacci(n):
if n <= 0:
return "Input should be a positive integer"
elif n == 1:
return [0]
elif n == 2:
return [0, 1]
else:
fib_list = [0, 1]
while len(fib_list) < n:
fib_list.append(fib_list[-2] + fib_list[-1])
return fib_list
Explain code
Advanced
Ask Copilot
copilot_sample.py
copilot_lab_sample.py
temperature.csv
copilot_lab_sample.py > fibonacci

図 3.6.3　GitHub Copilot Labs の「EXPLAIN」を表示

「EXPLAIN」には選択ボックスがあります（図 3-6-3 の「Explain Code」）。選択肢とそれらを選んだときに LLM に問い合わせて出力される内容は以下のとおりです。

- Explain code：コードの詳細な手順説明
- Code does following：コードの概要説明
- Show example code：入力と出力例の表示
- Custom：ユーザーが自分で Prompt を記述する

選択ボックスの選択を変えると、ハイライトしたコードに対して何を尋ねるのかプロンプトが変更されます。また、図 3.6.3 の「Advanced」を選択すると、プロンプトの確認と編集ができ、書き換えると選択ボックスが「Custom」に切り替わります。

Explain code
Advanced
Prompt
""" Here is the explanation for the code above:
1.
Stops:
"""
Ask Copilot

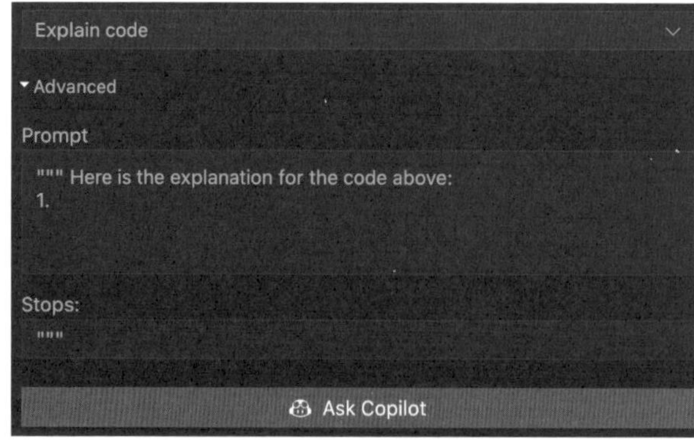

図 3.6.4　Advanced の設定画面

図 3.6.4 は「Explain code」を選択したときのデフォルトのプロンプトです。「Prompt」の下に英語で「""" Here is the explanation for the code above: 1.」と書かれています。Stops は「"""」で、これは回答の生成を停止する文字列で、変更する必要はありません。同様に、Prompt の冒頭の「"""」の変更も行わないでください。

たとえば、このプロンプトを日本語で「""" 上のコードの説明は以下のとおりです：」にしてください。その下の「Ask Copilot」をクリックすると、コードの説明が図 3.6.5 のように「RESULT」の下に表示されます。

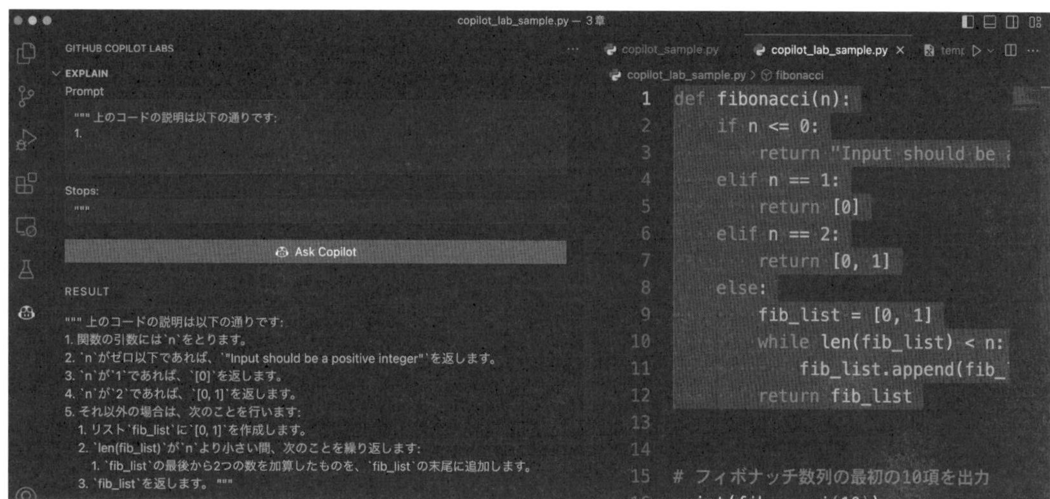

図 3.6.5 「EXPLAIN」の実行結果

このように、GitHub Copilot Labs の項目「EXPLAIN」を用いれば、VS Code 上から直接 AI モデルにアクセスしてコードの説明をもらえます。

3-6-2 LANGUAGE TRANSLATION

「LANGUAGE TRANSLATION」を使用すると、あるプログラミング言語から別のプログラミング言語へのコード変換が可能になります。コードを選択した状態で翻訳したいプログラミング言語を選択し、「Ask Copilot」ボタンをクリックします。

翻訳を実行して、Python から JavaScript にコードを変換した例を図 3.6.6 に示します。

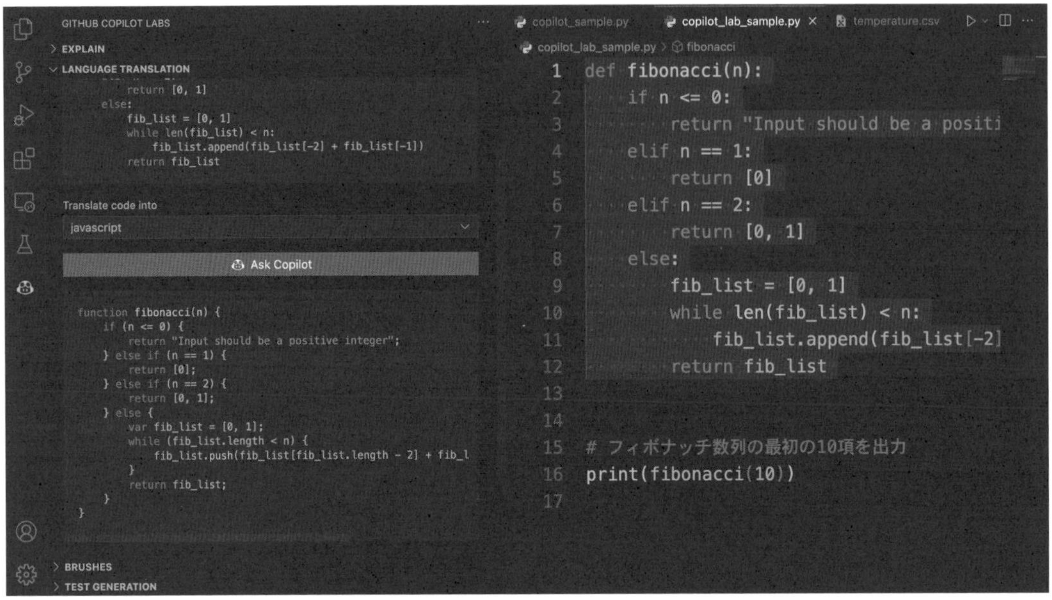

図 3.6.6　Python から JavaScript に変換した例

3-6-3 BRUSHES

「BRUSHES」を使用すれば、選択したコードの編集や更新をボタンを押すことで直接行えます。今後、さらなる機能が追加される可能性がありますが、ここでは現時点での主要なオプションを説明します。

- READABLE：コードを読みやすく整形する
- ADD Types：コードに型情報を追加する
- FIX BUG：タイプミスのような単純なバグを簡単に修正する
- DOCUMENT：コードのドキュメントをコードの上部に作成する

今回は、以下のコードを BRUSHES を使って修正してみます。

```
def doSomething(x, y):
    temp = []
    for i in range(x, y):
        if i % 3 == 0:
```

```
            temp.append(i)
        else:
            pass
    for j in range(len(temp)):
        temp[j] = temp[j] * 3
    result = 0
    for k in temp:
        result = result + k
    print(result)

doSomething(1, 15)
```

このコードを選択した状態で「ADD TYPES」を実行すると、コードに型の指定が追加されました。

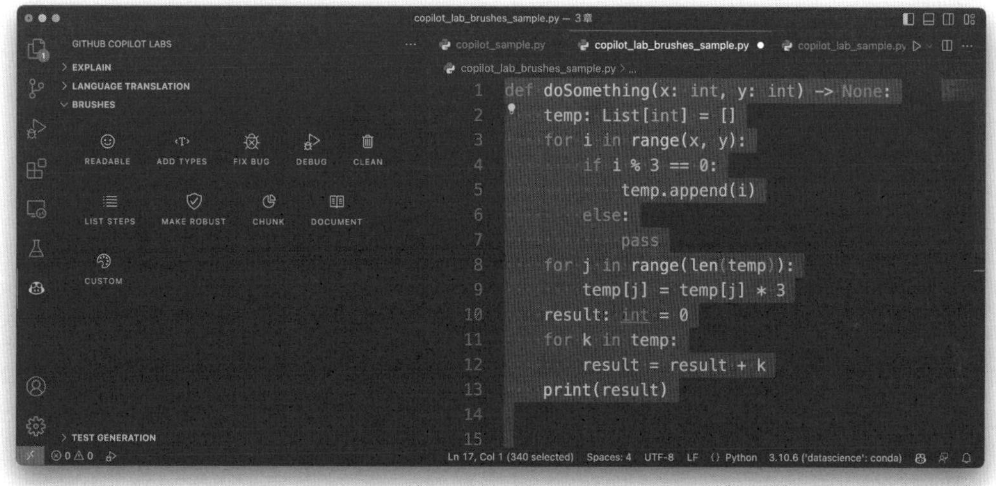

図 3.6.7　BRUSHES でコードに型の指定を追加する

3-6-4 TEST GENERATION

TEST GENERATION を使用すると、単体テストのコードを作成できます。この機能は 2023 年 12 月時点では JavaScript と TypeScript にしか提供されておらず、現在は開発段階の機能であるため、ここでは簡単に紹介します。

JavaScript のファイルを作成して、以下のような簡単な関数を記述します。

```
function sum(a, b) {
    return a + b;
}
```

この関数を選択した状態で「Test Generation」を展開します。

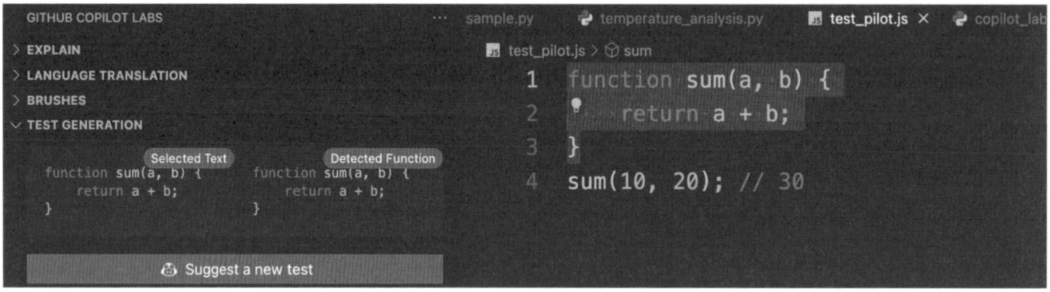

図 3.6.8　Test Generation でコードを選択する

画面の「Suggest a new test」をクリックするとテストコードが作成されます。「Run this test」をクリックするとテストが実行されます。ただし、プレビュー版では上手く実行できないこともあります。ご注意ください。

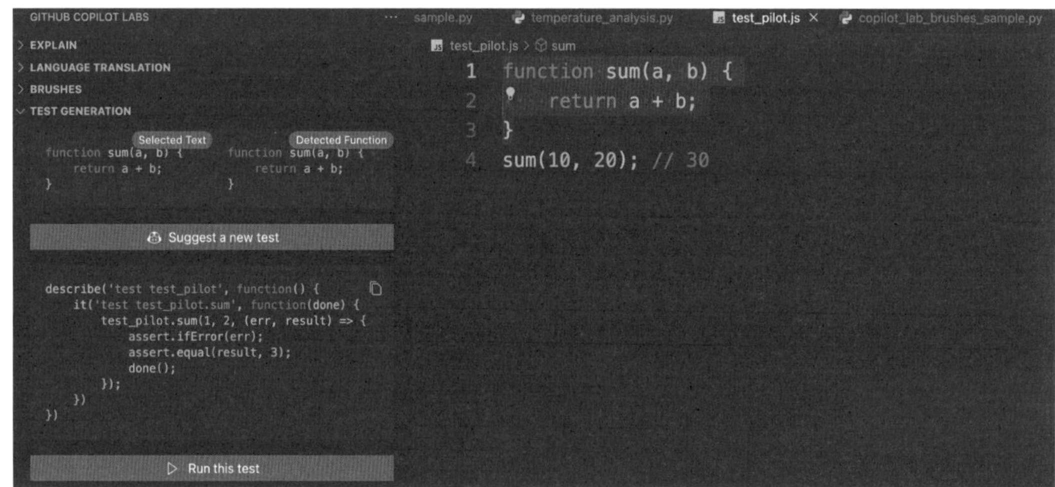

図 3.6.9　単体テストコードを作成する

「GitHub Copilot Labs」を使用すると、コードの解説、修正、単体テストの作成など、開発者が必要とするさまざまな機能をボタン 1 つで実行できるようになります。2023 年 12 月時点では、いずれもプレビュー版として提供されているサービスですので、ここでは大まかな内容をつかんでいただいて、公式リリースされた際に本格利用することをおすすめします。

POINT

- **GitHub Copilot Labs：VS Code の拡張機能で開発をサポートする**
- **EXPLAIN：選択したコードを AI が解説する**
- **LANGUAGE TRANSLATION：コードを別の言語に変換する**
- **BRUSHES：コードの編集・整形をする**
- **TEST GENERATION：単体テストを生成する**

3-7 GitHub Next を使う

「GitHub Next」は、GitHub から提供されている新サービスの集まりのことを言います（「GitHub Copilot Labs」も「GitHub Next」の一部です）。執筆時点（2023 年 12 月）では、正式リリースされておらず、Waitlist に登録して承認されないと使用できないサービスもあります。

「GitHub Next」の公式サイト[注11]をご覧いただければ、現在開発中のさまざまな機能を確認できます。一部の機能はまだ使用できませんでしたので、ここでは GitHub の公式資料をもとに解説します。

3-7-1 GitHub Copilot Chat

「GitHub Copilot Chat」を用いると、ChatGPT の画面を開かずに、IDE 内から GPT-4 向けの API を使用してコーディングに関する質問をできるようになります。

エラーが発生したときや、ライブラリの使用方法の調査をしたいとき、ユニットテストコード

注 11 https://githubnext.com/

を作成したいときなどに「GitHub Copilot Chat」に尋ねます。画面上のボタンをクリックすれば、出力されたコードをそのまま実ファイルに反映させることも可能です。

使用開始の手順の詳細は、以下のサイトをご覧ください。

https://docs.github.com/ja/copilot/github-copilot-chat/using-github-copilot-chat

Visual Studio Code に「GitHub Copilot Chat」の拡張機能をインストールします。チャットで質問するツールであるため、ChatGPT と機能は似ていますが、以下の特徴があります。

- IDE でそのまま使用でき、ブラウザに切り替える必要がない
- コーディングに関する質問に特化しており、他の質問には答えない
- ユーザーが読みやすい形で出力してくれる
- 質問を簡略化するショートカットの文字列が用意されている

また、VS Code の拡張機能の「Privacy」欄には、以下のように記述されています。

> 「Your code is yours. We follow responsible practices in accordance with our Privacy Statement to ensure that your code snippets will not be used as suggested code for other users of GitHub Copilot.」
> 「あなたのコードはあなたのものです。私たちは、あなたのコードスニペットが GitHub Copilot の他のユーザーに対する提案コードとして使用されないように、プライバシー声明に従った責任ある対応を行っています。」

これにより、開発者は定額プランで安心して「GitHub Copilot Chat」を使用し、効率的なコーディングを実現できることが期待できます。

実際に使ってみましょう。「GitHub Copilot Chat」を開いた状態で、質問をしたい対象のコードを選択してください。

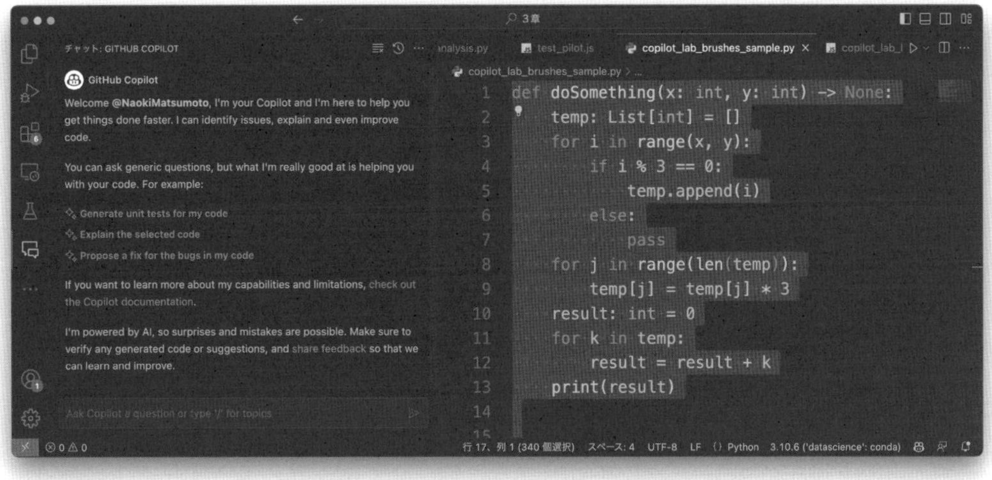

図 3.7.1　GitHub Copilot Chat の画面

左側のチャット画面に「コードを説明してください」と入力して質問をします。コードを選択した状態で質問を行うと GitHub Copilot Chat から回答を得られます。

図 3.7.2　GitHub Copilot Chat で質問を入力する

では、次に、コードのリファクタリングを行いましょう。「このコードをリファクタリングし、読みやすくしてください」と入力して、リファクタリングを依頼します。

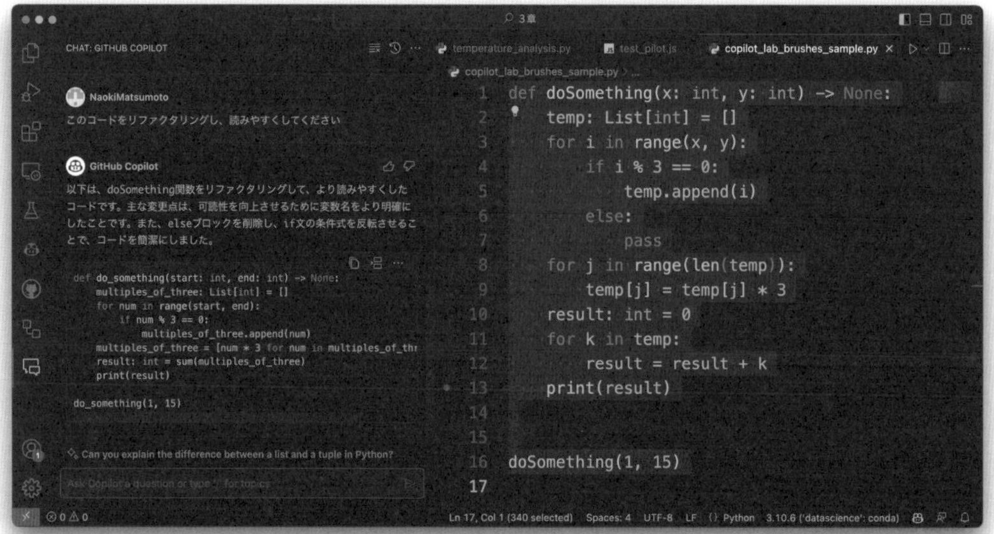

図 3.7.3　リファクタリングしたコードを生成する

他にも、以下のような開発に関するさまざまなことを質問できます。

- コードのエラー修正：コード内のエラーを特定し、修正を提案する
- 単体テストコードの作成：効果的な単体テストコードを作成する
- コードのパフォーマンス向上：コードの効率を向上させるための最適化を提案する
- アイデアの壁打ち：開発中のアイデアに対するフィードバックや改善案を提案する
- ライブラリの使用方法：特定のライブラリやフレームワークの使い方についての実践的なアドバイスを提供する

3-7-2 Copilot for Pull Requests

「Copilot for Pull Requests」は、プルリクエストの説明を簡潔で質の高いものにするためのサービスです。以下に主要な機能を紹介します。

a. プルリクエストの説明の自動生成

この機能を使うと、コードの変更点を AI が分析し、プルリクエストの適切な説明を生成してくれます。具体的には、次のマーカーを挿入するだけで自動的に説明文が生成されます。

- copilot:all：一度にさまざまな内容をすべて表示
- copilot:summary：変更内容の要約を生成
- copilot:walkthrough：変更点の詳細なリストを、関連するコードへのリンクを含めて生成
- copilot:poem：プルリクエストの変更点に対してポエム風の文章を生成

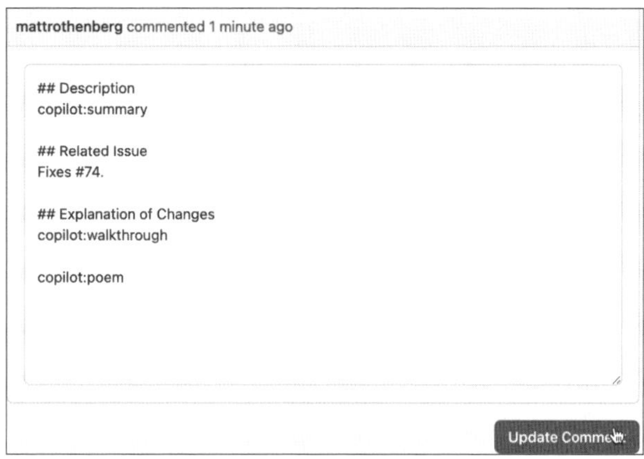

図 3.7.4 「copilot:summary」などのマーカーを記述する（公式サイト[注12]より）

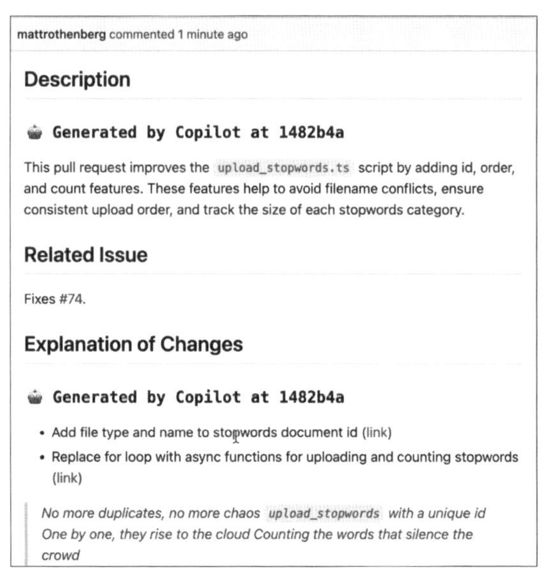

図 3.7.5 マーカーからコメントを自動生成する（公式サイトより）

注 12 Copilot for Pull Requests の公式サイト
https://githubnext.com/projects/copilot-for-pull-requests

b. テストの生成（Gentest）

単体テストコードの作成をサポートする機能です。テストコードを書くのは手間がかかりますが、テストの不足はバグの発生などの原因になります。この機能は、プルリクエストの中でテストコードが不足している部分を特定して、作成すべきテストの提案をしてくれます。

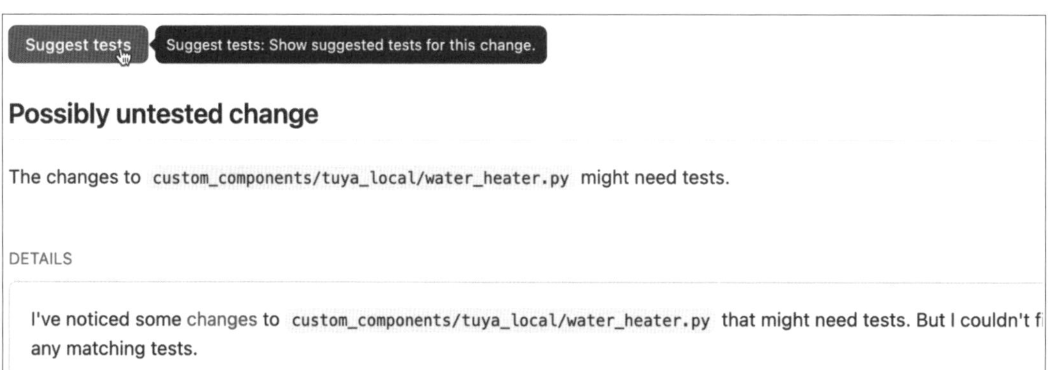

図 3.7.6　テストが必要な箇所を検知

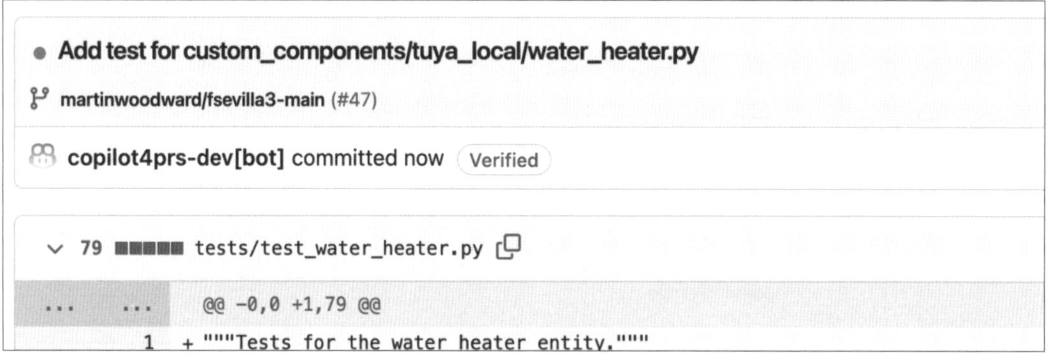

図 3.7.7　提案されたテストコードを表示

c. Ghost Text

「GitHub Copilot」のユーザーがプルリクエストの説明を記述する際、リアルタイムで最適な内容を提案し、考える手間を省いてくれる機能です。

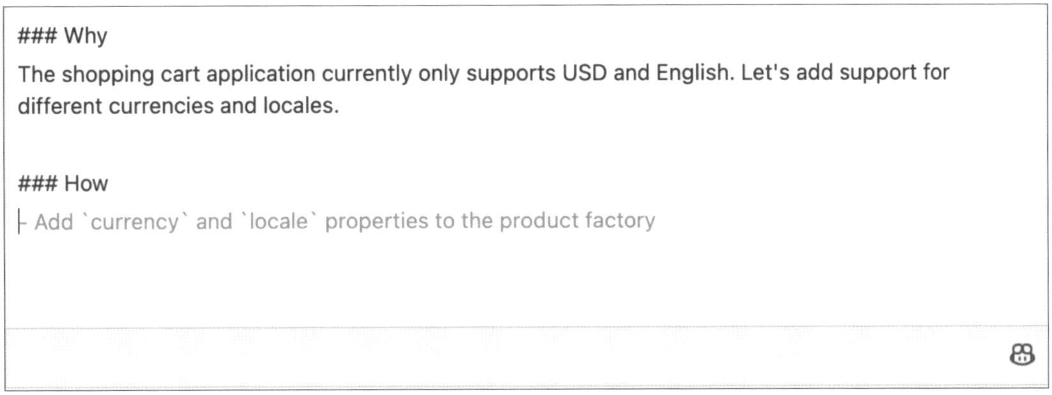

Why
The shopping cart application currently only supports USD and English. Let's add support for different currencies and locales.

How
- Add `currency` and `locale` properties to the product factory

図 3.7.8 プルリクエストで記述する内容を提案する（公式サイト[注10]より）

正式版がリリースされるまでは、以下のサイトから「Enroll your repository」を選択して、登録画面に進んでください。

https://dev.classmethod.jp/articles/github-copilot-for-pull-requests-waitlist/

3-7-3 Copilot for Docs

「Copilot for Docs」は、開発者が新しいライブラリやAPIを学習したり調べたりするのを効率化するサービスです。質問に応じた的確な回答をチャット形式で提供でき、開発者が情報を得るのに大量のドキュメントにアクセスする手間を省けます。

このツールの利用で、情報検索時間の短縮と、信頼性の高いソースへの迅速なアクセスが期待できます。主な特徴は以下のとおりです。

- 信頼できる回答：管理者によって書かれたライブラリの最新情報にアクセスし、元のドキュメントでの引用を含めて回答する
- パーソナライズされたコンテンツ：開発者の経験、ライブラリの理解、知りたい知識の範囲（回答のみか詳細まで説明してほしいか）に基づいて、最適な回答を生成する
- 常に最新のコンテンツ：GitHubのリポジトリから直接コンテンツを取得することで、ドキュメントとソースコードの最新バージョンを常に取り込んで保持する
- プライベートコンテンツの取り込み：チームのプライベートコンテンツに関する質問に答えることが容易になる。自分たちのチームだけが見られる情報に紐づいた回答が得られる

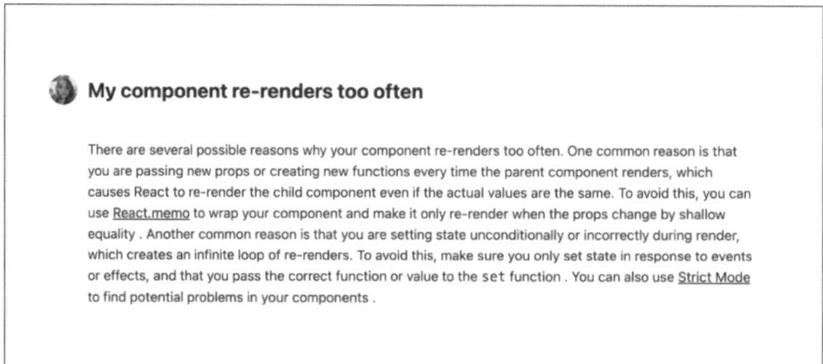

図 3.7.9　React.js について「Copilot for Docs」で質問している様子（公式サイト[注13]より）

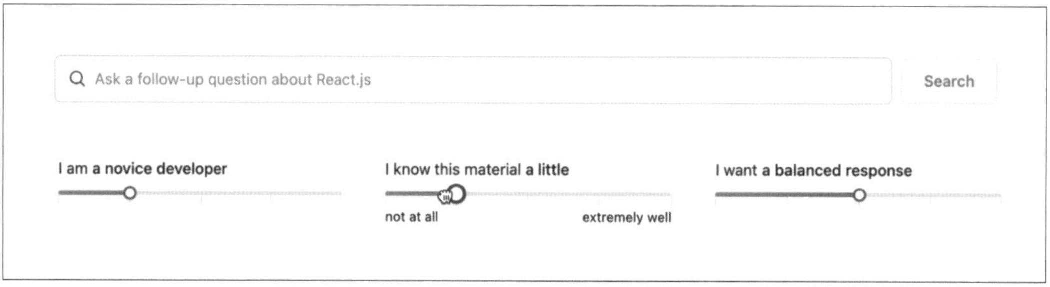

Ask a follow-up question about React.js　Search

I am a novice developer　I know this material a little　I want a balanced response

not at all　extremely well

図 3.7.10　ユーザーの理解度に応じて回答の質を変えている（公式サイト[注11]より）

正式版がリリースされるまでは、以下のサイトから Waitlist への登録画面に進んでください。

https://githubnext.com/projects/copilot-for-docs/

他にも、キーボードを使わずに音声を認識してプログラムを記述する「Copilot Voice」や自然言語からターミナルコマンドを生成する「Copilot for CLI」など、注目されるサービスがたくさんあります。詳細は、「GitHub Next」の公式サイト[注14]を確認してください。

注 13　Copilot for Docs の公式サイト
https://githubnext.com/projects/copilot-for-docs

注 14　https://githubnext.com/

POINT

- **GitHub Copilot Chat：IDEから開発に関する質問をサポートする**
- **Copilot for Pull Requests：プルリクエストの説明の自動生成や単体テストをサポートする**
- **Copilot for Docs：学習の効率化、最新ドキュメント、プライベート情報にアクセスしてチャット形式で情報を提供する**

3-8 まとめ

第3章では、GitHub Copilotの詳細を説明しました。導入方法からIndividualとBusinessアカウントの違い、使用方法について解説しました。そして、GitHub Copilotの提案のしくみと、どのように使用すれば最も効率的に提案を受け取れるのか、プロンプトエンジニアリングによる高品質なコード補完方法について解説しました。

さらに、リリース予定の新機能である「GitHub Copilot Next」として、「GitHub Copilot Labs」「GitHub Copilot Chat」「Copilot for Pull Requests」「Copilot for Docs」を紹介しました。

第4章では、第2章とこの章で取り上げたChatGPTおよびGitHub Copilotの実際の開発シーンでの活用方法を説明します。

第4章

ChatGPT と GitHub Copilot を活用したソフトウェア開発のベストプラクティス

本章では、要件定義から運用まで、ChatGPT と GitHub Copilot をどのように活用すればよいのかについて探究します。

ChatGPT、GitHub Copilot は、今後もバージョンアップすることも考慮に入れてください。本章で記述されているような出力は、出版される頃にはさらに品質の良いものになっている可能性もあります。

本章では、ChatGPT と GitHub Copilot をソフトウェア開発に用いるという実験的な取り組みを通じて、LLM をより良く業務に活用するための基本的なポイントを明らかにしたいと考えています。実際の現場では、プロンプトを変更しつつ柔軟に活用していただけますと幸いです。

また、第 6 章で紹介する LangChain を用いれば、LLM を用いた作業の自動化のアプリケーション構築がさらに容易になりますので、そちらも併せてご活用ください。

4-1 要件定義・設計

本節では、要件定義・設計の基本事項として、サービスの要件定義とシステムアーキテクチャ、機能一覧、画面一覧などの作成を行います。

ここでは、まず 0 から設計資料を作らなければいけません。ChatGPT を用いて、より創造的な出力を得ましょう。GitHub Copilot はコードの補完などの開発面でのサポートに使用するのに適しているため、ここでの出番は限定的です。ただし、第 3 章で紹介した「GitHub Next」は、要件定義や設計段階でも貢献する可能性がありますので、今後のサービス展開に期待をしましょう。

ここでは、例として「飲食店一覧を検索して予約するサービス」の作成を行います。

4-1-1 要件定義

システム要件を ChatGPT に定義してもらいます。ChatGPT はシステムの要件定義段階でのアドバイザーとしても非常に役立ちます。「2-5-1　The Flipped Interaction Pattern（反転インタラクションパターン）」で説明したパターンを用いて、こちらから情報を提供する形でより良い提案を得ましょう。

入力

飲食店一覧を検索して予約するサービスの要件定義をお願いしたいです。その回答を得るために必要な情報をこちらに質問をしてください。十分な情報を得たら、回答を作成してください。

出力

まず、以下に示す情報が必要となります：

1. **目標とビジョン：**このサービスを提供する主な目的やビジョンは何ですか？誰がターゲットユーザーで、どのような価値を彼らに提供したいのですか？
2. **機能要件：**ユーザーがサービスを使用する際に、どのような機能が必要ですか（たとえば、検索機能、フィルタリング、レビューや評価のシステム、予約手続き、ユーザーアカウント管理など）？
3. **非機能要件：**サービスのパフォーマンス、スケーラビリティ、信頼性、セキュリティなどについて具体的な要求はありますか？
4. **ユーザーエクスペリエンス：**ターゲットユーザーがどのような体験を求めているのか、または求めるべきなのかを理解するために、特定のUX/UIガイドラインや要件はありますか？
5. **予算と時間枠：**プロジェクトの予算と期間はどのくらいですか？　これらは、要件の優先順位を決定し、何を含め何を省くべきかを決めるのに重要な要素です。
6. **制約：**技術的、法的、経済的な制約は何ですか？
7. **統合：**既存のシステムやサービスとの統合が必要ですか？　これには、既存のデータベースや、支払いゲートウェイ、他のAPIとの連携などが含まれます。
8. **将来的な拡張性：**近い将来、サービスに追加機能を追加する予定はありますか？

これらの情報をもとに、具体的な要件定義と設計を進めることができます。

これらの情報に関しては、プロジェクトの規模や考えによって異なりますので、最終的には自身で考える必要があります。ただし、サンプルを出力させることはできますので、以下のようなプロンプトを実行してサンプルの要件を出力させましょう。

入力

では、各要件の例を考えてください。

出力

もちろん、各要件の一般的な例を以下に示します。

1. **目標とビジョン：**
   - 目的：地域の飲食店の予約を簡単かつ迅速に行えるプラットフォームの提供。
   - ビジョン：「予約の手間をなくし、美味しい食体験を手軽に。」
   - ターゲットユーザー：20代から50代の食事を楽しむことを好む都市部の住民。

～省略～

8. **将来的な拡張性：**
   - クーポンや特別なプロモーション機能の追加。
   - 多言語対応。
   - ユーザー同士のコミュニケーション機能。

ChatGPTからの出力も参考にしつつ、以下のように要件定義の依頼をしましょう。このとき、「2-5-5　The Reflection Pattern（リフレクションパターン）」を用いて、背後にある論理も出力しています。

入力

以下のように要件を決めました。この要件を見て要件定義を作成してください。また、回答を生成する場合には、**その根拠となる論理と前提を示してください。**

1. **目標とビジョン：**健康的な飲食店を紹介するような予約サービスで、予約プロセスをスムーズにしてユーザーの飲食体験を向上させたい。最終的には、日本国内に展開したい。
2. **機能要件：**飲食店一覧ページでは、地域、料理の種類、席数、予算で検索して、フィルタリングができる。詳細ページでは、メニュー、写真、営業時間、位置情報、連絡先、レビューを閲覧できる。ログインしている状態なら、一覧ページか詳細ページから予約ページに移ることができる。予約ページでは、日時、人数、特別な要望も入力できるようにする。また、ユーザーの過去の検索、予約、評価に基づく、推奨の飲食店を提供できるようにする。予約の確認、変更、リマインダーなどをユーザーに通知できるようにする。
3. **非機能要件：**人気のお店は1秒のうちに100件近いアクセスが発生して予約が埋まる可能性がある。全体として、1日1万件の予約があることを想定している。ユーザー情報が漏洩しないようにセキュリティを考える必要がある。

4. **ユーザーエクスペリエンス：** ユーザーに使いやすいインターフェースで、モバイルファーストの設計にして、スマホからでも使いやすくする。
5. **予算と時間枠：** 予算は3,000万円で6ヶ月で初期リリースをしたい。
6. **制約：** レストランが提供する写真は、各レストランが所有権を持つ。
7. **統合：** カード決済機能は、外部サービスのAPIを使用する。
8. **将来的な拡張性：** レストラン側からのプロモーションをできるようにする。

以下のように返答されました。

出力

要件をもとに要件定義をまとめます。同時に、その背後にある論理や前提も示します。
要件定義

1. **ビジョン：**
   - 健康的な飲食店の紹介と予約サービスを提供する。
   - ユーザーの飲食体験を向上させ、日本国内で展開する。

   前提：健康志向が高まる中で、特定のニッチな市場をターゲットにして競争力を持つことができる。

～省略～

8. **将来的な拡張性：**
   - レストランからのプロモーション機能の追加。

   論理：サービスが成長すると、レストランからの広告やプロモーションの需要が増える可能性がある。

以上が、提供された情報をもとにした要件定義の概要とその根拠となる論理・前提です。

ChatGPTを用いることで、すぐに要件をまとめることができました。最後に、マークダウンで出力させましょう。

入力

出力した要件定義をドキュメント化できるように、マークダウンで出力してください。
#などの記号がコピーしやすいように、ブロック内に出力してください。

出力

```
# 健康的な飲食店予約サービス 要件定義

## 1. ビジョン
** 目標 :**
健康的な飲食店の紹介および予約を通じて、ユーザーの飲食体験の向上を図る。

** 展開範囲 :**
日本国内

## 2. 機能要件
- ** 飲食店一覧 :**
  - 地域、料理の種類、席数、予算による検索・フィルタリング
- ** 詳細ページ :**
  - メニュー、写真、営業時間、位置情報、連絡先、レビュー表示
- ** 予約 :**
  - ログイン時のみ予約可能。日時、人数、特別要望入力
- ** 推奨機能 :**
  - ユーザーの検索履歴、予約履歴、評価に基づく飲食店推奨
- ** 通知 :**
  - 予約の確認、変更、リマインダー通知

## 3. 非機能要件
- ** パフォーマンス :**
  - 1 秒での 100 件のアクセス対応、1 日 1 万件の予約処理能力
- ** セキュリティ:**
  - ユーザー情報の漏洩防止

## 4. UX
- ** インターフェース :**
  - ユーザーフレンドリー、直感的
- ** デバイス :**
  - モバイルファーストの設計

## 5. プロジェクト管理
```

```
** 予算 :** 3,000 万円
** 期間 :** 6ヶ月で初期リリース

## 6. 制約
- ** 著作権 :**
  - レストラン提供の写真に関する権利は各レストランに帰属

## 7. 統合
- ** 決済 :**
  - 外部サービスの API を使用したカード決済機能

## 8. 拡張性
- ** 広告 :**
  - レストラン側からのプロモーション機能を追加可能
```

ここで挙げられた以外の提案も欲しいという場合には、「2-5-3　The Alternative Approaches Patterns（代理アプローチパターン）」を使用して他のアプローチの回答を得ましょう。

入力

他にも良いアプローチがあれば提案してもらえますか？

出力

もちろん、上記の要件定義に基づいていくつかの追加的なアプローチを提案いたします。

1. **ユーザープロフィール機能：**
   - ユーザーが自分の食の好み、アレルギー情報、好きな食材などのプロフィールを設定することができます。
   - この情報をもとに、よりパーソナライズされたレストランの推薦を行うことができる。

～省略～

7. **サステナビリティ情報：**
   - 各レストランのサステナビリティに関する情報や取り組み（地域の食材を使用する、ゼロウェイストなど）を紹介。健康的な食事だけでなく、環境やコミュニティへの配慮もユーザーの選択基準とする。

これらのアプローチは、サービスの利便性や魅力を高め、ユーザーのエンゲージメントを向上させる可能性があります。ただし、予算や時間枠、技術的な制約も考慮しながら、適切な機能を選択・実装することが重要です。

このように、さまざまなサービス改善への提案がなされました。他にもアイデアや提案が欲しいという場合は、「他にも提案してください」と入力するだけで、さらに多くの提案を受け取ることができます。

要件定義の段階では、プロジェクト情報をChatGPTは持っていないため、上記のように逆質問させるアプローチが効果的です。出力させた複数のプランを検討しながら、最終的な要件をご自身で判断しましょう。

マークダウンで出力した要件定義をもとに、次のシステムのアーキテクチャ設計を進めます。

4-1-2 アーキテクチャ設計

次に、システム構成や使用する技術スタック（言語、フレームワーク、インフラなど）を決定します。

要件定義を前提として、どのようなシステム構成にすればよいのかをChatGPTに尋ねます。プロンプトに、ChatGPTから得られた要件定義の内容を貼り付けましょう。このとき、複数の選択肢を尋ねる「2.5.3　The Alternative Approaches Patterns（代理アプローチパターン）」を使用してみます。

入力

要件定義をもとに、おすすめのシステム構成を複数教えてください。こちらが選択できるように、最も良いアプローチをリストアップして、各アプローチの長所と短所を比較・対照してください。

要件定義
～要件定義を貼り付ける～

出力

1. **モノリシックアーキテクチャ（Monolithic Architecture）**

   長所：

   - 単一のコードベースで開発、デプロイが行えるため、初期の開発・リリースがスピーディ。

- 全体的にシステムがシンプルに保てる。

短所：

- スケーラビリティの面での制約がある。
- 大きくなると変更やデプロイが困難に。
- システム全体がダウンするリスク。

2. **マイクロサービスアーキテクチャ（Microservices Architecture）**

〜省略〜

このようにアーキテクチャが複数生成されました。マイクロサービスアーキテクチャが推奨されましたが、実装のコストを考慮して、ここではモノリシックアーキテクチャを採用します。

次に、要件定義とアーキテクチャを前提として、使用する技術スタック（言語、フレームワーク、インフラなど）を提案してもらいましょう。

入力

モノリシックアーキテクチャを選択します。要件定義をもとに、おすすめの技術スタック（言語、フレームワーク、インフラなど）を複数教えてください。こちらが選択できるように、最も良いアプローチをリストアップして、各アプローチの長所と短所を比較・対照してください。

要件定義
〜要件定義を貼り付ける〜

出力

モノリシックアーキテクチャを選択することを考慮し、以下の技術スタックを提案します。

1. **Ruby on Rails**

長所：

- 開発が迅速。構築・デプロイが容易。
- 豊富なライブラリとコミュニティサポート。
- RESTful API の設計が容易。
- Rails でのセキュリティ対策が得意。

〜省略〜

インフラ：

1. **AWS（Amazon Web Services）**
   - EC2（サーバー）
   - RDS（リレーショナルデータベース）
   - S3（画像や静的ファイルのストレージ）
   - CloudFront（CDN）

～省略～

フロントエンド：

- React.js - コンポーネントベースで再利用可能な UI を作成しやすい。
- Vue.js - シンプルで学習コストが低い。
- Angular - 一貫したフレームワークで大規模開発にも対応。

おすすめの技術スタック：

- フロントエンド：React.js
- バックエンド：Django
- インフラ：AWS

～後略～

紙面の都合上、React.js などの詳細なフロントエンドの実装までは書ききれないため、バックエンドは実装の簡単な Flask、フロントエンドは Flask のシンプルなテンプレートエンジンを用いることにします。

DB は、MySQL を用います。クラウドと CI/CD サービスは仮置きで AWS、GitHub Actions を使用するとして、ChatGPT にブラッシュアップしてもらいましょう。

入力

要件定義と指摘をもとに以下のような構成にします。
この内容をもとに、必要なら他のソフトウェアを加えて、モノリシックアーキテクチャでシステム構成を書いてください。

- フロントエンド：Flask のテンプレートエンジン
- バックエンド：Flask
- データベース：MySQL

- クラウド：AWS
- CI/CD: GitHub Actions

出力

システム構成を提案します。以下のようにモノリシックアーキテクチャのシステム構成を考えることができます。

モノリシックアーキテクチャ サーバー構成：

1. **クラウド：AWS**
   - EC2: Flask アプリケーションを動かすためのサーバーインスタンス。
   - RDS (MySQL): 関連するデータを保存するためのリレーショナルデータベース。
   - Elastic Load Balancing（ELB）：トラフィックの分散と高可用性を確保するためのロードバランサ。
   - S3: 静的ファイルやレストランの写真を保存・配信するためのストレージサービス。
   - CloudFront: S3 に保存された静的ファイルを高速で配信するための CDN サービス。
2. **DevOps: GitHub Actions**
   - CI/CD パイプライン：コードの変更をトリガーとして自動テストとデプロイを行います。GitHub Actions を使用して、AWS EC2 へのデプロイを自動化します。
3. **フロントエンド：Flask のテンプレートエンジン**
   - アプリケーションの UI 部分を担当。Flask の Jinja2 テンプレートエンジンを使用して、動的な HTML コンテンツを生成します。
4. **バックエンド：Flask**
   - ビジネスロジック、データベースとの連携、API エンドポイントなどを担当。
5. **セキュリティ:**
   - AWS Identity and Access Management（IAM）：AWS リソースへのアクセスを制御するためのサービス。
   - AWS Certificate Manager (ACM): SSL/TLS 証明書の管理と配信。

さらに、追加で必要なシステム構成や、他のシステム構成を検討したい場合には以下のプロンプトを使用するとよいです。

入力 ①（出力は省略）

追加で検討が必要なシステム構成があれば出力してください。

入力 ②（出力は省略）

他のシステム構成の提案があれば出力してください。

最後に、「2-6-1　プラグインを使用する」の「b. Diagrams：Show Me プラグイン」でも紹介した Mermaid で可視化します。出力をするには、「このシステム構成を Mermaid で出力してください」と入力してみてください。

入力

システム構成を Mermaid 形式で可視化できるように出力してください。

システム構成
～システム構成を貼り付ける～

出力

以下に、システム構成図を Mermaid 形式で提供します。

```
graph TD

    subgraph AWS Cloud
        ELB[Elastic Load Balancing]
        EC2[EC2 - Flask App]
        RDS[RDS - MySQL]
        S3[S3 - Static Files & Images]
        CloudFront[CloudFront - CDN for S3]
        IAM[AWS Identity and Access Management]
        ACM[AWS Certificate Manager]

        ELB --> EC2
        EC2 --> RDS
        EC2 --> S3
        S3 --> CloudFront
    end

    subgraph GitHub Actions
        CI[CI/CD Pipeline]
        CI --> EC2
    end

    subgraph Flask
```

```
        FE[Frontend - Jinja2 Template Engine]
        BE[Backend - Flask]

        FE --> BE
        BE --> EC2
    end

    style AWS Cloud fill:#E6F2FF,stroke:#B3D1FF
    style GitHub Actions fill:#E6FFEF,stroke:#B3FFD9
    style Flask fill:#FFE6F2,stroke:#FFB3D1
```

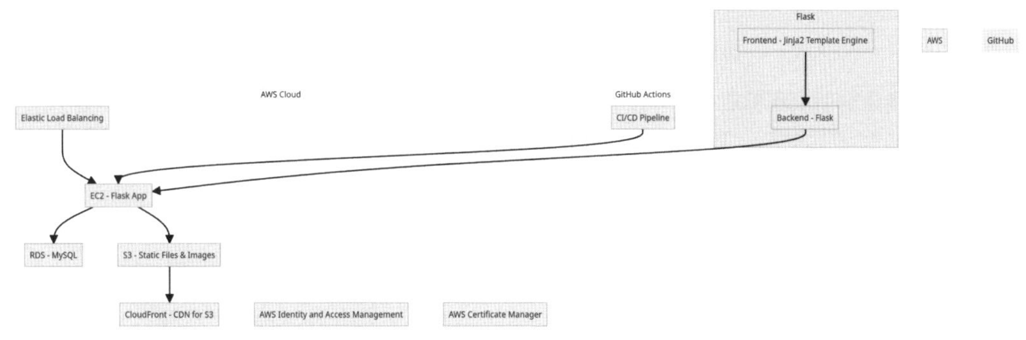

図 4.1.1　Mermaid で生成したシステム構成図

このように、要件定義を参考資料としてプロンプトに含めることで、より詳細なシステム構成を提案することができました。予算と要件と実現性を考慮して、最終的なシステム構成を自身で判断しましょう。

4-1-3 機能設計

a. 機能一覧の作成

次に、画面遷移と各画面がどのような機能を持っているのかについて決めていきます。まずは、以下のようにプロンプトを入力して、必要な機能を洗い出しましょう。

入力

要件定義をもとに、このサービスが備えるべき機能一覧を定義してください。

要件定義
～要件定義を貼り付ける～

出力

以下に、提供された要件定義から派生した機能一覧を示します。

1. **ユーザー登録・ログイン機能**
   - 新規ユーザー登録
   - ユーザー認証（ログイン / ログアウト）
2. **飲食店検索機能**
   - 地域、料理の種類、席数、予算に基づく検索
   - フィルタリング機能
3. **飲食店詳細表示機能**
   - メニュー表示
   - 写真表示
   - 営業時間表示
   - 位置情報表示
   - 連絡先表示
   - レビュー表示
4. **飲食店予約機能**
   - 日時、人数、特別な要望の入力
   - 予約確認通知
   - 予約変更通知
   - 予約リマインダー通知
5. **ユーザー評価・レビュー機能**
   - 飲食店へのレビュー・評価の投稿
   - 過去のレビュー・評価の閲覧
6. **レストラン推奨機能**
   - ユーザーの過去の検索、予約、評価に基づくレストラン推奨
7. **セキュリティ機能**
   - ユーザー情報保護
   - セキュアな決済処理
8. **モバイル対応機能**
   - モバイルファーストの設計によるスマホからの利用

9. **レストランプロモーション機能（将来的な拡張性）**
   - レストランからのプロモーションの掲載
10. **AI推奨機能（将来的な拡張性）**
   - AIを用いた飲食店の推奨

b. 画面一覧の作成

次に、UX（ユーザーエクスペリエンス）を考慮しつつ、画面一覧を作成しましょう。ChatGPTに以下のプロンプトを投げてください。

入力

UXを考慮しつつ、要件定義、機能一覧をもとに、機能をどのように配置して画面遷移すべきか画面一覧を考えてください。

要件定義
～要件定義を貼り付ける～

機能一覧
～機能一覧を貼り付ける～

出力

UXを最適化するために、以下のように画面遷移を配置することを提案します。

1. **ホームページ**
   - ログイン／ログアウトボタン
   - 新規ユーザー登録へのリンク
   - 飲食店検索バー(地域、料理の種類、席数、予算に基づく)
   - レストラン推奨一覧
   - レストランプロモーション機能（将来的に）
2. **新規ユーザー登録ページ**
   - ユーザー情報入力フォーム
   - 登録ボタン
3. **ユーザープロフィールページ**
   - ユーザー詳細情報
   - 過去の予約履歴

- 過去のレビュー・評価一覧

4. **飲食店一覧ページ**
    - 検索結果表示
    - フィルタリングオプション
    - 各飲食店へのリンク

～省略～

8. **AI 推奨ページ（将来的に）**
    - ユーザープロフィールと行動履歴に基づくレストラン推奨一覧
9. **セキュリティ関連ページ**
    - パスワード変更
    - 2 要素認証設定
    - 支払い情報管理
10. **モバイル対応**
    - レスポンシブデザインを使用して、すべてのページがスマートフォンやタブレットからもアクセスしやすいように設計

以上のように画面に一覧が表示されました。今回は、以下の部分を手動で変更・追加しました。

- 「1. ホームページ」と「4. 飲食店一覧ページ」は統合して「1. 飲食店一覧ページ」にする
- 「ログインページ」を追加して、ログイン処理とともに「9. セキュリティ関連ページ」のパスワード変更と 2 要素認証設定を入れる
- 「9. セキュリティ関連ページ」の支払い情報管理は「3. ユーザープロフィールページ」に移動して、「9. セキュリティ関連ページ」は削除する
- 「1. ホームページ」のレストラン推奨一覧とレストランプロモーション機能、「8. AI 推奨ページ」は削除する

最終的には以下のような一覧にします。

1. **飲食店一覧ページ**
    - ログイン／ログアウトボタン
    - 新規ユーザー登録へのリンク
    - 飲食店検索バー（地域、料理の種類、席数、予算に基づく）

- 検索結果表示
- フィルタリングオプション
- 各飲食店へのリンク

2. **ログインページ**
   - ログイン
   - パスワード変更
   - 2 要素認証設定

3. **新規ユーザー登録ページ**
   - ユーザー情報入力フォーム
   - 登録ボタン

4. **ユーザープロフィールページ**
   - ユーザー詳細情報
   - 過去の予約履歴
   - 過去のレビュー・評価一覧
   - 支払い情報管理

5. **飲食店詳細ページ**
   - メニュー
   - 写真
   - 営業時間
   - 位置情報（マップ組み込み）
   - 連絡先
   - レビュー一覧
   - 予約ボタン

6. **予約ページ**
   - 日時、人数、特別な要望の入力フォーム
   - 予約確定ボタン
   - 予約確認、変更、リマインダー通知設定

7. **レビュー投稿ページ**
   - 評価スコア選択
   - レビュー入力エリア
   - 投稿ボタン

c. 画面遷移図の作成

次に直感的にわかりやすい画面遷移図を作成します。

入力

では、画面一覧から画面遷移図を Mermaid で作成してください。

画面一覧
～画面一覧を貼り付ける～

出力

以下に、提案した画面とそれらの間の遷移を示す Mermaid 図を作成します。

```
graph TD

A[飲食店一覧ページ] --> B[ログインページ]
A --> C[新規ユーザー登録ページ]
A --> E[飲食店詳細ページ]
B --> A
B --> D[ユーザープロフィールページ]
C --> A
D --> A
D --> F[予約ページ]
D --> G[レビュー投稿ページ]
E --> A
E --> F
E --> G
F --> E
F --> D
G --> E
G --> D

style A fill:#f9d,stroke:#333,stroke-width:2px
style B fill:#fc6,stroke:#333,stroke-width:2px
style C fill:#9cf,stroke:#333,stroke-width:2px
style D fill:#9fc,stroke:#333,stroke-width:2px
style E fill:#c9f,stroke:#333,stroke-width:2px
style F fill:#cf9,stroke:#333,stroke-width:2px
style G fill:#fcf,stroke:#333,stroke-width:2px
```

Mermaid Live Editor からこの図を可視化しました。

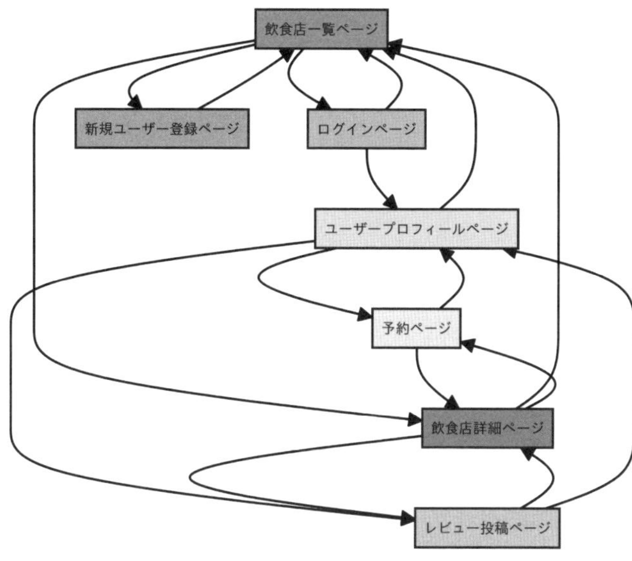

図 4.1.2　Mermaid で生成した画面遷移図

画面遷移図で可視化できました。ここで作成した、機能一覧、画面一覧はマークダウン形式で出力し、GitHub のフォルダ上に格納しています。

4-1-4 テーブル設計

次に、テーブルの設計を行いましょう。今回は要件定義と機能一覧をもとに、テーブル定義を作成します。

入力

以下の要件定義と機能一覧をもとにサービスに必要なテーブルを設計してください。テーブル一覧とテーブルのカラム、カラムの定義と制約を記述してください。

【要件定義】
～「4-1-1　要件定義」で作成した要件定義書を貼り付ける～

【機能一覧】

～「4-1-3　機能設計」で作成した画面一覧と機能一覧を貼り付ける～

出力

要件定義と機能一覧をもとに以下のようなデータベース設計を提案します。

```
Users Table
  id (Primary Key, Auto Increment, Not Null)
  username (VARCHAR, Not Null, Unique)
  password_hash (VARCHAR, Not Null)
  email (VARCHAR, Not Null, Unique)
Restaurants Table
  id (Primary Key, Auto Increment, Not Null)
  name (VARCHAR, Not Null)
  location (VARCHAR, Not Null)
  cuisine_type (VARCHAR)
  number_of_seats (INT)
  average_price (DECIMAL)
  contact (VARCHAR, Not Null)
  operating_hours (VARCHAR, Not Null)
Menus Table
  id (Primary Key, Auto Increment, Not Null)
  restaurant_id (Foreign Key Reference Restaurants.id, Not Null)
  name (VARCHAR, Not Null)
  price (DECIMAL, Not Null)
  photo (VARCHAR)
Photos Table
  id (Primary Key, Auto Increment, Not Null)
  restaurant_id (Foreign Key Reference Restaurants.id, Not Null)
  url (VARCHAR, Not Null)
Reservations Table
  id (Primary Key, Auto Increment, Not Null)
  user_id (Foreign Key Reference Users.id, Not Null)
  restaurant_id (Foreign Key Reference Restaurants.id, Not Null)
  reservation_date (DATETIME, Not Null)
  number_of_people (INT, Not Null)
  special_requests (VARCHAR)
  status (ENUM, Default: "Pending")
Reviews Table
  id (Primary Key, Auto Increment, Not Null)
  user_id (Foreign Key Reference Users.id, Not Null)
  restaurant_id (Foreign Key Reference Restaurants.id, Not Null)
  rating (INT, Not Null)
  comment (VARCHAR)
  review_date (DATETIME, Not Null)
```

～省略～

この出力内容を、テーブル設計書として今後の開発に使用します。同様に、Mermaidで可視化しましょう。以下のようにプロンプトを実行してください。

入力

このテーブル設計を可視化するためにMermaid表記で出力してください。

Mermaid表記の出力を使用すると、以下の画像が作成されました。

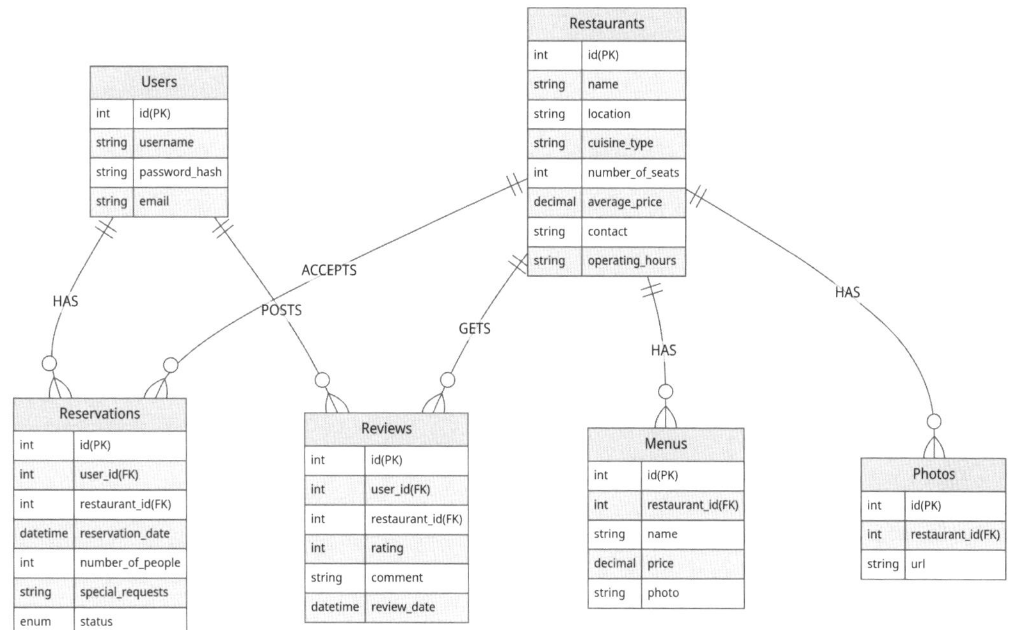

図 4.1.3　テーブル設計図

要件定義、アーキテクチャ設計、機能設計、テーブル設計を作成したので、最後にデザインを決めましょう。

4-1-5 画面デザイン設計

最後に、Web サイトの画面デザインを ChatGPT に考えてもらいましょう。ただし、ChatGPT で UI デザインをそのまま出力することはできないため、作成した要件定義と画面一覧をもとに、各画面のデザインを文章で提案してもらうようにします。また、「2-5-5 The Reflection Pattern（リフレクションパターン）」に沿って、回答の論理的根拠も出力させて、内容が理解しやすいようにしましょう。

以下は、飲食店一覧ページの画面デザイン（画面設計書）を提案しています。

入力

以下の内容を考慮しつつ、要件定義と機能一覧と画面遷移に沿って、初心者でもデザインができるように飲食店一覧ページの画面デザインを提案してください。また、回答を生成する場合には、その根拠となる論理と前提を示してください。

要件定義
～「4-1-1 要件定義」で作成した要件定義書を貼り付ける～

機能一覧
～「4-1-3 機能設計」で作成した機能一覧を貼り付ける～

画面一覧
～「4-1-3 機能設計」で作成した画面一覧を貼り付ける～

出力

【飲食店一覧ページの画面デザイン提案】

前提と論理

- 目的：健康的な飲食店を簡単に見つけ、スムーズに予約できるサービスを目指す。
- ユーザー：初めての利用者も含むため、インターフェースはシンプルで直感的でなければならない。
- モバイルファースト：スマホからの利用者が多いため、レスポンシブデザインが必須。

画面デザイン提案

- 検索バー

- 画面の上部に配置。地域、料理の種類、席数、予算が選べるドロップダウンメニュー。
    - 検索アイコンが明示的に配置される。
- フィルタリングオプション
    - 検索バーの下または横に配置。
    - 「健康的な選択肢」などの特別なフィルタも設置。
- 飲食店一覧
    - カード形式で表示。写真、店名、評価スコア、予算範囲を一覧で示す。
    - カードをクリックすると詳細ページに遷移。
- ページネーションまたは無限スクロール
    - 一覧が長くなりすぎないように、ページ分けまたは無限スクロール方式を導入。
- ログイン／新規登録ボタン
    - 画面の右上または左上に明示的に配置。
- モバイル対応
    - シンプルでわかりやすいアイコン使用。
    - クリック領域は十分に大きく、指での操作を容易にする。

根拠

- シンプルな操作性：初めてのユーザーでも簡単に使えるよう、直感的なインターフェースが重要です。

～省略～

以上の出力により、各画面をイメージしやすくなりました。これらの情報をもとに、Figma などのデザインツールを活用して、具体的な画面デザインを作成することをおすすめします。

ChatGPT は要件定義や設計フェーズで役立つ情報を提供してくれますが、その提案を鵜呑みにするのではなく、必ず適切な確認や調整を行うことが重要です。ChatGPT の生成能力を駆使し、さまざまな提案を取得して、プロジェクトの要件や設計の向上に生かしてください。

POINT

- **要件定義では、「反転したインタラクションパターン」を用い、情報を提供しながら質の高い回答を獲得する**
- **基本設計では、「代理アプローチパターン」や「リフレクションパターン」を用いて、複数のアプローチの長所・短所、その論理的な根拠を出力する**
- **画面遷移図、テーブル設計などを Mermaid で可視化する**
- **ChatGPT の出力は参考として捉えて、自分たちで調査しながら最適な設計を考える**

4-2 開発・単体テスト

ここからは、開発・単体テストでどのように ChatGPT と GitHub Copilot を用いればよいのかについてご説明します。このとき、注意するポイントは以下のとおりです。

- AI が不正確な情報を出力する可能性があるため、すべての出力を絶対とせず、常に検証しながら進める
- プログラムは 1 文字の違いでも実行不可能になることがあるため、一つ一つ出力を確認しながら進める
- 正しい出力を参考としてプロンプトに添付して、コード作成を依頼した方が正確な出力になりやすい（「2-4-5　参照を含める」）
- コードを定期的に修正して高品質なコードを維持することで、GitHub Copilot の出力精度を向上できる（「3-5-4　規約に従った良いコードを書く」）

ここまで作成した設計資料をもとに、開発を進めましょう。本節では一般的な ChatGPT-4 を使用していますが、「2-6-7　特定の用途に特化した ChatGPT を用いる（GPTs）」で説明した GPTs を使用することで、特定のプロジェクトに特化した GPT を作成することも可能です。

2-6-7 項で説明していますが、GPTs ではファイルを添付することも可能ですので、プロジェク

トの要件定義書や設計書などのファイルを添付すれば、各プロジェクトに特化した出力を行うようになります。

では、作成した設計資料をもとに開発を進めましょう。

4-2-1 フォルダ、ファイル構成を考える

コーディング前に、フォルダ、ファイル構成を考えましょう。作成した要件定義と機能一覧をもとに、ChatGPT に構成を提案してもらいます。ただし、前述のように ChatGPT は不正確な出力をすることもありますので、最終確認は人が行います。

ドメイン駆動設計（DDD）に沿って、フォルダ構成を ChatGPT に提案してもらいます。DDD はビジネス領域を理解しながらコード化していく設計の方法論です。詳細は、本書の範囲を超えるためここでは解説しませんので、興味のある方は『実践ドメイン駆動設計』（翔泳社）などの専門書をご覧ください。

フォルダ構成の提案を求めるプロンプトを実行します。

入力

以下の内容を考慮しつつ、要件定義と機能一覧に沿って、Flask とそのテンプレートエンジンを用いたアプリケーションのフォルダ・ファイル構成を考えてください。

出力で考慮すること

- ドメイン駆動設計に基づいた構成にすること
- 各フォルダの役割を明記すること

要件定義
～「4-1-1　要件定義」で作成した要件定義書を貼り付ける～

機能一覧
～「4-1-3　機能設計」で作成した機能一覧を貼り付ける～

出力

以下は提案するアプリケーションのフォルダ・ファイル構成です。なお、Flask の MVC（Model-View-Controller）パターンに従い、ドメイン駆動設計を導入します。

```
/healthy_eats_reservation_app
    /app
        __init__.py
        /main
            __init__.py
            routes.py
            forms.py
            /templates
                index.html
                restaurant_list.html
                restaurant_detail.html
                reservation.html
                user_dashboard.html
        /auth
            __init__.py
            routes.py
            forms.py
            /templates
                login.html
                register.html
        /restaurants
            __init__.py
            models.py
            services.py
            /templates
                ... # レストラン関連のテンプレート
        /users
            __init__.py
            models.py
            services.py
            /templates
                ... # ユーザー関連のテンプレート
        /reservations
            __init__.py
            models.py
            services.py
            /templates
                ... # 予約関連のテンプレート
        /reviews
            __init__.py
            models.py
            services.py
            /templates
                ... # レビュー関連のテンプレート
    /migrations
    config.py
```

```
    run.py
```

～以下の ChatGPT による説明は省略～

提案から、以下の部分を変更しましょう。

- app というフォルダ名は、Flask ではアプリケーションを指す名前に用いられるため、src に変更する
- templates フォルダは、src の直下に移動して、すべての機能でテンプレートファイルの格納先を共有する。各機能内の templates フォルダは削除する
- main フォルダは削除して、機能ごとのフォルダにそれぞれ routes.py を配置する

最終的に、以下のようなフォルダ・ファイル構成になりました。

```
/healthy_eats_reservation_app
    /src
        __init__.py
        /auth
            __init__.py
            routes.py
            forms.py
        /restaurants
            __init__.py
            routes.py
            models.py
            services.py
        /users
            __init__.py
            routes.py
            models.py
            services.py
        /reservations
            __init__.py
            routes.py
            models.py
            services.py
        /reviews
            __init__.py
            routes.py
            models.py
```

```
            services.py
        /templates
    /migrations
    config.py
    run.py
```

次に、フォルダとファイルを作成するシェルを作成してもらいましょう。

入力

Mac（あるいはWindows）を使用しています。提案されたフォルダと空のファイルを作成するスクリプトを作成して実行手順を示してください。

フォルダ・ファイル構成
〜出力されたフォルダ・ファイル構成を添付する〜

出力 **Macの例**

Macで以下のフォルダ構成と空のファイルを作成するためのシェルスクリプトを作成します。ターミナルから実行できます。
まず、テキストエディタ（たとえばnano, vi, vimなど）を使って新しいシェルスクリプトファイルを作成しましょう。以下のコマンドを使用します。

```
nano create_structure.sh
```

開いたエディタに以下のコードを入力します。

```
#!/bin/bash

BASE_DIR="healthy_eats_reservation_app"
```

〜省略〜

これでcreate_structure.shという名前のファイルが作成され、その中に上記のコードが書かれています。
このシェルスクリプトファイルに実行権限を付与するために、以下のコマンドをターミナルで実行します。

```
chmod +x create_structure.sh
```

最後に、作成したシェルスクリプトを実行してディレクトリ構造と空のファイルを作成します。

```
./create_structure.sh
```

これで、指定されたディレクトリ構造と空のファイルが作成されます。

実行すると以下のように、フォルダとファイル一覧が作成されます。

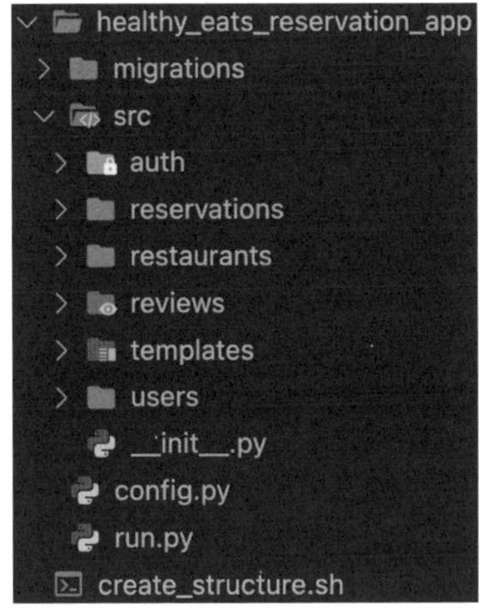

図 4.2.1　スクリプトを実行してファイルを作成

4-2-2 基本的な処理を記述する

「4-1　要件定義・設計」で作成した設計書をもとに、各画面に対応するプログラムを記述します。ただし、使用するプログラミング言語やフレームワークの知識がまったくない状態で、ChatGPT や GitHub Copilot だけを頼りにアプリケーションを作成するのは現実的ではありません。ある程度の学習をして基本的な扱いを理解してから、これらの AI ツールを利用することをおすすめします。Flask の簡単なインストールと立ち上げ手順は、巻末の付録 E「Flask のインストールと立ち上げ手順」をご参照ください。

Flask は、Model、View、Template を中心として開発を行います。Model は DB とのアクセスを担います。View はユーザーのリクエストを処理して適切にレスポンスを返します。Template

は動的なWebページの作成を担当します。

まずは、基本的なFlaskの画面を作成して、イメージをつかみつつ、レストラン一覧画面の開発を進めましょう。筆者の経験上、いきなり複雑なコードの記述を頼むよりも、簡単なコードを作成した後に動作確認をしながら少しずつ機能拡張する方が、最終的な完成品に近づきやすくなります。

入力

Flaskのシンプルなアプリケーションを作成したいと考えています。簡単なソースコードとコードの説明を作成してください。

出力

```
# ライブラリのインポート
from flask import Flask

# Flask インスタンスの作成
app = Flask(__name__)

# ルート URL ('/') へのリクエストを処理する関数を定義
@app.route('/')
def home():
    return 'Hello, World!'

# メインエントリーポイントとしてアプリケーションを実行
if __name__ == '__main__':
    app.run(debug=True)
```

このコードをrun.pyに貼り付けて保存して実行することで、ローカルホストのポート5000でアプリケーションを立ち上げられます。実行時には、FlaskをインストールしたPythonの仮想環境を有効化してください（Pythonの仮想環境については、巻末の付録A「Pythonのインストールと仮想環境の作成」をご参照ください）。

```
python run.py
```

そしてブラウザでhttp://localhost:5000/を開くと「Hello, World!」が表示されます。

図 4.2.2　ブラウザに表示された

次に、このコードを別のファイルに移しましょう。最終的には、src/restaurants/routes.py 内にホーム画面を構築します。

入力

コードの内容を src/restaurants/routes.py に移して、Flask の run.py を実行すればアプリケーションが起動して画面表示できるようにしてくれますか？

フォルダ構成
～フォルダ構成を貼り付ける～

出力

了解しました。以下に必要なステップを示します。まずは、基本的な Flask の設定を行い、その後、restaurants モジュールの routes.py に基本的なルートを作成します。

1. **src/__init__.py**
   Flask アプリケーションのインスタンスを作成し、必要な拡張機能やモジュールを初期化します。

```
from flask import Flask

def create_app():
    app = Flask(__name__)

    # 他の設定や初期化が必要であれば、ここに追加

    # 各モジュールをインポートしてBlueprintを登録
    from src.restaurants.routes import restaurants_bp
    app.register_blueprint(restaurants_bp, url_prefix="/restaurants")

    return app
```

2. **src/restaurants/routes.py**
   このファイルでは、飲食店に関する基本的なルートを設定します。今回は、テストと

してトップページを表示するためのルートを作成します。

```
from flask import Blueprint, render_template

restaurants_bp = Blueprint("restaurants", __name__)

@restaurants_bp.route("/")
def index():
    return render_template("index.html")  # src/templates/index.html を使用すること
を想定
```

3. **src/templates/index.html（ファイル作成）**

簡単なHTMLを作成して、アプリケーションが正常に動作しているかを確認します。

```
<!DOCTYPE html>
<html lang="en">
<head>
    <meta charset="UTF-8">
    <meta name="viewport" content="width=device-width, initial-scale=1.0">
    <title>Healthy Eats Reservation</title>
</head>
<body>
    <h1>Welcome to Healthy Eats Reservation!</h1>
</body>
</html>
```

4. **run.py**

Flaskアプリケーションを起動するスクリプトを作成します。

```
from src import create_app

app = create_app()

if __name__ == "__main__":
    app.run(debug=True)
```

以上の手順を完了した後、ターミナルでrun.pyを実行することで、Flaskアプリケーションを起動できます。

上記のコードを記述したうえでrun.pyを実行し、http://127.0.0.1:5000/restaurants/にアクセスすると、以下の画面が表示されます。

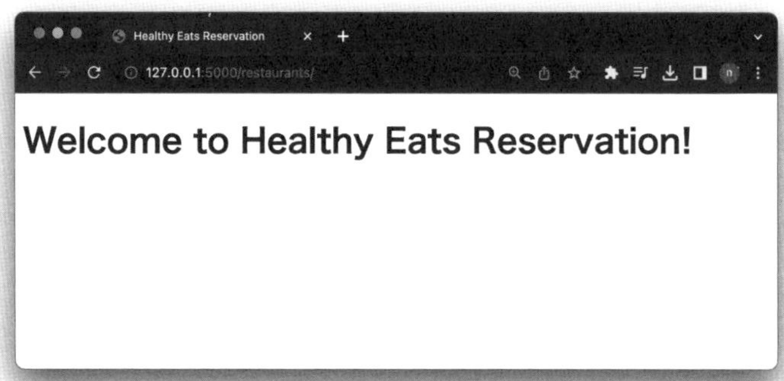

図 4.2.3　画面に表示した結果

テンプレートに記述した文字列をブラウザ上に表示することができました。次に、モデルを作成してレストラン情報を格納し、レストラン一覧を画面上に表示する処理を記述しましょう。

4-2-3 モデルの作成

まず、マイグレーションを行ってテーブルを作成する処理を実行します。以下を条件とします。

- ここでは、開発でのテストとして DB は SQLite で、DB のファイル名は mydb.sqlite にする
- テーブル設計書で定義した Restaurant テーブルを作成する
- モデルは src/restaurants/models.py に作成する

入力

以下の条件で Flask のモデルのテーブルの定義を行い、マイグレーションする方法を教えてください。

条件

- DB は sqlite で、DB のファイル名は mydb.sqlite にする
- Restaurant テーブルを作成する
- モデルは src/restaurants/models.py に作成する

Restaurant テーブル

```
Restaurants Table
  id (Primary Key, Auto Increment, Not Null)
  name (VARCHAR, Not Null)
  location (VARCHAR, Not Null)
  cuisine_type (VARCHAR)
  number_of_seats (INT)
  average_price (DECIMAL)
  contact (VARCHAR, Not Null)
  operating_hours (VARCHAR, Not Null)
```

出力

～省略～

まず、Flask-SQLAlchemyとFlask-Migrateをインストールします。

```
pip install flask_sqlalchemy flask_migrate
```

次に、データベースの設定と初期化を行います。src/__init__.pyファイルを以下のように修正します。

src/__init__.py

```
from flask import Flask
from flask_sqlalchemy import SQLAlchemy # 追加
from flask_migrate import Migrate # 追加

# SQLAlchemyインスタンスの作成
db = SQLAlchemy() # 追加

def create_app():
    app = Flask(__name__)

    # 設定
    app.config['SQLALCHEMY_DATABASE_URI'] = 'sqlite:///mydb.sqlite' # 追加
    app.config['SQLALCHEMY_TRACK_MODIFICATIONS'] = False # 追加

    # 初期化
    db.init_app(app) # 追加

    # マイグレーションエンジンの初期化
    migrate = Migrate(app, db) # 追加
```

```
    from src.restaurants.routes import restaurants_bp
    app.register_blueprint(restaurants_bp, url_prefix="/restaurants")

    return app
```

次に、src/restaurants/models.py ファイルを作成し、Restaurant モデルを定義します。

src/restaurants/models.py

```
from src import db

class Restaurant(db.Model):
    __tablename__ = 'restaurants'

    id = db.Column(db.Integer, primary_key=True, autoincrement=True)
    name = db.Column(db.String, nullable=False)
    location = db.Column(db.String, nullable=False)
    cuisine_type = db.Column(db.String)
    number_of_seats = db.Column(db.Integer)
    average_price = db.Column(db.Float)
    contact = db.Column(db.String, nullable=False)
    operating_hours = db.Column(db.String, nullable=False)
```

これでモデルの定義は完了です。次に、マイグレーションを行うためのコマンドを実行します。

```
flask db init
flask db migrate
flask db upgrade
```

これにより、SQLite のデータベース mydb.sqlite が作成され、その中に restaurants テーブルが作成されます。

上記のように、flask_sqlalchemy と flask_migrate のインストールから、データベース設定、テーブル定義、マイグレーション（テーブルを作成して、Model の記述内容を DB に反映させる処理）までの手順が出力されました。しかし、この手順に沿って「flask db init」を実行すると、以下のエラーが発生しました。

```
Error: Could not locate a Flask application. Use the 'flask --app' option, 'FLASK_APP'
environment variable, or a 'wsgi.py' or 'app.py' file in the current directory.
```

このエラーの原因についてChatGPTに直接問い合わせると、以下の回答を得られました。

入力

以下のエラーの原因と解決策を教えてください

```
Error: Could not locate a Flask application. Use the 'flask --app' option, 'FLASK_
APP' environment variable, or a 'wsgi.py' or 'app.py' file in the current directory.
```

出力

FlaskはFLASK_APP環境変数を通じて、アプリケーションがどこにあるのかを見つけます。このエラーは、Flaskがどのファイルでアプリケーションを見つけるべきかを知らない状態を示しています。
この問題を解決するには、環境変数FLASK_APPを設定する必要があります。これによりFlaskはどのPythonファイルを実行すればよいかを知ることができます。
以下のコマンドをターミナルで実行するとFLASK_APP環境変数を設定できます。以下の例では、アプリケーションがrun.pyファイルにあるとFlaskに教えています。

```
export FLASK_APP=run.py
```

Windowsの場合、環境変数の設定方法は異なります。

```
set FLASK_APP=run.py
```

このコマンドを実行して、続きから処理を実行します（Windowsはコマンドプロンプトでの設定で、PowerShellを使用する場合は「$env:FLASK_APP = "run.py"」としてください）。すると、「flask db migrate」を実行したときに以下のメッセージが表示されて、Restaurantテーブルが作成されませんでした。

```
INFO [alembic.runtime.migration] Context impl SQLiteImpl.
INFO [alembic.runtime.migration] Will assume non-transactional DDL.
INFO [alembic.env] No changes in schema detected.
```

この原因を直接ChatGPTに問い合わせます。

入力

教えていただいたとおり実行しましたが、flask db migrate を実行したとき、以下のメッセージが表示されて DB が作成されません。どのようにすればいいですか？

```
INFO [alembic.runtime.migration] Context impl SQLiteImpl.
INFO [alembic.runtime.migration] Will assume non-transactional DDL.
INFO [alembic.env] No changes in schema detected.
```

出力

No changes in schema detected というメッセージが表示された場合、Flask-Migrate（Alembic を使用）はデータベースの現在のスキーマとモデルの定義の間に差異がないと判断します。この問題の原因として、以下の点が考えられます：

1. **モデルが正しく定義されていないか、インポートされていない：**
   - models.py で定義したモデルが正しいか確認してください。
   - モデルの定義がある場合、Flask アプリケーションのコンテキスト内でそれをインポートしていることを確認してください。たとえば、run.py や __init__.py の中でモデルをインポートする必要があります。
2. **マイグレーションフォルダの問題：**
   - migrations フォルダがすでに存在し、古い／不正確なバージョンの情報が含まれている可能性があります。場合によっては、このフォルダとその中のすべてのファイルを削除して、flask db init からプロセスを再開することで問題を解決できる場合があります。
3. **データベースの設定の問題：**
   - config.py で指定したデータベースの接続情報が正しいことを確認してください。

指摘の 1 に書かれているとおり、モデルのインポートがされていません。src/__init__.py 内にモデルのインポートをする処理を記述しましょう。どうすればいいのか、ChatGPT に問い合わせますが、この際に、src/__init__.py のファイルの中身を貼り付けるとより具体的なコードの修正案を提案してくれます。

入力

モデルが正しく定義されていないか、インポートされていないようです。
src/__init__.py にインポートする処理を記述してください。対象のモデルは src/restaurants/models.py 内に、Restaurant クラスとして定義されています。

src/__init__.py のコード
〜ここに src/__init__.py のコードを貼り付ける〜

出力

src/__init__.py にモデルのインポートを追加するには、Flask アプリのコンテキスト内で Restaurant モデルをインポートする必要があります。
以下のように create_app 関数の中にインポートを追加します。

〜省略〜

```
# マイグレーションエンジンの初期化
migrate = Migrate(app, db)

# モデルのインポート  ← 追加箇所
with app.app_context():  ← 追加
    from src.restaurants.models import Restaurant  ← 追加

from src.restaurants.routes import restaurants_bp
app.register_blueprint(restaurants_bp, url_prefix="/restaurants")

return app
```

以下の部分を、src/__init__.py の「migrate = Migrate(app, db)」の後に追加しましょう。

```
with app.app_context():
    from src.restaurants.models import Restaurant
```

「flask db migrate」と「flask db upgrade」を無事実行でき、Restaurant テーブルが DB 上に作成されます。

1 からコードを作成する場合、ChatGPT は不完全なコードを生成することがあります。そのため、出力されるコードを慎重に 1 つずつ確認しながら修正することをおすすめします。

では、レストラン一覧画面の作成に進みましょう。

4-2-4 詳細な画面を作成する

まず、Flask に一覧画面を作成するときの一般的な手順を教えてもらい、その手順に沿って少しずつ画面を構築していきます。

入力

Flask で一覧画面を作成する実装手順をステップバイステップで示してください。

出力

1. **Flask とその他必要なライブラリをインポート**

```
from flask import Flask, render_template
from flask_sqlalchemy import SQLAlchemy
```

2. **Flask アプリとデータベースの設定**

```
app = Flask(__name__)
app.config['SQLALCHEMY_DATABASE_URI'] = 'sqlite:////tmp/test.db'
db = SQLAlchemy(app)
```

3. **データモデルを作成**

```
class User(db.Model):
    id = db.Column(db.Integer, primary_key=True)
    name = db.Column(db.String(50), nullable=False)
    email = db.Column(db.String(120), unique=True, nullable=False)

    def __repr__(self):
        return '<User %r>' % self.username
```

4. **ルートとビュー関数を作成**

```
@app.route('/')
def index():
    users = User.query.all()
    return render_template('index.html', users=users)
```

5. **テンプレートを作成**

```
<!-- templates/index.html -->
```

```
<!doctype html>
<html>
    <head>
        <title>User List</title>
    </head>
    <body>
        <h1>User List</h1>
        <ul>
            {% for user in users %}
                <li>{{ user.name }} - {{ user.email }}</li>
            {% endfor %}
        </ul>
    </body>
</html>
```

6. アプリケーションを実行

```
if __name__ == '__main__':
    app.run(debug=True)
```

すでに1, 2, 3, 6に関してのテンプレートは作成済みです。「4. ルートとビュー関数を作成」「5. テンプレートを作成」を実施しましょう。

まずは、src/restaurants/routes.pyに適切な記述をします。「3-5-2　ファイル、クラス、関数の冒頭に目的を明記する」にも記述したとおり、良いコメントを追加することで、GitHub Copilotの予測精度が向上するので、ファイルや関数の冒頭に目的を明記することを心掛けましょう。

入力

以下の定義で作成されるViewを実装する際にファイルのタイトルコメントと使用したい関数のブロックコメントをsrc/restaurants/routes.pyに追加で記述してください。

飲食店一覧画面の機能
～飲食店一覧画面の内容をここに画面一覧ドキュメントから貼り付ける～

src/restaurants/routes.py
～コードを貼り付ける～

出力

src/restaurants/routes.py に指定された内容に基づき、タイトルコメントと関数のブロックコメントを追加します。これにより、今後の開発者やあなた自身が後でこのコードを見返したときに、それぞれの関数がどんな機能を持っているのかを一目で理解できるようになります。

```
# src/restaurants/routes.py

# ======================================
# Title: 飲食店一覧画面のルーティング
# ======================================

from flask import Blueprint, render_template

restaurants_bp = Blueprint("restaurants", __name__)

@restaurants_bp.route("/")
def index():
    """
    飲食店一覧画面を表示する。

    機能:
    - ログイン/ログアウトボタンの表示
    - 新規ユーザー登録へのリンクの表示
    - 飲食店検索バーの表示（地域、料理の種類、席数、予算に基づく）
    - 検索結果の表示
    - フィルタリングオプションの表示
    - 各飲食店へのリンクの表示
    """
    return render_template("index.html")  # src/templates/index.html を使用することを
想定
```

src/restaurants/routes.py に提案された処理をペーストしてください。この処理では、index.html を render_template で指定しています。

ここでの目的は、Restaurant モデルからレストランの一覧を取得し、その情報をテンプレートに渡して一覧として表示することです。この処理のために、Flask の Manager 機能を利用して、モデルからレストラン一覧を取得します。

入力

以下のモデルから、一覧を取得する処理を持つManagerを作成してください。

Restaurantモデル
〜Restaurantモデルのソースコードを貼り付ける〜

出力

Managerの役割を持つクラスを作成して、Restaurantモデルからのデータ取得を効率的に行えるようにすることができます。以下のコードは、RestaurantManagerクラスを定義し、その中で一覧取得のメソッドを実装した例です。

```
from src.restaurants.models import Restaurant

class RestaurantManager:

    @staticmethod
    def get_all_restaurants():
        return Restaurant.query.all()

    @staticmethod
    def get_restaurant_by_id(restaurant_id):
        return Restaurant.query.get(restaurant_id)
```

こちらのRestaurantManagerを利用することで、get_all_restaurants()メソッドを呼び出すだけで、データベースからすべてのレストラン情報を取得することができます。同様に、特定のIDのレストランを取得する場合はget_restaurant_by_id()メソッドを利用します。

上記のクラスをsrc/restaurants/services.pyにコピーしてください。このクラスを用いて、レストラン一覧情報をViewで取得しましょう。src/restaurants/routes.pyを以下のように書き換えます。

```
from flask import Blueprint, render_template
from src.restaurants.services import RestaurantManager  # 追加

restaurants_bp = Blueprint('restaurants_bp', __name__)

@restaurants_bp.route('/')
def index():
```

```
    restaurants = RestaurantManager.get_all_restaurants()  ← 追加
    return render_template("restaurants.html", restaurants=restaurants)  ← 追加
```

ここで使用した restaurants をテンプレート上に表示しましょう。ここでは restaurants.html をテンプレートファイルとして、render_template でレンダリングする処理とします。

```
restaurants = RestaurantManager.get_all_restaurants()
return render_template('restaurants.html', restaurants=restaurants)
```

図 4.2.4 GitHub Copilot に提案された内容

GitHub Copilot を利用すると正確なコードが提案され、Tab キーを押すだけで提案されたコードを簡単に記述できます。画像からは詳細が伝わりにくいですが、実際に使用するとその便利さを感じられるかと思います。

次に、restaurants.html のテンプレートを templates フォルダ内に作成します。Flask では、テンプレートファイルを共通のヘッダーやフッターを含む base.html と、各ページのコンテンツを記述する restaurants.html などに分けるのが一般的です。

Bootstrap を採用して、以下のように指示をしました。

入力

Flask のテンプレートを用いて一覧画面を作成してください。

特徴

- HTML、CSS、Bootstrap を使う
- restaurants.html と base.html で分けて書く
- ヘッダーには、ホーム、ログイン／サインイン、管理画面へのリンク
- レスポンシブデザインにする
- View で取得した restaurants をループして表示
- フッターには、利用規約、プライバシーポリシー、お問い合わせ、ヘルプ、会社概要、サイトマップへのリンクを張る

参考
～作成した画面一覧から参考部分（レストラン一覧表示部分）を貼り付ける～

出力

了解しました。Flaskのテンプレートを用いた一覧画面のHTMLを作成します。
まず、base.htmlです。BootstrapのCDNを使ってスタイリングとレスポンシブデザインをサポートします。

```
<!-- templates/base.html -->
<!DOCTYPE html>
<html lang="ja">
<head>
    <meta charset="UTF-8">
    <meta name="viewport" content="width=device-width, initial-scale=1.0">
    <title>飲食店サービス</title>
    <link href="https://maxcdn.bootstrapcdn.com/bootstrap/4.5.2/css/bootstrap.min.
css" rel="stylesheet">
</head>
<body>
<nav class="navbar navbar-expand-lg navbar-light bg-light">
    <a class="navbar-brand" href="#">飲食店サービス</a>
    <button class="navbar-toggler" type="button" data-toggle="collapse" data-
target="#navbarNav" aria-controls="navbarNav" aria-expanded="false" aria-
label="Toggle navigation">
        <span class="navbar-toggler-icon"></span>
    </button>
    <div class="collapse navbar-collapse" id="navbarNav">
        <ul class="navbar-nav ml-auto">
            <li class="nav-item">
                <a class="nav-link" href="#">ホーム</a>
            </li>
            <li class="nav-item">
                <a class="nav-link" href="#">ログイン/サインイン</a>
            </li>
            <li class="nav-item">
                <a class="nav-link" href="#">管理画面</a>
            </li>
        </ul>
    </div>
</nav>

{% block content %}{% endblock %}

<footer class="bg-dark text-white mt-5 p-4">
    <div class="container">
        <ul class="list-inline">
```

```
            <li class="list-inline-item"><a href="#" class="text-white">利用規約</
a></li>
            <li class="list-inline-item"><a href="#" class="text-white">プライバシーポ
リシー</a></li>
            <li class="list-inline-item"><a href="#" class="text-white">お問い合わせ</
a></li>
            <li class="list-inline-item"><a href="#" class="text-white">ヘルプ</a></
li>
            <li class="list-inline-item"><a href="#" class="text-white">会社概要</
a></li>
            <li class="list-inline-item"><a href="#" class="text-white">サイトマップ</
a></li>
        </ul>
    </div>
</footer>

<script src="https://code.jquery.com/jquery-3.5.1.slim.min.js"></script>
<script src="https://cdn.jsdelivr.net/npm/@popperjs/core@2.9.3/dist/umd/popper.min.
js"></script>
<script src="https://maxcdn.bootstrapcdn.com/bootstrap/4.5.2/js/bootstrap.min.js"></
script>
</body>
</html>
```

次に、restaurants.htmlを作成します。

```
<!-- templates/restaurants.html -->
{% extends "base.html" %}

{% block content %}
<div class="container mt-4">
    <div class="row">
        <div class="col-md-12">
            <form class="form-inline my-2 my-lg-0">
                <input class="form-control mr-sm-2" type="search" placeholder="飲食店
を検索" aria-label="Search">
                <button class="btn btn-outline-success my-2 my-sm-0" type="submit">検
索</button>
            </form>
        </div>
    </div>

    <div class="row mt-4">
        {% for restaurant in restaurants %}
        <div class="col-md-4">
```

```
            <div class="card mb-4">
                <img src="{{ restaurant.image_url }}" alt="{{ restaurant.name }}"
class="card-img-top">
                <div class="card-body">
                    <h5 class="card-title">{{ restaurant.name }}</h5>
                    <p class="card-text">{{ restaurant.description }}</p>
                    <a href="#" class="btn btn-primary">予約する</a>
                </div>
            </div>
        </div>
        {% endfor %}
    </div>
</div>
{% endblock %}
```

src/templatesの中に、base.htmlとrestaurants.htmlファイルを作成して、出力内容を貼り付けます。run.pyを実行してFlaskのアプリケーションを立ち上げ、http://127.0.0.1:5000/restaurantsにブラウザでアクセスすると、以下の画面が表示されました。

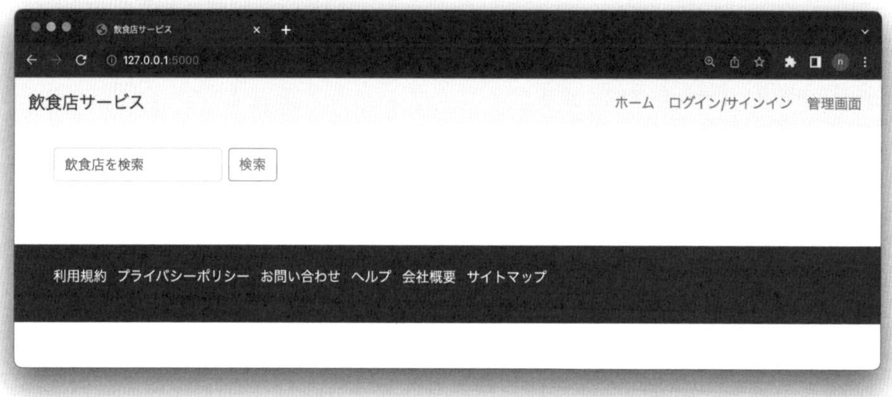

図4.2.5　レストランリスト画面

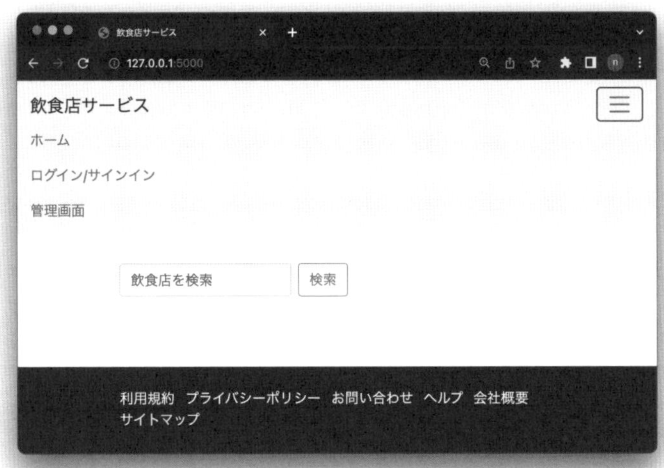

図 4.2.6 レストランリスト画面のレスポンシブ対応

このように、ChatGPT が提案したコードを用いて、きれいな画面を作成できました。このとき、Bootstrap などのライブラリはバージョンが古い可能性もありますのでご注意ください。

現状では、Restaurant テーブルにデータが入っていないため、画面上には何も表示されていません。Restaurant モデルを指定して、サンプルのデータを挿入するスクリプトを ChatGPT に作成してもらいましょう。

入力

以下のモデルで定義された SQLite のテーブルに 10 件のサンプルデータを挿入する SQL を作成してください。

Restaurant モデル
～Restaurant モデルのコードを貼り付ける～

出力

```
INSERT INTO restaurants (name, location, cuisine_type, number_of_seats, average_
price, contact, operating_hours)
VALUES
('Restaurant 1', 'Location 1', 'Cuisine 1', 50, 20.0, 'Contact 1', '10:00 - 22:00'),
('Restaurant 2', 'Location 2', 'Cuisine 2', 60, 25.0, 'Contact 2', '11:00 - 21:00'),
('Restaurant 3', 'Location 3', 'Cuisine 3', 70, 30.0, 'Contact 3', '10:00 - 23:00'),
('Restaurant 4', 'Location 4', 'Cuisine 4', 80, 35.0, 'Contact 4', '09:00 - 22:00'),
('Restaurant 5', 'Location 5', 'Cuisine 5', 90, 40.0, 'Contact 5', '10:00 - 20:00'),
```

```
('Restaurant 6', 'Location 6', 'Cuisine 6', 100, 45.0, 'Contact 6', '11:00 - 22:00'),
('Restaurant 7', 'Location 7', 'Cuisine 7', 110, 50.0, 'Contact 7', '10:00 - 22:00'),
('Restaurant 8', 'Location 8', 'Cuisine 8', 120, 55.0, 'Contact 8', '10:00 - 22:00'),
('Restaurant 9', 'Location 9', 'Cuisine 9', 130, 60.0, 'Contact 9', '10:00 - 22:00'),
('Restaurant 10', 'Location 10', 'Cuisine 10', 140, 65.0, 'Contact 10', '10:00 -
22:00');
```

SQLを実行してデータをDB内に格納すると、以下のようにレストラン一覧と予約ボタンが表示されました。

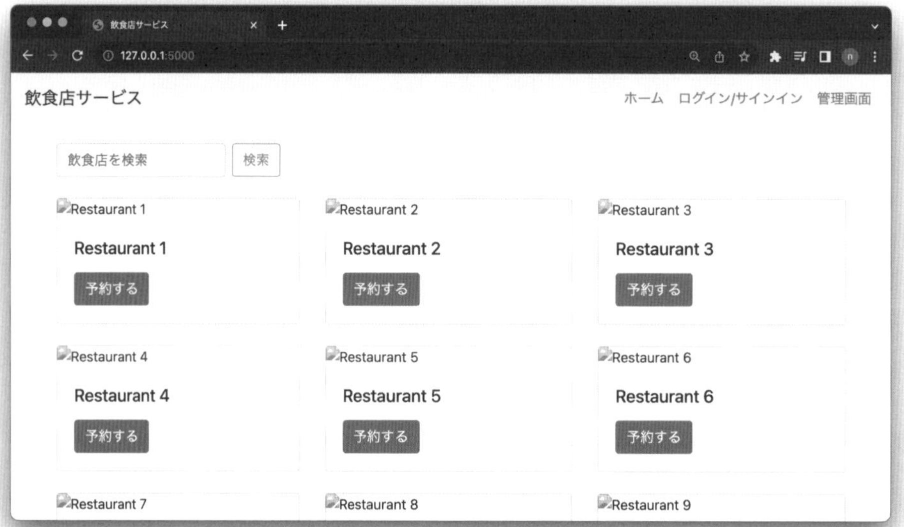

図4.2.7　一覧画面

レストラン一覧にはレストラン名しかありませんが、Restaurantモデルは、name以外にlocation, cuisine_type, number_of_seats, average_priceもありますので、これを追加しましょう。

restaurants.htmlの以下の部分に、location, cuisine_type, number_of_seats, average_priceと、名前、住所、料理のタイプ、席数、平均価格をラベルとして追加します。

```
<h5 class="card-title">{{ restaurant.name }}</h5>
<p class="card-text">{{ restaurant.description }}</p>
```

GitHub Copilot Chatを用いて、該当部分をハイライトして、コードを提案してもらいましょう（ChatGPTでもよいです）。

入力

表示する内容を name, location, cuisine_type, number_of_seats, average_price に変更してください。ラベルも、名前、場所、料理のタイプ、席数、平均予算として追加してください。

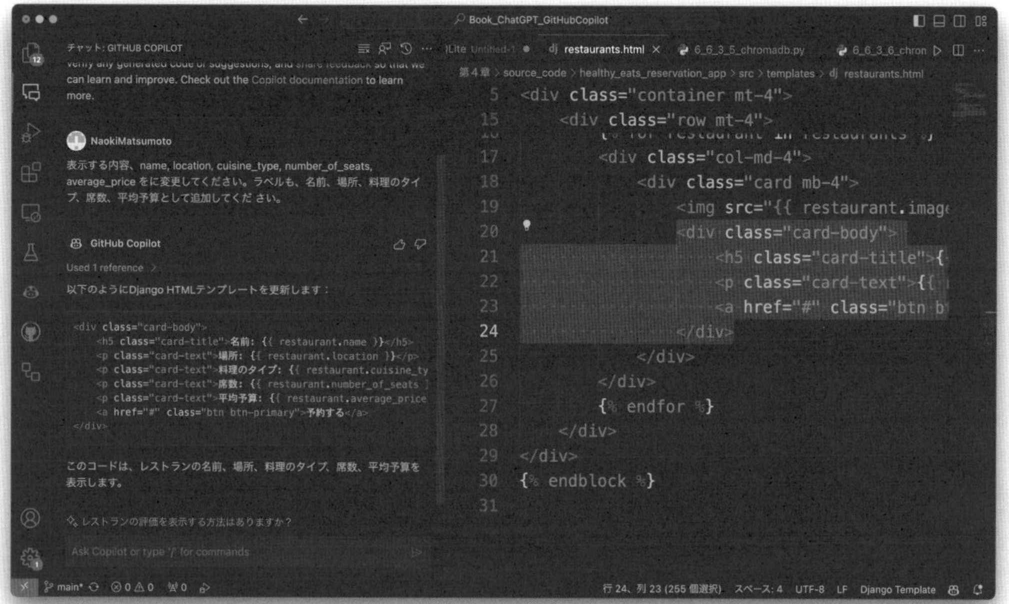

図 4.2.8 レストランの一覧のコード変更

このとき提案されたコードに修正しました。

```
<div class="card-body">
    <h5 class="card-title">名前: {{ restaurant.name }}</h5>
    <p class="card-text">場所: {{ restaurant.location }}</p>
    <p class="card-text">料理のタイプ: {{ restaurant.cuisine_type }}</p>
    <p class="card-text">席数: {{ restaurant.number_of_seats }}</p>
    <p class="card-text">平均予算: {{ restaurant.average_price }}</p>
    <a href="#" class="btn btn-primary">予約する</a>
</div>
```

再度、画面を立ち上げると以下のように表示されました。

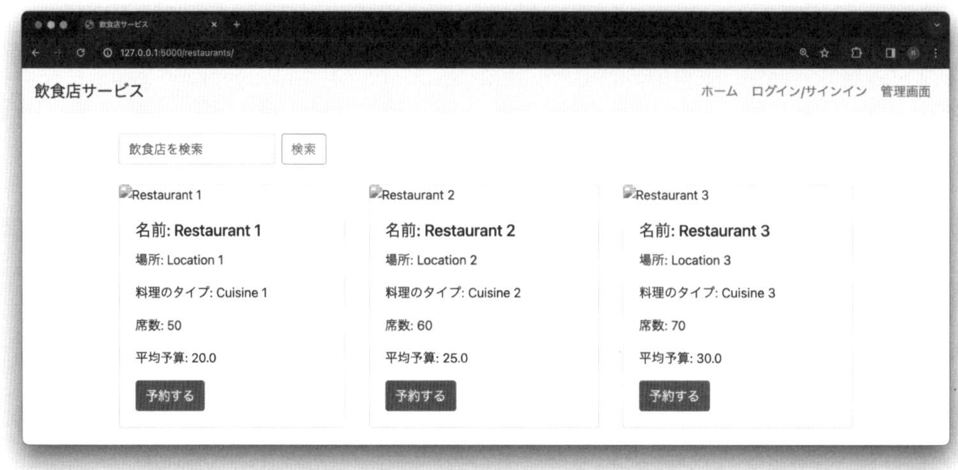

図 4.2.9 レストランの一覧を修正した結果

次に検索ボタンを使用して、場所と料理の種類でレストラン一覧を絞り込めるようにします。必要情報も入れて、ChatGPT から簡単にアドバイスをもらいましょう。

入力

Flask の一覧画面で、場所と料理の種類の 2 つの項目でそれぞれ検索ができるようにしたいです。どのようにすればいいですか？

- 2 つのテキストボックスにテキストを入力します。
- 検索ボタンを実行したら、テキストボックスの情報が存在する場合には、その値で絞り込んで一覧表示します。

テンプレート (src/templates/restaurants.html)
～src/templates/restaurants.html を貼り付ける～

一覧表示ビュー(src/restaurants/routes.py)
～src/restaurants/routes.py を貼り付ける～

一覧表示モデルマネージャ(src/restaurants/services.py)
～src/restaurants/services.py を貼り付ける～

出力

2つの項目、すなわち「場所」と「料理の種類」で検索できるようにするには、以下の手順を実施します。

1. **テンプレートの更新：**
   - 検索ボックスを2つに増やし、それぞれの検索ボックスにname属性を追加して、ビューで取得できるようにします。
2. **ビューの更新：**
   - リクエストから2つの検索パラメータを取得します。
   - 検索パラメータに基づいてデータベースから情報をフィルタリングします。
3. **モデルマネージャの更新：**
   - 検索条件に基づくクエリメソッドを追加します。

以下に具体的な手順を示します。

1. **テンプレートの更新（restaurants.html）：**

```
<form class="form-inline my-2 my-lg-0" method="get" action="/restaurants/">
    <input class="form-control mr-sm-2" type="search" name="location" placeholder="場所で検索" aria-label="Location Search">
    <input class="form-control mr-sm-2" type="search" name="cuisine_type" placeholder="料理のタイプで検索" aria-label="Cuisine Type Search">
    <button class="btn btn-outline-success my-2 my-sm-0" type="submit">検索</button>
</form>
```

2. **ビューの更新（src/restaurants/routes.py）：**

```
@restaurants_bp.route('/')
def index():
    location = request.args.get('location')
    cuisine_type = request.args.get('cuisine_type')

    restaurants = RestaurantManager.get_restaurants_by_criteria(location, cuisine_type)
    return render_template('restaurants.html', restaurants=restaurants)
```

3. **モデルマネージャの更新（src/restaurants/services.py）：**

```
from sqlalchemy import and_

class RestaurantManager:
```

```
    @staticmethod
    def get_restaurants_by_criteria(location=None, cuisine_type=None):
        query = Restaurant.query

        if location:
            query = query.filter(Restaurant.location.contains(location))
        if cuisine_type:
            query = query.filter(Restaurant.cuisine_type.contains(cuisine_type))

        return query.all()
```

このようにして、ユーザーが「場所」と「料理の種類」のテキストボックスに何も入力しない場合は、すべてのレストランが表示されます。入力がある場合は、該当するレストランのみが表示されます。

ChatGPTからの出力どおりにファイルを修正します。ただし、src/restaurants/routes.pyにはimport requestを、src/restaurants/services.pyには from src.restaurants.models import Restaurantをファイルの先頭に追加するようにしてください。

画面を再表示すると以下のような検索ボックスが現れ、検索を実行すると表示内容の絞り込みを行えます。

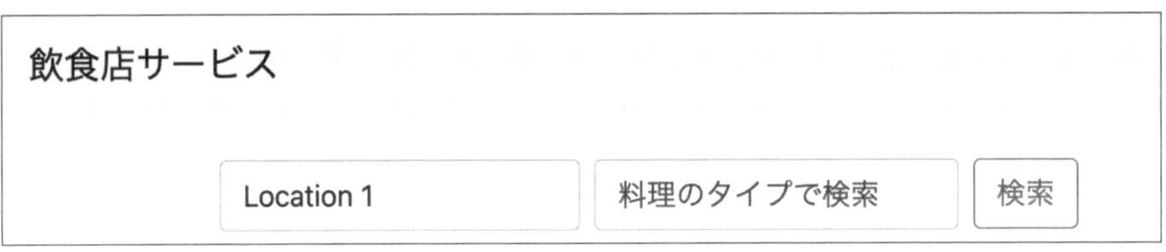

図4.2.10　検索ボックス

次にコードの修正やリファクタリングを行いましょう。たとえば、以下のようなプロンプトをコードとともに入力して、改善案を提供してもらいます。

1. **エラーが発生しそうな箇所、非効率な処理、セキュリティ上の問題があれば指摘してください。**
2. **レビューして改善点を指摘してください。**
3. **リファクタリングしてください（関数を分ける、名前を修正する）。**
4. **クラスやメソッドにコメントをつけて返してください。**

5. **クリーンコードの原則に沿って、コードを修正してください。**

ここでは、1のプロンプトを用いてコードの改善を提案してもらいましょう。

入力

Flaskの以下のコードについて、エラーが発生しそうな箇所、非効率な処理、セキュリティ上の問題があれば指摘してください。

コード (src/restaurants/routes.py)
〜src/restaurants/routes.pyのコードを貼り付ける〜

コード (src/restaurants/services.py)
〜src/restaurants/services.pyのコードを貼り付ける〜

出力

以下は、提供されたFlaskのコードに関する指摘点や改善の提案です。

1. **エラーの処理：**

   現在、データベースからのクエリやその他の操作が失敗した場合、エラーハンドリングが行われていません。これにより、サービスが予期せず停止する可能性があります。適切な例外処理を追加して、ユーザーにフレンドリーなエラーメッセージを表示することを検討してください。

〜省略〜

7. **拡張性：**

   今後の拡張を考慮すると、特定の条件に基づく検索クエリの構築は、動的に行う方がよいかもしれません。たとえば、複数の検索条件をサポートしたい場合、現在の方法だとコードの変更が多くなります。

このコードは短く、具体的なセキュリティの脆弱性は明らかではありませんが、上記の点を考慮することで、より堅牢で効率的なアプリケーションを構築することができます。

コードが出力されなかったので、「改善したコードを出力してください」と再度記入して実行します。あるいは、「1について改善したコードをください」と記入すれば、特定の指摘事項に対する修正案が提供されます。

入力

改善したコードを出力してください。

出力

1. **src/restaurants/routes.py の修正：**
   - エラーハンドリングの追加
   - 入力のバリデーションの追加
   - ログ出力の追加（簡易的に print を使用しますが、本番では logging モジュールの利用を推奨します）

```
from flask import Blueprint, render_template, request, redirect, abort
from src.restaurants.services import RestaurantManager

restaurants_bp = Blueprint('restaurants_bp', __name__)

@restaurants_bp.route('/')
def index():
    try:
        location = request.args.get('location')
        cuisine_type = request.args.get('cuisine_type')

        # 入力のバリデーション
        if location and len(location) > 100:
            abort(400, description="Invalid location parameter.")
        if cuisine_type and len(cuisine_type) > 50:
            abort(400, description="Invalid cuisine_type parameter.")
        restaurants = RestaurantManager.get_restaurants_by_criteria(
            location, cuisine_type)
        return render_template('restaurants.html', restaurants=restaurants)
    except Exception as e:
        print(f"Error: {e}")  # 本番環境ではloggingモジュールを使用
        abort(500, description="Internal Server Error.")
```

2. **src/restaurants/services.py の修正：**
   - 効率的なクエリ処理のためのページネーションの追加

- 拡張性を考慮した検索クエリの構築

```
from src.restaurants.models import Restaurant

class RestaurantManager:

    @staticmethod
    def get_all_restaurants():
        return Restaurant.query.all()

    @staticmethod
    def get_restaurant_by_id(restaurant_id):
        return Restaurant.query.get(restaurant_id)

    @staticmethod
    def get_restaurants_by_criteria(location=None, cuisine_type=None, page=1, per_
page=10):
        filters = []
        if location:
            filters.append(Restaurant.location.contains(location))
        if cuisine_type:
            filters.append(Restaurant.cuisine_type.contains(cuisine_type))
        query = Restaurant.query.filter(*filters).paginate(page, per_page, False)
        return query.items
```

〜省略〜

これらの修正案を適用することで、コードの品質とセキュリティを向上させることができます。

提案にあるservices.pyの「paginate(page, per_page, False)」は誤りです。正しくは、「paginate(page=page, per_page=per_page)」としてください。この修正により、ユーザーの入力内容をもとに、一覧の絞り込みを実装できました。

しかし、この処理は完璧なものではなく、処理性能の面やセキュリティの面でも改善が必要です。ChatGPTの提案は作業効率の向上につながりますが、そのまま採用せずに確認しながら使用しましょう。また、コードの修正やリファクタリングは一度だけでなく、さまざまな観点で何度も行うことをおすすめします。

他の飲食店詳細画面も記述していきたいところですが、紙面の都合上厳しいため、本書では割愛します。他の画面のコードの提案をChatGPTに依頼する場合には、以下のようにすでに出来上がっているコードを示して、それを参考にするように指示すると、出力の質が良くなりますので、ご活用ください（参考：「2-4-5　参照を含める」）。

入力

下の飲食店一覧 View をもとに、飲食店詳細の View を作成してください。

飲食店一覧コード

```
from flask import Blueprint, render_template, request, redirect, abort
from src.restaurants.services import RestaurantManager
restaurants_bp = Blueprint('restaurants_bp', __name__)
@restaurants_bp.route('/')
def index():
    try:
        location = request.args.get('location')
        cuisine_type = request.args.get('cuisine_type')
        # 入力のバリデーション
        if location and len(location) > 100:
            abort(400, description="Invalid location parameter.")
        if cuisine_type and len(cuisine_type) > 50:
            abort(400, description="Invalid cuisine_type parameter.")
        restaurants = RestaurantManager.get_restaurants_by_criteria(
            location, cuisine_type)
        return render_template('restaurants.html', restaurants=restaurants)
    except Exception as e:
        print(f"Error: {e}")  # 本番環境ではloggingモジュールを使用
        abort(500, description="Internal Server Error.")
```

出力

```
from flask import Blueprint, render_template, request, redirect, abort
from src.restaurants.services import RestaurantManager

restaurants_bp = Blueprint('restaurants_bp', __name__)

@restaurants_bp.route('/detail/<int:restaurant_id>')
def detail(restaurant_id):
    try:
        # IDによる飲食店の検索
        restaurant = RestaurantManager.get_restaurant_by_id(restaurant_id)

        # もし指定されたIDの飲食店が見つからなければ、404 Not Foundを返す
        if restaurant is None:
            abort(404, description="Restaurant not found.")

        # 詳細ページのテンプレートをレンダリング
        return render_template('restaurant_detail.html', restaurant=restaurant)
```

```
    except Exception as e:
        print(f"Error: {e}")  # 本番環境ではloggingモジュールを使用
        abort(500, description="Internal Server Error.")

# 既存の飲食店一覧のエンドポイントはそのままにしておく
@restaurants_bp.route('/')
def index():
    # ...  (以前の実装)
```

4-2-5 単体テストを実装する

次に routes.py と models.py への、単体テストコードを作成します。ChatGPT にコードを貼り付ければ、テストコードを生成できます。まずは、単体テストのコードスニペットを作成し、その動作を確認しましょう。

入力

Flask で単体テストを行うための、ファイルの作成方法とコードのスニペットだけをください。
src/restaurants/routes.py の index 関数を実行します。

フォルダ構成
〜フォルダ構成をここに貼る〜

出力

まず、Flask で単体テストを行うためには、unittest モジュールを使うのが一般的です。まず新しくテストを行うためのファイルを作成します。
フォルダ構成に続いてテストフォルダとファイルを追加しましょう：

```
/healthy_eats_reservation_app
    /src
     (省略)
    /tests
        test_restaurants.py
         (省略)
```

次に、test_restaurants.py ファイルに以下のようなテストを書きます。この例では index 関数が正常に動作するかを確認します。

```
import unittest
from flask import Flask
from src.restaurants.routes import index

class RestaurantsRoutesTestCase(unittest.TestCase):
    def setUp(self):
        self.app = Flask(__name__)
        self.app.testing = True
        self.client = self.app.test_client()

    def tearDown(self):
        pass

    def test_home_screen(self):
        # index関数を呼び出す
        response = self.client.get('/')

        # ステータスコードが200であることを確認する
        self.assertEqual(response.status_code, 200)

if __name__ == "__main__":
    unittest.main()
```

この単体テストコードでは、unittest ライブラリを用いています。Flask では、単体テストに pytest と呼ばれるライブラリを用いることもあります。pytest でコードを記述したい場合には、「pytest を用いて単体テストコードを書いてください」と、プロンプトに明示してください。

src フォルダと同じ階層に tests フォルダを作成して、その中に test_restaurants.py ファイルを作成して、提案するコードを記述してください。

ここで、「self.app = Flask(__name__)」としていますが、これは、「self.app = create_app()」に変更してください（「from src import create_app」も必要）。また、「response = self.client.get('/')」を「response = self.client.get('/restaurants/')」に変更してください。

では、こちらの単体テストコードを実行する方法を尋ねましょう。

入力

どのように単体テストを実行しますか？

出力

テストスクリプトの実行はPythonのコマンドラインから行います。以下のように実行してください。
まず、healthy_eats_reservation_appディレクトリに移動します：

```
cd healthy_eats_reservation_app
```

次に、unittestモジュールを使ってテストスクリプトを実行します：

```
python -m unittest tests/test_restaurants.py
```

これで、テストが実行されます。テストが成功すれば、その旨のメッセージが表示されます。一方、テストが失敗すれば、何が問題であったかを示すエラーメッセージが表示されます。

実行に成功すると、以下のように「OK」と実行結果が出力されます。

```
.
----------------------------------------------------------------------
Ran 1 test in 0.022s

OK
```

では、次にroutes.pyのindex関数の単体テストコードを生成します。以下のように、対象の関数とともに、どういう単体テストが必要なのかを明記してプロンプトを記述します。

入力

以下の対象のViewの中のindex関数の、正常系、異常系の単体テストコードをスニペットをもとに作成してください。

【単体テストコードのスニペット】
～作成されたコードスニペットを貼り付ける～

【対象のView】
～src/restaurants/routes.pyの定義を貼り付ける～

出力

このスニペットに基づいて、正常系と異常系の単体テストを書きます。
正常系では、次のシナリオを考慮する必要があります。

1. **パラメータなしでのアクセス。**
2. **有効な location および cuisine_type パラメータを持つアクセス。**

異常系では、次のシナリオを考慮します。

1. **location が 100 文字を超える場合。**
2. **cuisine_type が 50 文字を超える場合。**

これらをもとにテストコードを書きます。

```
import unittest
from flask import Flask
from src.restaurants.routes import index
from src import create_app

class RestaurantsRoutesTestCase(unittest.TestCase):
    def setUp(self):
        self.app = create_app()
        self.app.testing = True
        self.client = self.app.test_client()

    def tearDown(self):
        pass

    # 正常系のテスト
    def test_home_screen_without_parameters(self):
        response = self.client.get('/restaurants/')
        self.assertEqual(response.status_code, 200)

    def test_home_screen_with_valid_parameters(self):
        response = self.client.get('/restaurants/', query_string={'location':
'Tokyo', 'cuisine_type': 'Sushi'})
        self.assertEqual(response.status_code, 200)

    # 異常系のテスト
    def test_home_screen_with_long_location(self):
```

```
        response = self.client.get('/restaurants/', query_string={'location': 'a' *
101})
        self.assertEqual(response.status_code, 400)

    def test_home_screen_with_long_cuisine_type(self):
        response = self.client.get('/restaurants/', query_string={'cuisine_type': 'a'
* 51})
        self.assertEqual(response.status_code, 400)

if __name__ == "__main__":
    unittest.main()
```

上記のコードは、正常系と異常系の両方のテストシナリオをカバーしています。ただし、実際の動作を確認するには、RestaurantManager.get_restaurants_by_criteria や関連するサービス、データベースの設定など、他の部分も適切にセットアップする必要があります。

上記の単体テストコードを実行すると、異常系の単体テストで以下のエラーが発生して、テストシナリオは通りませんでした。

```
AssertionError: 500 != 400
```

このエラーの原因は、src/restaurants/routes.py にあります。

```
    if location and len(location) > 100:
        abort(400, description="Invalid location parameter.")
except Exception as e:
～省略～
    abort(500, description="Internal Server Error.")
```

「abort(400, description="Invalid location parameter.")」は、ステータスコード400でException クラスを投げますが、この Exception が try-except ブロックで捉えられてしまい、その結果500のステータスコードが返されています。これは、コードの誤りであるため、「abort(500, description="Internal Server Error.")」の部分を「return e」として、単体テストが通るようにしましょう。

次に、モデルの単体テストコードを作成していきます。ただし、残念ながら ChatGPT を使用して単体テストコードを作成しても正しく稼働するコードは作成できませんでした。一度、自分でコードスニペットを作成して後ほど ChatGPT でテストコードを追加していきます。ファイル test_restaurants_services.py を tests フォルダ直下に作成して以下のコードを記述してください。

```
import unittest
from flask import Flask
from flask_sqlalchemy import SQLAlchemy
from src.restaurants.services import RestaurantManager
from src.restaurants.models import db, Restaurant

class RestaurantModelCase(unittest.TestCase):
    @classmethod
    def setUpClass(cls):
        cls.app = Flask(__name__)
        cls.app.config['SQLALCHEMY_DATABASE_URI'] = 'sqlite:///:memory:'
        cls.app.config['SQLALCHEMY_TRACK_MODIFICATIONS'] = False
        db.init_app(cls.app)
        with cls.app.app_context():
            db.create_all()
        restaurant = Restaurant(
            name='Test Restaurant',
            location='123 Test Street, Test City, Test Country',
            cuisine_type='Italian',
            number_of_seats=50,
            average_price=20.5,
            contact='test@restaurant.com',
            operating_hours='10:00 AM - 10:00 PM',
        )
        with cls.app.app_context():
            db.session.add(restaurant)
            db.session.commit()
    @classmethod
    def tearDownClass(cls):
        with cls.app.app_context():
            db.session.remove()
            db.drop_all()
    def test_search_restaurants(self):
        with self.app.app_context():
            restaurants = RestaurantManager.get_restaurants_by_criteria()
            self.assertEqual(len(restaurants), 1)
            self.assertEqual(restaurants[0].name, 'Test Restaurant')
```

このようにChatGPTでは正しく動作するコードを生成できないことがあるため、特にプロジェクトの初期の段階では自らコードを作成することも必要です。

ただし、このテストコードをベースに新たなテストコードを追加することは比較的簡単に行えます。たとえば、このコードではテスト用のDBにレコードを1レコード（Test Restaurant）を追加していますが、以下のようにテストコードを追加してみましょう。

入力

以下の単体テストコードを下記の観点を含んだものに、修正してください。

観点

- テスト DB に Restaurant を 5 レコード追加する
- get_restaurants_by_criteria を実行して、「location と cuisine_type に値を指定して絞り込む」「location に値を指定して絞り込む」「cuisine_type に値を指定して絞り込む」「location も cuisine_type も値を設定せず実行する」「location も cuisine_type も空白にして実行する」の 5 パターンで正しいレコードを返すかチェックする

テストコード
～test_restaurants_services.py を貼り付ける～

RestaurantManager
～services.py を貼り付ける～

出力

以下は、指定されたテスト条件を満たすためにテストコードを拡張する方法です。5 つの異なるテストケースを RestaurantModelCase クラスに追加します。また、setUpClass メソッドに、5 つのレストランのレコードを追加するコードを追記します。
まず、setUpClass メソッドに 5 つのレストランのレコードを追加します：

```
@classmethod
def setUpClass(cls):
    cls.app = Flask(__name__)
    cls.app.config['SQLALCHEMY_DATABASE_URI'] = 'sqlite:///:memory:'
    cls.app.config['SQLALCHEMY_TRACK_MODIFICATIONS'] = False
    db.init_app(cls.app)
    with cls.app.app_context():
        db.create_all()
    restaurants = [
        Restaurant(name='Test Restaurant 1', location='Tokyo, Japan', cuisine_
type='Sushi', number_of_seats=50, average_price=30.5, contact='test1@restaurant.com',
operating_hours='10:00 AM - 10:00 PM'),
        Restaurant(name='Test Restaurant 2', location='Paris, France', cuisine_
type='French', number_of_seats=40, average_price=40.5, contact='test2@restaurant.
com', operating_hours='11:00 AM - 10:00 PM'),
```

ChatGPT と GitHub Copilot を活用したソフトウェア開発のベストプラクティス

4

```
        Restaurant(name='Test Restaurant 3', location='Rome, Italy', cuisine_
type='Italian', number_of_seats=45, average_price=25.0, contact='test3@restaurant.
com', operating_hours='09:00 AM - 10:00 PM'),
        Restaurant(name='Test Restaurant 4', location='New York, USA', cuisine_
type='Burgers', number_of_seats=60, average_price=15.5, contact='test4@restaurant.
com', operating_hours='10:00 AM - 11:00 PM'),
        Restaurant(name='Test Restaurant 5', location='Berlin, Germany', cuisine_
type='German', number_of_seats=55, average_price=20.0, contact='test5@restaurant.
com', operating_hours='08:00 AM - 09:00 PM'),
    ]
    with cls.app.app_context():
        db.session.add_all(restaurants)
        db.session.commit()
```

次に、以下の 5 つのテストケースを RestaurantModelCase クラスに追加します：

1. **location と cuisine_type に値を指定して絞り込む**
2. **location に値を指定して絞り込む**
3. **cuisine_type に値を指定して絞り込む**
4. **location も cuisine_type も値を設定せずに実行する**
5. **location も cuisine_type も空白にして実行する**

これらのテストケースをそれぞれのメソッドとして RestaurantModelCase クラスに追加します：

```
class RestaurantModelCase(unittest.TestCase):
    # ... other methods ...

    def test_search_with_location_and_cuisine_type(self):
        with self.app.app_context():
            restaurants = RestaurantManager.get_restaurants_by_
criteria(location='Tokyo', cuisine_type='Sushi')
            self.assertEqual(len(restaurants), 1)
            self.assertEqual(restaurants[0].name, 'Test Restaurant 1')

    def test_search_with_location(self):
        with self.app.app_context():
            restaurants = RestaurantManager.get_restaurants_by_
criteria(location='Paris')
            self.assertEqual(len(restaurants), 1)
```

```
            self.assertEqual(restaurants[0].name, 'Test Restaurant 2')

    def test_search_with_cuisine_type(self):
        with self.app.app_context():
            restaurants = RestaurantManager.get_restaurants_by_criteria(cuisine_
type='Italian')
            self.assertEqual(len(restaurants), 1)
            self.assertEqual(restaurants[0].name, 'Test Restaurant 3')

    def test_search_without_criteria(self):
        with self.app.app_context():
            restaurants = RestaurantManager.get_restaurants_by_criteria()
            self.assertEqual(len(restaurants), 5)

    def test_search_with_empty_criteria(self):
        with self.app.app_context():
            restaurants = RestaurantManager.get_restaurants_by_criteria(location='',
cuisine_type='')
            self.assertEqual(len(restaurants), 5)
```

複数の条件で、RestaurantManager.get_restaurants_by_criteria を呼び出す単体テストコードを作成することができました。このように、具体的なコードを貼り付けて、コードに新たな機能を追加する形でプロンプトを作成すると、正確に動作する出力を得られる可能性は高くなります。

POINT

- **開発や単体テストでは、簡単なコードスニペットを作成させて、動作確認しながら詳細な機能を拡張する**
- **こまめな修正・リファクタリングをして、コードは常にきれいな状態を保つ**
- **一度動作確認の完了したコードが完成したら、それを ChatGPT へのプロンプトに含めて、機能追加への出力をより正確にする**

4-3 運用・管理

運用・管理でChatGPTを使用する方法について考察していきます。

4-3-1 運用計画を立てる

まず、運用計画をChatGPTに立ててもらいましょう。以下のプロンプトを実行してみます。

入力

システム運用計画を立ててほしいです。より良い計画を立てるためにこちらから提示してほしい情報を教えてください。

出力

システム運用計画を作成する際には、以下の情報が必要になります：

- システムの概要：どのようなシステムを運用するのか、その目的や主な機能、使用する技術やソフトウェアについて具体的に説明してください。

～省略～

- SLA（Service Level Agreement）：システムの運用レベルを定義するための契約や約束事。これには、システムの可用性、パフォーマンス、サポートのレベルなどが含まれます。

運用計画を立てるのに必要な情報をChatGPTから得ることができました。この情報を伝えることで、より良い計画を立てることができるようになるでしょう。

また、「他に必要な情報はありませんか？」などとプロンプトを打てば、さらなる情報の提案もしてくれますし、こちらからあらかじめ決めておいた情報に沿って、運用計画を作成してもらうこともできます。

入力

以下の情報をもとに、運用計画を立ててください。

- システムの概要：日本全国の健康食を提供する飲食店を検索するWebサービスです。主にPythonとFlaskを使用し、AWS上でホストされています。
- 運用の目標：ユーザーのアクティビティを24時間365日中断なくサポートし、システムのダウンタイムを年間で0.1%未満に抑えたいです。
- リソース：開発チームは4人、運用チームは3人。物的リソースとしては、AWSのEC2、S3、RDSなどを使用しています。
- 予算：年間の運用予算は1,500万円です。
- リスク管理：セキュリティはAWSのセキュリティツールを使用し、定期的にセキュリティチェックを行います。データ漏洩のリスクに対しては、データ暗号化とアクセス制御を行います。また、システムの障害に対しては、定期的なバックアップとレプリカを作成します。
- 運用スケジュール：システムのメンテナンスは毎週木曜日の午前2時から4時まで、バックアップは毎日午前1時に実施します。
- 災害復旧計画（DRP）：大規模なシステム障害や自然災害が発生した場合、AWSの別リージョンにレプリカが作成されているため、システムを迅速に復旧できます。
- SLA（Service Level Agreement）：システムの可用性は99.9%を保証します。パフォーマンスについては、すべてのリクエストに対して応答時間を2秒以内に保ちます。サポートについては、重大な問題については24時間以内、一般的な問題については72時間以内に対応します。

出力

あなたのプロジェクトの詳細をもとに、以下のような運用計画を考えました：

システムモニタリングとメンテナンス

- 運用チームは、システムのパフォーマンスを24時間365日監視します。パフォーマンス低下や異常な動作が検出された場合には即座に対応を行います。
- AWS CloudWatchを活用し、CPU使用率、ディスク使用率、ネットワーク負荷などのメトリクスを追跡します。
- メンテナンスは毎週木曜の午前2時から4時まで行い、その間はシステムをダウンします。この時間帯はユーザーのアクティビティが最も少ないと推測されます。

～省略～

SLA の遵守

- システムの可用性は 99.9% を保証します。パフォーマンスについては、すべてのリクエストに対して応答時間を 2 秒以内に保ちます。
- サポートについては、重大な問題については 24 時間以内、一般的な問題については 72 時間以内に対応します。ユーザーからの問い合わせは、専用のサポートチケットシステムを通じて受け付け、優先度に基づき処理を行います。

このように、ChatGPT にシステム運用の計画を考えてもらえました。システム運用においても、ChatGPT や GitHub Copilot を活用して、無駄なタスクを自動化することが重要です。

- 問い合わせメールへの返信文を自動で生成する
- エラーログを分析し、コード修正案を自動で提案して、メールで関連チームに通知する
- 自動でシステムのドキュメントを生成し、チャット形式で情報の取得をできるようにする

これらの自動化タスクは、第 5 章以降で紹介する GPT の API や LangChain で実装するか、今後リリースされるさまざまな AI サービスなどでも実装される機能だと考えられます。

4-3-2 データを収集してデータ分析をする

ChatGPT を用いて、収集したログ情報をもとにしたデータ分析も容易に行えます。今回は、ChatGPT のプラグイン「Code Interpreter」でアクセスログを解析しました。アクセスログには、以下のような形式で合計 10,000 行のデータが格納されています。このアクセスログは、GitHub リポジトリ上にアップロードしてあります。

```
date,ip,method,url,status_code,response_size,referer,user_agent,response_time(ms)
23/Jul/2023:13:05:10,47.33.139.134,"POST","/cart",303,1995,"http://example.com/products/
item2","Mozilla/5.0 (Macintosh; Intel Mac OS X 10_15_7) AppleWebKit/537.36 (KHTML, like
Gecko) Chrome/91.0.4472.124 Safari/537.36",631
```

最終列には、ミリ秒単位の response_time が格納されています。これを用いることで、処理時間の遅いリクエストがないのか確認することもできます。このファイルを ChatGPT-4 あるいは GPTs の「Data Analysis」で読み込んで解析を行いましょう。

入力

アップロードしたアクセスログをもとに、1 分ごとのトランザクションのグラフを作成してください。

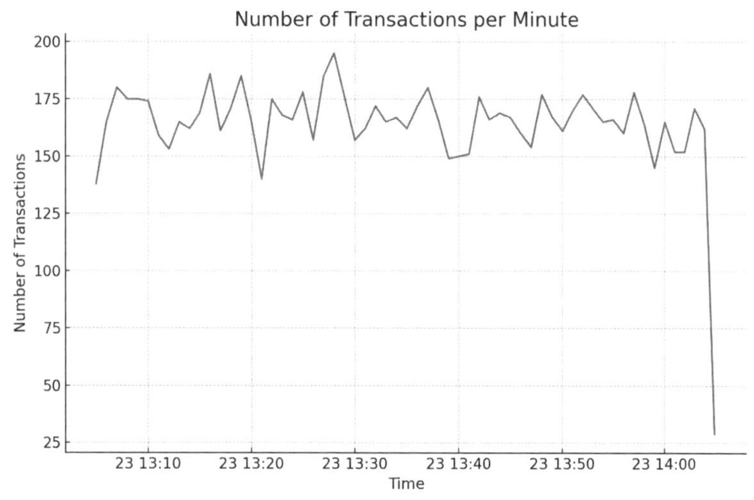

図 4.3.1　トランザクション数のグラフ

このように、1 分ごとにどれくらいのリクエストが発生しているのか、トランザクション数を計測できました。次に、URL とメソッドごとのレスポンスタイムを取得します。これは、表にして出力させましょう。

入力

次に、アップロードしたアクセスログをもとに、URL とメソッドに対するレスポンスタイムの最大値、最小値、平均値、中央値を求めて平均値が最も大きいもの 5 つを表形式で出力してください。

url	method	max	min	mean	median
/search	POST	9983	5035	7523.7	7516.5
/search	GET	700	600	651.2	653.0
/cart	POST	700	600	651.1	650.0
/checkout	GET	700	600	651.0	653.5
/profile	POST	700	600	650.4	654.0

図 4.3.2　出力されたレスポンスタイムの表

このように、各 URL とメソッドに対する、レスポンスタイムの最大値、最小値、平均値、中央値が表示されました。

最後に、このレスポンスタイムを見て、問題がないかを聞いてみましょう。明確に目標を定義してもかまいませんが、今回は以下のようにざっくりと聞いてみました。

入力

レスポンスタイムに問題のあるものを教えてください。

出力

レスポンスタイムに問題があるかどうかを判断するための基準はいくつかあります。1 つの一般的な基準は、Web ページのレスポンスタイムが 2 秒を超えると、ユーザー体験が低下するというものです。しかし、これは一般的な基準であり、具体的なアプリケーションの性質によります。
ここでは、レスポンスタイムの平均値が 2,000 ミリ秒（2 秒）を超える URL とメソッドを抽出してみましょう。
平均レスポンスタイムが 2,000 ミリ秒（2 秒）を超えるエンドポイントは以下のとおりです：

- URL: /search
- メソッド : POST
- 平均レスポンスタイム : 7523.74 ミリ秒

このエンドポイントのパフォーマンスについては、特に注意が必要です。このエンドポイントに関連するコードやインフラストラクチャを見直すことをおすすめします。

このように、アクセスログからトランザクション数、レスポンスタイムの改善策まで作成することができました。

運用・管理で生成 AI を有効活用するには、データやログを収集し、いつでも使用できるようにすることが重要です。生成AIは、入力が良質であるほど、高い精度の出力を得ることができますので、その入力のもととなるデータをできるだけ集めて、適切に管理することが推奨されます。

4-4 まとめ

本章では、ChatGPTとGitHub Copilotをシステム開発にどのように活用するかについて解説しました。各開発プロセスごとの要点を以下にまとめます。

1. **要件定義と設計**
   この段階では具体的なソースコードはまだ存在せず、仕様も明確でない場合があります。このため、反転インタラクションパターンを用いて、ChatGPTに質の高い入力を与えましょう。最終的な出力はマークダウンやMermaid形式での書類化や可視化を行います。
2. **開発・単体テスト**
   サンプルコードを作成し、これをベースに新機能を実装します。ChatGPTとGitHub Copilotは、1からコードを作成するよりも、既存のコードを拡張する際に特に効果的です。修正やリファクタリングをこまめに行うことで、人間だけでなくGitHub Copilotが理解しやすいコードになります。AIの出力に問題がないか、必ずチェックしながら進めてください。
3. **運用：**
   運用作業でもChatGPTを活用して、運用計画の提案、運用タスクの自動化、ログ解析などが可能となります。運用時には、ログなどのデータを管理してAIを活用して業務に役立てましょう。

次章では、ChatGPTをソフトウェアに組み込むためのAPIの活用について詳しく解説します。

第5章

OpenAI API 利用のベストプラクティス

本章では、OpenAI の API を使用して GPT モデルにアクセスし、出力を得る手順を解説します。API の利用には認証、リクエスト作成、レスポンス取得といった基本的なプロセスがあります。これらのプロセスを具体的なサンプルコードとともに提供し、GPT モデルをはじめとする AI モデルをアプリケーションに組み込む実践的な手法を説明します。

本章を通じて、OpenAI の API を用いた GPT モデルの活用方法が理解できます。

5-1 OpenAI API の始め方

API（Application Programming Interface）とは、あるサービスの機能を他のサービスから、主に HTTPS プロトコルを介して利用するためのインターフェースのことを言います。API を用いると、異なるサービス間での情報のやり取りが可能となり、各サービスの機能を組み合わせて、新サービスを創出できるようになります。

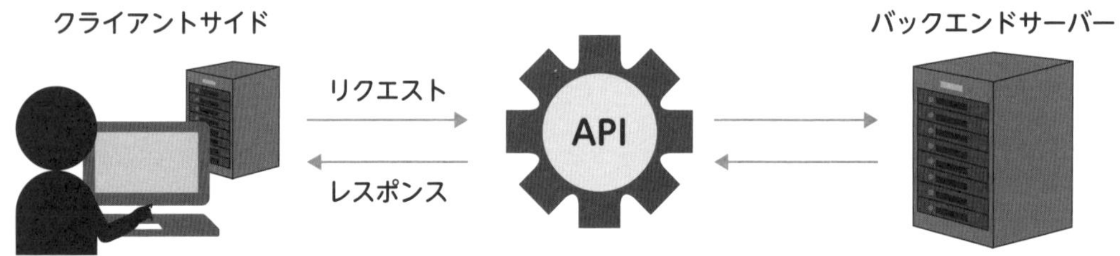

図 5.1.1　ネットワーク経由でリクエストを送り、レスポンスを得る API のしくみ

API を通じて OpenAI が提供する AI モデルへアクセスすることで、その能力を活用することができます。GPT だけでなく、画像生成 AI の DALL·E などの OpenAI の人工知能モデルの機能を、自身のサービスに組み込むことが可能となります。

5-1-1 API キーの発行

Open AI のダッシュボードから認証用の API キーを発行して、API の使用を開始します。以下の OpenAI の管理画面にログインします。

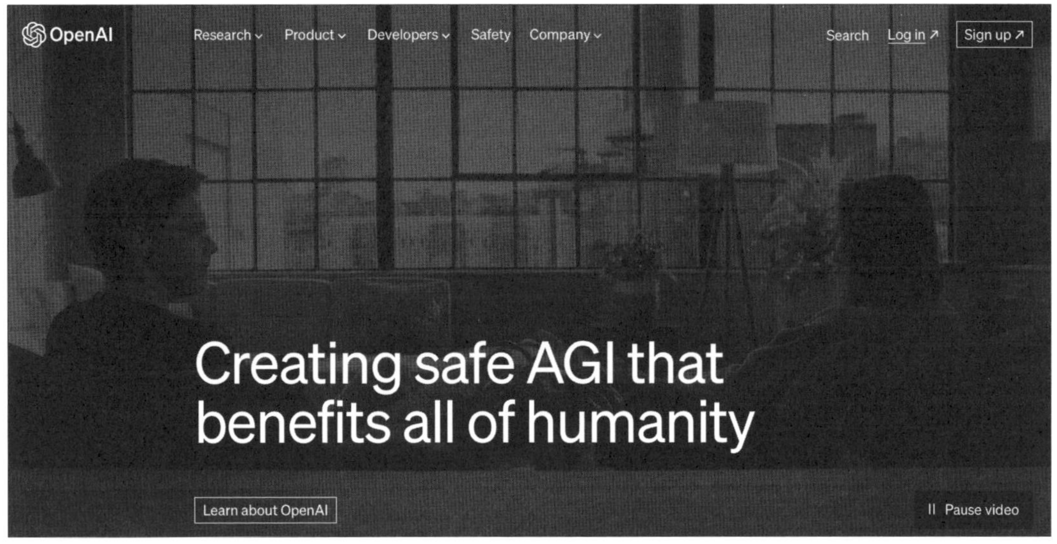

図 5.1.2　OpenAI のホームページ（https://openai.com）の右上の「Log in」をクリックするとログイン画面に移動する

ログインすると、サービス選択画面が表示されます。画面右の「API」をクリックします。

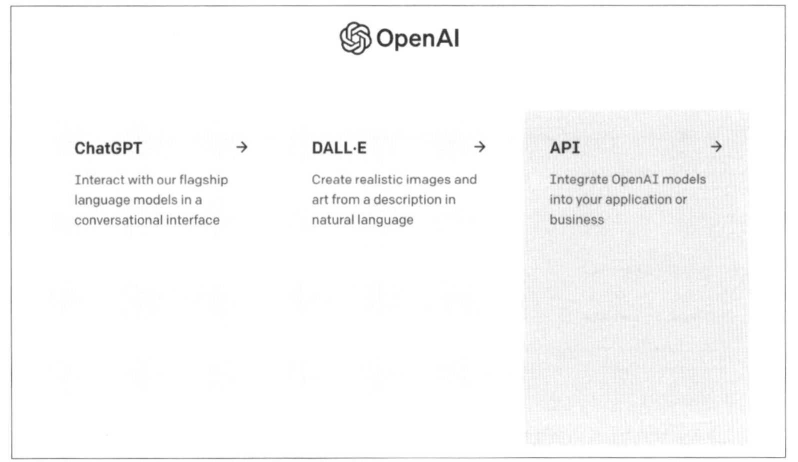

図 5.1.3　OpenAI のサービス選択画面で「API」をクリックする

次に、Open AI の API 管理画面を開きます。Open AI のプラットフォーム画面から、画面の左サイドバーの「API keys」を選択します。

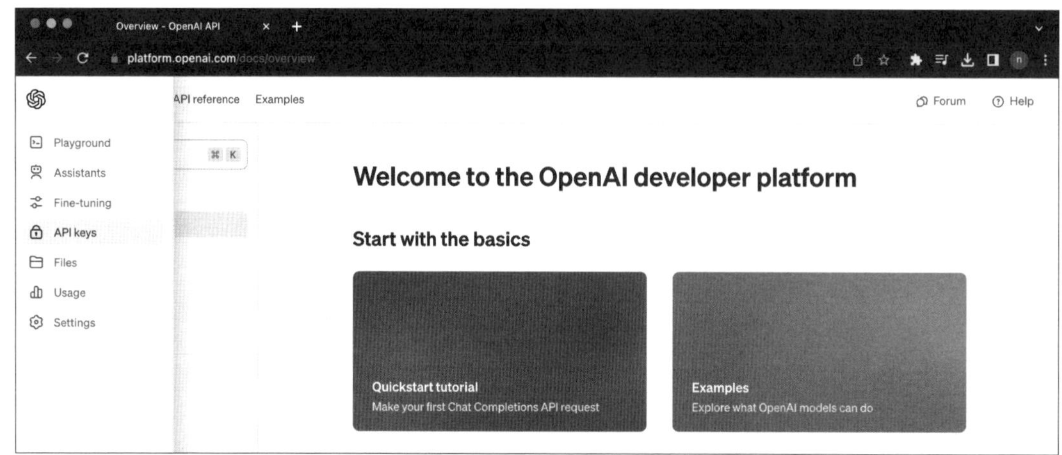

図 5.1.4　API keys を選択

管理画面を開いたら、画面左のサイドバーの「API keys」を選択します。ここから、API キーを発行します。「Create new secret key」をクリックします。

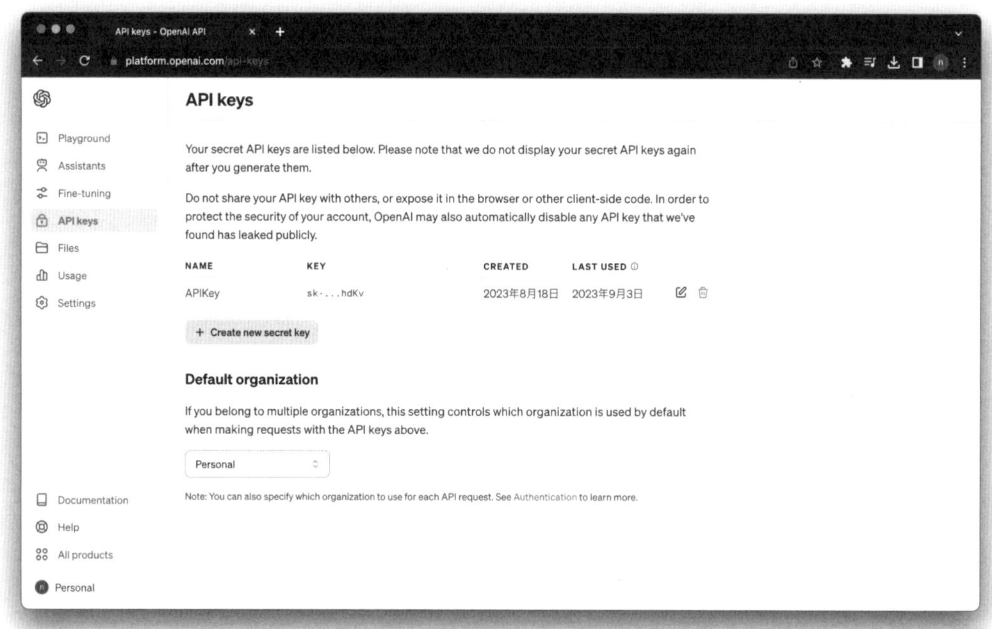

図 5.1.5　API キーを発行する Open AI の画面

「Name」フィールドに好きな名前を入力して、「Create secret key」をクリックします。生成された API キーを、安全な場所に保存してください。この API キーはサービス利用時に必要です[注1]。

Create new secret key

Name Optional

Chatbot UI

Cancel　Create secret key

図 5.1.6　Open AI の画面から API Key を発行する

5-1-2 API の利用料金をチェックする

使用するモデル、リクエストとレスポンスのトークン数に応じて、API の使用料金は変動します。API を活用する前に、OpenAI の料金体系[注2]を確認し、適切に料金を管理することが重要です。

OpenAI のダッシュボード画面のサイドバーの「Usage」ボタンをクリックすると、利用状況と請求額の確認画面を開けます。

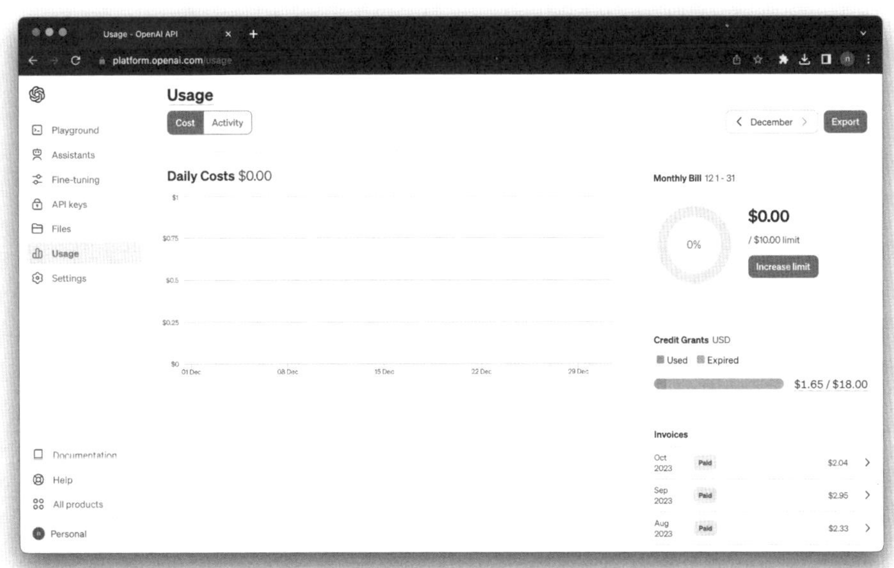

図 5.1.7　利用状況と請求額を確認する

注 1　API キーの管理方法は、こちらのサイトを参照ください。
https://help.openai.com/en/articles/5112595-best-practices-for-api-key-safety

注 2　https://openai.com/pricing

利用料金がある一定の額を超えた場合に、アラートを出す設定も可能です。下記の「Settings」メニューから、「Limits」を選択してこの設定を行います。

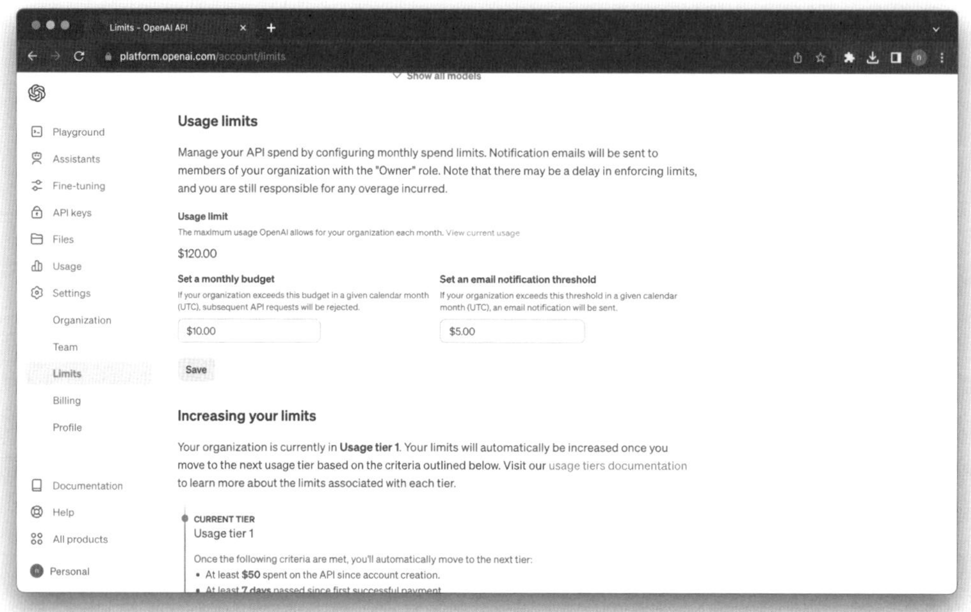

図 5.1.8　利用の上限設定

この画面上には、「Set a monthly budget」と「Set an email notification threshold」の設定があります。「Set a monthly budget」は、毎月使用料金の閾値です。利用料金がこの値に達すると、それ以降のリクエストは拒否されます。利用料金が「Set an email notification threshold」に達した場合は、ログインアドレスに通知メールが送信されます。

無料期間が終了した後もAPIを使用し続けるには、「Settings」メニュー内の「Billing」画面の「Payment methods」からクレジットカード情報を登録してください。

5-1-3 PythonでAPIを実行する

次にPythonを使って、APIを実行しましょう。まずは、以下のコマンドを実行してopenaiのPython用のライブラリをPythonの仮想環境上にインストールします[注3]。

注3　本書では、openaiのバージョン1.3.8を利用しています。新しいバージョンでは動作時にエラーになる可能性もありますのでドキュメントを確認しながら、必要に応じてコードを修正してください。

```
pip install openai==1.3.8
```

以下のコードを記述して、gpt-3.5-turbo からレスポンスを取得し、コンソール画面上に表示しましょう（実行の際は、openai のライブラリをインストールした仮想環境を用いてください）。

プログラム例

```
from openai import OpenAI

client = OpenAI(api_key="your-api-key") # 5-1-1で発行したAPIキーを貼り付けてください

response = client.chat.completions.create(
    messages=[
        {
            "role": "user",
            "content": "こんにちは",
        }
    ],
    model="gpt-3.5-turbo",
)

generated_text = response.choices[0].message.content
print(generated_text) # コンソールに出力
```

出力

```
こんにちは！私は AI アシスタントです。何かお手伝いできることがありますか？
```

API キーを api_key に設定します。「5-1-1　API キーの発行」で発行したキーを 'your-api-key' に貼り付けてください。

client.chat.completions.create メソッドを実行すると、ユーザーからのメッセージ（この例では「こんにちは」）を gpt-3.5-turbo モデルに送信して、そのレスポンスを取得できます。

response は GPT モデルから返されたテキストを含むオブジェクトで、使用したトークン数などのメタ情報も含みます。詳細は「5-2-3　レスポンスの詳細」で解説します。response.choices[0].message.content の部分で、API レスポンスから AI モデルによって生成されたテキストを取得しています。

以上、基本的な使用方法について確認しました。次に詳細な解説を行います。

5-2 APIについての詳細

5-2-1 モデルと使用料金

「5-1-3　Python で API を実行する」では、API 呼び出し実行時の引数を、「model="gpt-3.5-turbo"」としています。利用できるモデルは GPT-3.5 系、GPT-4 系などから選択します。モデルに応じて、出力の精度、使用料金、最大入力トークン数などが異なります。

入力文字列は「トークン」という数値ベクトルに変換され、この文字列をトークン化したときのトークンの総数が課金の基準となります。トークン数は文字数や単語数に応じて変わりますが、その計算は煩雑です。そのため、OpenAI のプラットフォーム上の Tokenizer[注4] からトークン数を確認することが勧められています（後述する tiktoken というライブラリでも、トークン数は計算できます）。

たとえば、「こんにちは」という文字列のトークン数を確認すると、トークン数は 1 となっていることがわかります（図 5.2.1 参照）。これは、「こんにちは」という文字列がトークン 1 つだけで表せることを意味します。

図 5.2.1　Tokenizer でトークン数を確認する

注 4　https://platform.openai.com/tokenizer

使用するgpt-3.5-turboは、2023年3月1日に最初にリリースされ、その後6月13日にアップデートされました。このアップデートでは、機能の向上と価格の引き下げが行われました。さらには最大トークン数を、4,096と16,384の間で選択できるようになりました。

ここからはgpt-3.5-turboを用いて、その利用方法を解説していきます（gpt-4とgpt-3.5-turboの使用方法には、リクエスト送信時に指定するmodel以外に大きな違いはありません）。

5-2-2 リクエストの詳細

「5-1-3 PythonでAPIを実行する」でも説明したとおり、Pythonからgpt-3.5-turboを呼び出すコードを以下に記述します。

```
from openai import OpenAI

client = OpenAI(api_key="your-api-key") # 5-1-1で発行したAPIキーを貼り付けてください
completion = client.chat.completions.create(
    messages=[
        {"role": "system", "content": "あなたはアシスタントです."},
        {"role": "user", "content": "こんにちは"},
        {"role": "assistant", "content": "はじめまして"},
    ],
    model="gpt-3.5-turbo",
    temperature=0.7,
    max_tokens=100
)

print(completion)
```

ここで注目すべきは、client.chat.completions.createの引数です。主要なもの[注5]を以下に説明します。

- model：使用するモデルを文字列で指定する（例：gpt-3.5-turbo）
- messages：複数の会話を配列で格納する。辞書型でroleとcontentが含まれる
  - role：入力者の役割を設定する。選択肢は"system", "user", "assistant"
    - system：チャットのシナリオ設定やuserとassistantに当たらないメッセージの設定に使用する

注5　引数に関しては以下のドキュメントをご覧ください。
https://platform.openai.com/docs/api-reference/chat/create

            - user：利用者からの入力に使用する
            - assistant：GPT からの出力の記述に使用する
        - content：会話の具体的な内容を設定する
    - temperature：出力の多様性を制御するパラメータ。0（毎回同じ出力）から 2（最もランダムな出力）の間で設定する。デフォルトは 1
    - max_tokens：出力トークンの最大値を設定する

さらに、presence_penalty と frequency_penalty と呼ばれるパラメータについて説明します。これらのデフォルト値は 0 で、-2.0 から 2.0 までの浮動小数点数を設定します。

- presence_penalty：正の値を設定すると、新たに生成されるトークンがこれまでのテキスト中に出現しているかどうかに基づいてペナルティが適用される。これにより同じトークンを出力する確率が下がり、結果として、モデルが新しいトピックを出力する可能性が増加する
- frequency_penalty：正の値を設定すると、新たに生成されるトークンがこれまでのテキスト中に含まれる頻度に基づいてペナルティが適用される。これにより、モデルが同じ単語を繰り返す可能性が低くなる

5-2-3 レスポンスの詳細

client.chat.completions.create メソッドを用いて OpenAI の API を呼び出すと、戻り値として以下のようなレスポンスが得られます[注6]。

```
{
  "id": "chatcmpl-8T4XyRrq3oCkkd31HsM99hr5cXiLX",
  "choices": [
    {
      "finish_reason": "stop",
      "index": 0,
      "message": {
        "content": "こんにちは！いつでもどのようなお手伝いができますか？",
        "role": "assistant",
        "function_call": null
      }
    }
```

注 6　レスポンスに関しては以下のドキュメントをご覧ください
https://platform.openai.com/docs/api-reference/chat/object

```
  ],
  "created": 1701939682,
  "model": "gpt-3.5-turbo-0613",
  "object": "chat.completion",
  "usage": {
    "completion_tokens": 21,
    "prompt_tokens": 32,
    "total_tokens": 53
  },
  "system_fingerprint": null
}
```

以下に各項目の説明をします。

- choices：GPT から返されたメッセージが格納されている
  - finish_reason：レスポンスが終了した理由が格納される。stop の場合は API がメッセージの最後まで到達したことを表し、length の場合は max_tokens で指定した最大のトークン数に到達したことを表す
- created：レスポンスが生成された UNIX 時間を示す
- model：使用した AI モデルを示す
- usage；使用したトークン数に関する情報が格納されている
  - prompt_tokens：入力のトークン数を表す
  - completion_tokens：出力のトークン数を表す
  - total_tokens：入力と出力のトークン合計数を表す

レスポンスには GPT からのレスポンスメッセージを取得できるとともに、トークン数を確認することもできます。

5-3 APIでチャットボットを作成する

では次に、OpenAIのGPTモデルのAPIを使用して、ユーザーと会話するチャットボットを作成しましょう。まずChatCompletionを使用して、APIを呼び出す処理を記述します。

```
from openai import OpenAI

client = OpenAI(api_key="your-api-key")

message = input("質問内容を入力してください: ")
completion = client.chat.completions.create(
    messages=[
        {"role": "user", "content": message}
    ],
    temperature=0.7,
    max_tokens=1000,
    model="gpt-3.5-turbo",
)

print(completion.choices[0].message.content)
```

上記のプログラムではinput関数を用いてユーザーからの質問内容への入力を、変数messageに格納しています。

```
質問内容を入力してください: 
```

図5.3.1　入力を受け付ける

たとえば、ユーザーが「あなたは誰ですか」と入力した場合、その質問がAPIに送信され、レスポンスがcompletionに格納されます。

最後に、print(completion.choices[0].message.content)を用いて、APIが生成した応答を表示します。

```
質問内容を入力してください: あなたは誰ですか
私はAIのアシスタントです。
```

図5.3.2　GPTからの出力「私はAIのアシスタントです。」を表示

次にユーザーに再入力を促し、1 つ目のユーザーの入力、1 つ目の入力に対する AI からの応答、2 つ目のユーザーの入力を含めたリクエストで API を実行してみましょう。このようにすることで、これまでの対話の流れに沿った形での出力を得られるようになります。

```
response_message = completion.choices[0].message.content
new_message = input("再度、質問内容を入力してください: ")
completion = client.chat.completions.create(
    model="gpt-3.5-turbo",
    messages=[
        {"role": "user", "content": message},
        {"role": "assistant", "content": response_message},
        {"role": "user", "content": new_message}
    ],
    temperature=0.7,
    max_tokens=1000
)
print(completion.choices[0].message.content)
```

上記のコードでは、messages リスト内に、ユーザーのメッセージ（message）、アシスタントのメッセージ（response_message）、ユーザーが再入力したメッセージ（new_message）を追加しています。これにより、過去の対話を含んだリクエストを API に送信し、過去の対話を考慮したレスポンスを得られるようになります。図 5.3.3 では、GPT への再質問「2 について詳しく教えてください。」への回答を示しています。

```
質問内容を入力してください: 生成AIを開発している会社を3つ挙げてください
1. Google DeepMind
2. OpenAI
3. IBM Watson
再度、質問内容を入力してください: 2について詳しく教えてください。
OpenAIは、人工知能の研究・開発を目的とした非営利団体です。2015年に設立され、エロン・マスク氏やピーター・ティール氏などの有名な起業家らが資金提供を行っています。
```

図 5.3.3　プログラムの実行結果

messages はリストを指定しますが、これを変数にすることで動的にメッセージを変更できます。while ループを使用すると、ユーザーから何度も入力を受け付け、GPT との対話を継続できます。以下は、10 回の対話を行う例です。

```
from openai import OpenAI

client = OpenAI(api_key="your-api-key")

conversation_history = [] # GPT APIへのリクエストとなる会話履歴
```

```
iteration_count = 0

while iteration_count < 10: # 10回ループさせて質問させる
    user_input = input("質問内容を入力してください: ")
    conversation_history.append({ # ユーザーの入力メッセージを追加
        "role": "user",
        "content": user_input
    })
    chatbot_response = client.chat.completions.create(
        model="gpt-3.5-turbo",
        messages=conversation_history,
        temperature=0.7,
        max_tokens=1000
    )
    assistant_response = chatbot_response.choices[0].message.content
    used_tokens = chatbot_response.usage.total_tokens
    conversation_history.append({ # AIからのレスポンスメッセージを追加
        "role": "assistant",
        "content": assistant_response
    })
    print(assistant_response) # 出力を表示
    print(f"Used tokens: {used_tokens}")
    iteration_count += 1
```

ここでは、conversation_history をリストとして宣言し、入力内容と API からの出力内容を追加しています。リストを API に投げることで、過去の対話データを考慮して API が回答を生成します。

この例では「while iteration_count < 10」として、iteration_count が 10 未満の間、ループ内の処理が実行されます。また、「conversation_history = []」として conversation_history を配列として初期化しています。

その後、以下の 2 箇所で、ユーザーの質問と API からの回答を conversation_history に追加します。

```
conversation_history.append({
        "role": "user",
        "content": user_question
    })
```

```
conversation_history.append({
        "role": "assistant",
        "content": assistant_answer
    })
```

追加時に、role属性をuserまたはassistantとして、話者を区別しています。このconversation_historyをAPIに送信することで、過去のメッセージも含めたAPIの回答生成が可能となります。

しかし、注意が必要な点があります。このループ処理により、conversation_historyに継続的にデータが格納され続けると、APIに投げる入力トークン数が増加し続けます。プログラム内のclient.chat.completions.createで制限として設定しているmax_tokensはAPIからの出力トークン数の上限であり入力トークン数ではありません。入力トークン数にも制限を加えたい場合は、トークン数を計算してリストの一部を削除する必要があります。

OpenAIは、トークン数を数えるためにtiktoken[注7]というライブラリの使用を推奨しています(2023年8月時点)。まず、tiktokenをPythonの仮想環境にインストールしましょう。

```
pip install tiktoken
```

tiktokenライブラリを使うと、文字列からトークンへの変換が可能です。以下にその例を示します。

```
import tiktoken
tokenizer = tiktoken.encoding_for_model("gpt-3.5-turbo")
print(tokenizer.encode("ChatGPTを勉強しています。"))
```

このプログラムは以下のような配列を出力します。

```
[16047, 38, 2898, 30512, 53508, 231, 13870, 115, 39926, 61689, 1811]
```

この数字の配列は、トークンへの変換結果で、その配列の長さがトークン数に相当します。

```
print(len(tokenizer.encode("ChatGPTを勉強しています。"))) #11
```

また、逆の変換、つまりトークンから文字列への変換も可能です。

```
tokenizer.decode([16047, 38, 2898, 30512, 53508, 231, 13870, 115, 39926, 61689, 1811])
# ChatGPTを勉強しています。
```

注7 https://github.com/openai/openai-cookbook/blob/main/examples/How_to_count_tokens_with_tiktoken.ipynb tiktokenでトークン化してトークン数の加算を行い、合計トークン数が100を超えた場合にリストから最初の要素を削除するプログラムを作成しました。さらに、ユーザーの入力文字列のトークン数が100を超えた場合には注意メッセージを表示し、再度質問内容の入力処理を行うように設定します。

```
from openai import OpenAI
import tiktoken

tokenizer = tiktoken.encoding_for_model("gpt-3.5-turbo")
client = OpenAI(api_key="your-api-key")

conversation_history = []
MAX_ALLOWED_TOKENS = 100
total_tokens = 0
iteration_count = 0

while iteration_count < 10:
    user_input = input("質問内容を入力してください: ")
    user_input_tokens = len(tokenizer.encode(user_input)) # 入力のトークンを数える
    if user_input_tokens > MAX_ALLOWED_TOKENS:
        print(f'入力文字列が長いです。{MAX_ALLOWED_TOKENS}トークン以下にしてください。')
        continue # 再ループ

    conversation_history.append({"role": "user", "content": user_input})
    total_tokens += user_input_tokens

    chatbot_response = client.chat.completions.create(
        model="gpt-3.5-turbo",
        messages=conversation_history,
        temperature=0.7, # 出力の多様性
        max_tokens=100, # 出力トークンの最大値
    )
    assistant_response = chatbot_response.choices[0].message.content
    assistant_tokens = len(tokenizer.encode(assistant_response))
    conversation_history.append({"role": "assistant", "content": assistant_response})
    total_tokens += assistant_tokens

    while total_tokens > MAX_ALLOWED_TOKENS: # トークンの合計が制限を超えた場合に一部削除
        removed_message = conversation_history.pop(0) # リストから最初のメッセージを削除
        removed_tokens = len(tokenizer.encode(removed_message['content']))
        total_tokens -= removed_tokens # 削除されたトークン数を差し引く
    print(assistant_response)
    iteration_count += 1
```

このトークン数の制御は、APIを使用する際には特に注意が必要です。Open AIの公式サイト上のベストプラクティス[注8]には、長い会話を要約したりフィルタリングすることの重要性が書かれています。会話が特定の長さを超えた場合、これまでの会話を要約してコンパクトにするか、重要でない部分をプログラムで削除し、トークン数が過剰に増えないように管理することが推奨されています。

たとえば、先ほどのコードでは、「while total_tokens > max_allowed_tokens:」の部分を以下のように変更すると、total_tokensがmax_allowed_tokensを超えた場合に、roleがsystemのcontentにこれまでの会話の要約結果を格納できます。

```
if total_tokens > MAX_ALLOWED_TOKENS:
        # conversation_historyの内容を要約
        conversation_history.append(
            {"role": "system", "content": "これまでの会話をすべて要約してください。"}
        )
        summary = client.chat.completions.create(
            model="gpt-3.5-turbo",
            messages=conversation_history,
            temperature=0.7,
            max_tokens=100 # 出力の最大トークン数
        )
        summary_message = summary.choices[0].message.content
        # conversation_historyに要約結果をsystemメッセージとして設定して初期化
        conversation_history = [
            {"role": "system", "content": f"過去の要約: {summary_message}"}
        ]
        # total_tokensをリセット
        total_tokens = len(tokenizer.encode(summary_message))
```

このように、入力トークン数を削ることは重要です。第6章で紹介するLangChainのMemoryでは、メッセージを管理して入力トークン数が大きくなりすぎないような機能が提供されています。

注8 https://platform.openai.com/docs/guides/prompt-engineering/

5-4 temperature、presence_penalty、frequency_penalty の設定

temperature は、出力される単語の選択に多様性をもたらすパラメータです。設定可能な値は浮動小数点数で 0 から 2 までで、0 の場合、出力は最も確率的に高い単語に固定されます。一方、値が 2 に近づくほど、出力はよりランダムになります。

このパラメータは、GPT が出力するトークンの確率分布から、確率の低い選択肢も選択対象に含めるかどうかを決定します。デフォルト値は 1 です。以下は、temperature を 0 に設定した場合の例です。

```
completion = client.chat.completions.create
    model="gpt-3.5-turbo",
    messages=[
        {"role": "user", "content": '面白い話をしてください: '},
    ],
    temperature=0,
    max_tokens=200
)
print(completion.choices[0].message.content)
```

出力

ある日、ある男性が銀行に行き、大金を引き出そうとしました。しかし、彼は自分の ID を忘れてしまい、銀行員に「私は本当に私です。私の顔を見てください。」と言いました。

この設定だと、何度実行しても同じ入力には同じメッセージが出力されるようになります。たとえば、カスタマーサポートなど、答えをある程度固定にしたいシナリオでは、temperature を低く設定することが有用かもしれません。

次に、temperature を 2.0 に設定して再度実行すると、よりランダムな出力が得られます。以下のように出力されました。

出力

あなたに面白い話を記事さい前 cmqp[if 参 _n 瓛 :PLDKNE IDPWD 区 DKSA ？

temperatureを高く設定すると、出力はランダムになり、確率の低いトークンも選択されやすくなります。ただし、ランダム性が高すぎると、上記のように意味不明な出力を引き起こす可能性もあります。

presence_penaltyは、出力を生成する際に特定の単語がすでに使用されている場合には、できるだけその単語を再生成しないようにする設定です。この設定では、同じ単語の過度な繰り返しを制限できます。デフォルト設定は0で、浮動小数点数で-2.0から2.0までの範囲で設定できます。

```
completion = client.chat.completions.create(
    model="gpt-3.5-turbo",
    messages=[
        {"role": "user", "content": 'ITで注目する技術の話をしてください。'},
    ],
    presence_penalty=-2.0,
    max_tokens=300
)
print(completion.choices[0].message.content)
```

出力

最近注目されているIT技術の1つは、AI（人工知能）です。AIは、機械学習、データマイニング、深層学習、自然言語処理などの技術を使って、人の知能を模倣する技術です。AIは、自動化、最適化、検出、診断、予測、判断など、さまざまな目的に使用されています。AI技術は、自動運転、自動翻訳、病気の診断、顔認識、音声認識、音声合成、自動化などの領域に適用されています。
また、ブロックチェーン技術も注目されています。ブロックチェーンは、分散型のデータベース技術で、データの改ざんを防ぐことができます。ブロックチェーン技術は、暗号通貨の取引履歴の記録、データの共

上記の例では、presence_penaltyを-2.0に設定しています。出力を見ると注目されているIT技術としてAIが触れられ、その詳細な説明が続いています。この設定では、AIやその応用に関する一部の用語の出力に重複があり、読点がやたらと多いことも確認できます。

次に、presence_penaltyを2.0に設定して、結果を比較しましょう。この設定では、同じ単語やフレーズの重複が減少していることがわかります。

出力

最近IT業界で注目されている技術としては、以下のようなものがあります。

1. **人工知能(AI)**

   AIはさまざまな分野で活用が進みつつあり、ビジネスの自動化や製品開発に役立っています。AIを活用することで、コスト削減や効率向上などが期待できます。

2. **ブロックチェーン**

   ブロックチェーンは電子記録技術の一種です。資産管理や契約書の署名などに利用され、高い信頼性や安全性が求められている場面で活躍します。

3. **クラウドコンピューティング**

次に、frequency_penaltyについて解説します。frequency_penaltyは、出力を生成する際に、対象の単語が過去に出力された頻度を見て、できるだけその単語を再生成しないようにする設定です。この設定で、同じ単語の過度な繰り返しを制限できます。デフォルト設定は0で、浮動小数点数で-2.0から2.0までの範囲で設定できます。

```
completion = client.chat.completions.create
    model="gpt-3.5-turbo",
    messages=[
        {"role": "user", "content": 'ITで注目する技術の話をしてください。'},
    ],
    frequency_penalty=-2.0,
    max_tokens=300
)
print(completion.choices[0].message.content)
```

出力

最最近注目されている技術として、以下のものが挙げられます。

1. **人工知能(AI):** AIを用いることで、データの分析、自動化、最適化、予測、自己学習、自動化、自己進化、自己、自、、、、、、、、、、、、、、、、、、、、、、、、、、、、、、

上記の例では、frequency_penaltyを-2.0に設定しています。この設定では、特定の単語の生成が増える可能性があります。実際に上記の出力では、途中から「、」が出力され続ける傾向が見られます。

次に、frequency_penalty を 2.0 に設定し、出力の違いを観察します。frequency_penalty を高く設定すると、同じ単語の繰り返しが抑制できます。この出力では、同じ単語の出力は減少していますが、読みにくい文章が生成される場合もあることに注意してください。

出力

現在注目されている IT 技術としては、以下のものが挙げられます。

1. **人工知能（AI）**
   - 自然言語処理、画像認識など多様な分野で活躍
   - セールス支援や顧客対応、自動運転など今後ますます普及する可能性
2. **ブロックチェーン**
   - 取引履歴を不変に保ち高いセキュリティーを実現
   - 金融業界だけでなくさまざま分野で利用が広がってきており今後さらに発展することが期待される
3. **IoT（Internet of Things）**
   - 機器同士やユーザーと機器間の通信強化
   - スマート家電・ビッグデータ解析・自動制御など幅広く使われつつあり導入企業も年々増加中

temperature、presence_penalty、frequency_penalty の設定値は、タスクやモデルの使用目的により異なります。さまざまな値の組み合わせを試して、その出力結果を比較しながら最適なパラメータ設定を見つけ出しましょう。

Open AI Playground[注9] では、System と User の入力を設定し、各パラメータを変更して出力がどのように変化するのかを確認できます。

注 9　以下のサイトでチャット画面から確認できます。
https://platform.openai.com/playground?mode=chat

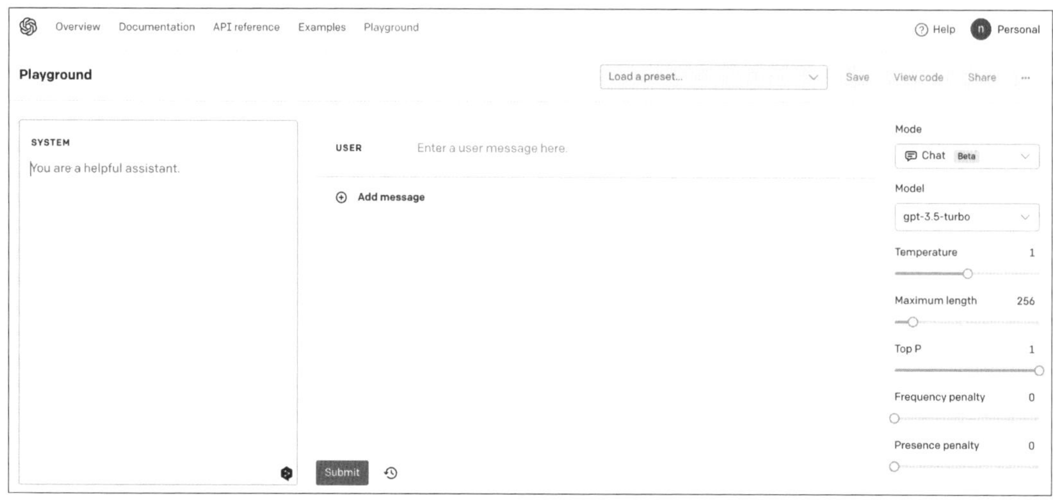

図 5.4.1　Playground の画面

5-5 Flask で API を使用したアプリケーションを構築する

Flask を用いてアプリケーションを作成してみましょう。Flask を用いれば、簡単なコードの記述だけで、Web アプリケーションを構築できます。

GPT の API を用いて、入力した文章を要約して画面上に表示するようなアプリケーションを作成します。まずは app.py というファイルを作成して、Flask のアプリケーションを立ち上げる処理を記述しましょう。

```
from flask import Flask, render_template

app = Flask(__name__)

@app.route('/', methods=['GET', 'POST']) # URLを設定
def render_summary_page(): # 要約を表示する画面
    input_text = "" # 入力テキスト
```

```
    summarized_text = "" # 要約されたテキスト
    return render_template('summary.html', input_text=input_text, summary=summarized_
text)

if __name__ == '__main__':
    app.run(debug=True)
```

次に、render_templateで指定したsummary.htmlを作成します。app.pyと同じ階層にtemplatesフォルダを作成して、その中にsummary.htmlを配置してください。

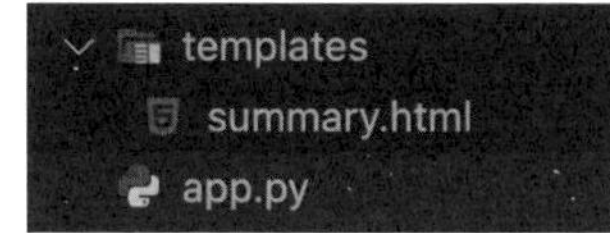

図5.5.1 app.pyと同じ階層にtemplatesフォルダ、その中にsummary.htmlを作成する

このファイルには、textareaに文字を入力して、フォームでPOSTリクエストをFlaskのrender_summary_page関数に送るような処理を記述します。

summary.html

```
<!DOCTYPE html>
<html lang="ja">
    <head>
        <title>文書のまとめ</title>
    </head>
    <body>
        <header>
            <nav>
                <a href="{{ url_for('render_summary_page') }}">まとめ</a>
            </nav>
        </header>
        <main class="container">
            <p class="description">まとめたいと思う文書をテキストエリアに入力してください</p>
            <form action="{{ url_for('render_summary_page') }}" method="POST">
                <textarea name="input_text" rows="10">{% if input_text is defined %}{{
input_text }}{% endif %}</textarea>
                <input type="submit" value="送信">
            </form>
        </main>
    </body>
</html>
```

上記のコードの以下の部分では、Flaskのテンプレート機能を用いて、フォームを作成しています。

```
<form action="{{ url_for('render_summary_page') }}" method="POST">
```

以下の部分で表示された「送信」ボタンをクリックすると、POSTリクエストが送信されて、app.pyのrender_summary_pageが実行されます。

```
 <input type="submit" value="送信">
```

http://127.0.0.1:5000にアクセスしてブラウザ上に表示すると、図5.5.2のような画面が表示されます。

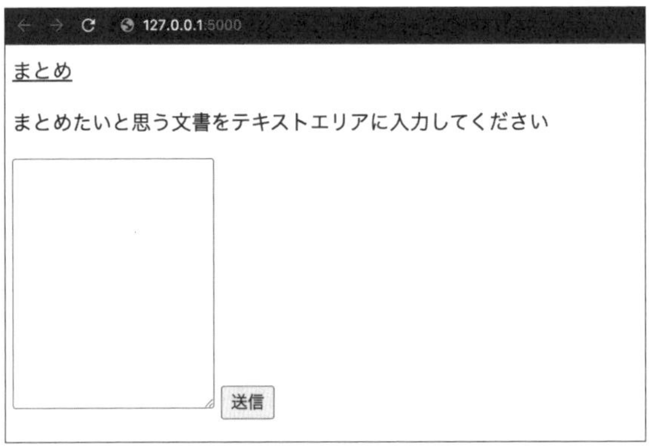

図5.5.2 Flaskの画面表示

「送信」をクリックすると、要約処理を実行して、画面上に要約結果を表示するようにしましょう。「render_summary_page」を以下のように書き換えます。

```
@app.route('/',  methods=['GET', 'POST'])
def render_summary_page():
    input_text = ""
    summarized_text = ""
    if request.method == 'POST': # POSTメソッドで呼び出された場合には、要約を実行する
        input_text = request.form['input_text']
        summarized_text = summarize_text(input_text) # 要約を実行する関数
        summarized_text = summarized_text.split('\n') # 改行で分割する
    return render_template('summary.html', input_text=input_text, summary=summarized_
text)
```

このコードでは、「input_text = request.form['input_text']」の部分で、画面上のテキストエリアに入力した文章を取得しています。その input_text を、summarize_text 関数に渡し、戻り値を summarized_text に格納します。この summarize_text 関数を、同じファイルの render_summary_page 関数の上部に配置しましょう。

```
from flask import Flask, render_template, request
from openai import OpenAI
import tiktoken

client = OpenAI(api_key="your-api-key")
MODEL_NAME = "gpt-3.5-turbo"
MAX_INPUT_TOKENS = 1000
ENCODING = tiktoken.encoding_for_model(MODEL_NAME)

def summarize_text(input_text): # APIを呼び出して、文章を要約する関数
    num_input_tokens = len(ENCODING.encode(input_text))
    if num_input_tokens > MAX_INPUT_TOKENS: # トークン数が大きい場合
        return "文字数が多すぎます。"
    # APIを呼び出す
    completion = client.chat.completions.create(
        model=MODEL_NAME,
        messages=[
                {"role": "system", "content": "userが入力した文書を箇条書きで改行してまとめて
ください"},
                {"role": "user", "content": input_text},
        ],
        max_tokens=1000
    )
    summarized_text = completion.choices[0].message.content
    return summarized_text
```

このコードでは、summarize_text 関数の中で、以下を実装しています。

- tiktoken ライブラリを使用したトークン数のチェック
- client.chat.completions.create を使った API 呼び出し
- API からのレスポンステキストの返却

「client = OpenAI(api_key="your-api-key")」には、OpenAI のダッシュボードで設定した API キーを設定してください。client.chat.completions.create の引数の messages には、system に実行してほしい内容を設定し、user に入力されたテキストを設定して、API を呼び出しています。

ライブラリのインポートも含めて、app.pyを完成させると以下のようになります。

```
from flask import Flask, render_template, request
from openai import OpenAI
import tiktoken

app = Flask(__name__)

client = OpenAI(api_key="your-api-key")
MODEL_NAME = "gpt-3.5-turbo"
MAX_INPUT_TOKENS = 1000
ENCODING = tiktoken.encoding_for_model(MODEL_NAME)

def summarize_text(input_text): # APIを呼び出して、文章を要約する関数
    num_input_tokens = len(ENCODING.encode(input_text))
    if num_input_tokens > MAX_INPUT_TOKENS: # トークン数が大きい場合
        return "文字数が多すぎます。"
    # APIを呼び出す
    completion = client.chat.completions.create(
        model=MODEL_NAME,
        messages=[
                {"role": "system", "content": "userが入力した文書を箇条書きで改行してまとめて
ください"},
                {"role": "user", "content": input_text},
        ],
        max_tokens=1000
    )
    summarized_text = completion.choices[0].message.content
    return summarized_text

@app.route('/', methods=['GET', 'POST']) # URLを設定
def render_summary_page(): # 要約を表示する画面
    input_text = ""
    summarized_text = "" # 要約されたテキスト
    if request.method == 'POST': # POSTメソッドで呼び出された場合には、要約を実行する
        input_text = request.form['input_text']
        summarized_text = summarize_text(input_text) # 要約を実行する関数
        summarized_text = summarized_text.split('\n') # 改行で分割する
    return render_template('summary.html', input_text=input_text, summary=summarized_text)


if __name__ == '__main__':
    app.run(debug=True)
```

次に、APIを呼び出した結果を画面上に表示するように、summary.htmlを修正しましょう。

```
<!DOCTYPE html>
<html lang="ja">
    <head>
        <title>文書のまとめ</title>
    </head>
    <body>
        <header>
            <nav>
                <a href="{{ url_for('render_summary_page') }}">まとめ</a>
            </nav>
        </header>
        <main class="container">
            <p class="description">まとめたいと思う文書をテキストエリアに入力してください</p>
            <form action="{{ url_for('render_summary_page') }}" method="POST">
                <textarea name="input_text" rows="10">{% if input_text is defined %}{{
input_text }}{% endif %}</textarea>
                <input type="submit" value="送信">
            </form>
            <!-- 以下を追加 -->
            {% if summary %}
            <section class="summary">
                <h2>まとめ</h2>
                <!-- 改行で分割されたものをループさせて、表示する -->
                {% for text in summary %}
                    <p>{{ text }}</p>
                {% endfor %}
            </section>
            {% endif %}
        </main>
    </body>
</html>
```

これを画面上に表示すると、以下のようになります。

図 5.5.3　画面上にまとめが表示される

最後に、デザインを整えましょう。CSS ファイルの読み込みを summary.html に追加します。head タグの中に link を記入します。

```
<link rel="stylesheet" href="{{ url_for('static', filename='css/style.css') }}">
```

link で指定した style.css を作成しましょう。app.py ファイルと同じ階層上に static フォルダ、その中に css フォルダを作成し、その中に style.css を配置します。

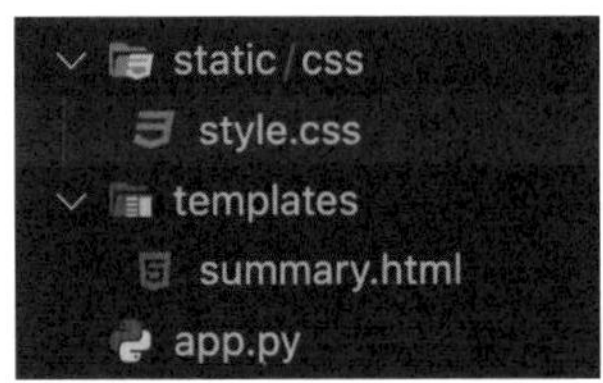

図 5.5.4　全体としてのファイル構成

今回は、style.css は以下のように記述しました。これをそのまま style.css 内に記述してください。

```
body{
    margin: 0;
    padding: 0;
    font-family: "Hiragino Kaku Gothic ProN", "ヒラギノ角ゴ ProN W3", "メイリオ", Meiryo,
"MS Pゴシック", "MS PGothic", sans-serif;
    color: #666;
}
nav{
    display: flex;
    justify-content: space-around;
    height: 40px;
    align-items: center;
    background-color: #f2f2f2;
    border-bottom: 1px solid #666;
}
nav a{
    text-decoration: none;
    color: #666;
}
nav a:hover{
    text-decoration: underline;
}
.container{
    margin: 40px auto;
    width: 60%;
    height: 30vh;
}
.description{
    margin-bottom: 10px;
}
textarea{
    display: block;
    width: 100%;
    height: 100%;
    border: 1px solid #666;
    border-radius: 5px;
    padding: 10px;
    color: #666;
}
input[type="submit"]{
    margin-top: 10px;
    width: 100px;
    height: 30px;
    background-color: #00a0e9;
    border: 1px solid #666;
```

```
    border-radius: 5px;
    float: right;
    color: #fff;
}
input[type="submit"]:hover{
    cursor: pointer;
    background-color: #0092d0;
}
.summary{
    padding: 10px;
    margin-top: 50px;
    border-radius: 5px;
    background-color: #f2f2f2;
}
```

最終的には、以下のような画面が表示されました。

図 5.5.5　まとめ作成画面

5-6 Function calling 機能を利用する

Function Calling 機能[注10]は、GPT からの返答をもとに関数や外部 API を呼び出したい場合や、自然言語からデータベースへのクエリに変換したい場合など、さまざまな用途で使用できます。出力の曖昧性を抑えて、特定の形式（JSON オブジェクト）で構造化されたデータを出力します。これにより、出力の解釈が明確になり、プログラムで扱いやすくなります。

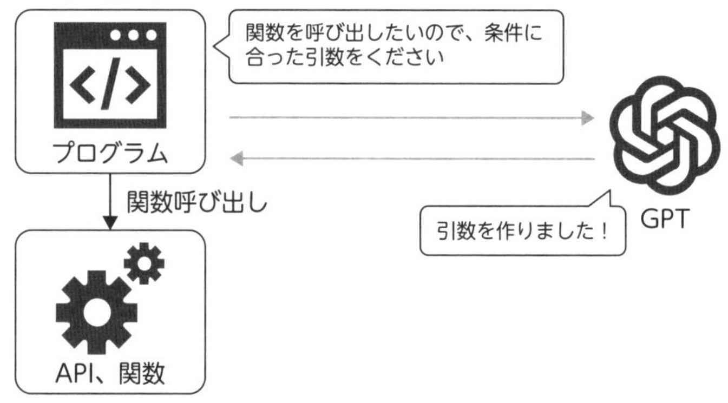

図 5.6.1　Function Calling の概要図

以下のような、Python 関数を定義しました。

```
def get_current_weather(location, unit="fahrenheit"):
    """指定した場所の現在の天気を取得"""
    weather_info = {
        "location": location,
        "temperature": "72",
        "unit": unit,
        "forecast": "sunny",
    }
    return weather_info
```

注 10　Function Calling の詳細
https://platform.openai.com/docs/guides/gpt/function-calling

上記は、指定されたlocation（場所）とunit（華氏または摂氏）を引数として、温度と天気の情報を辞書型で返すシンプルな関数の例です。この関数は現在の天気を取得するためのダミー関数です。実際の使用ケースでは、外部のAPIを呼び出してリアルタイムの天気予報データを取得する処理を実装することが想定されます。

GPTはAIモデルであり、リアルタイムの情報を直接取得する能力はありません。外部APIを利用して情報を取得する必要があります。「Function Calling」の機能を使用すると、データを構造化して外部の関数をより効率的に呼び出すことが可能になります。

Function Callingを使い、get_current_weather関数を呼び出す処理を記述しましょう。

```
from openai import OpenAI
client = OpenAI(api_key="your-api-key")

response = client.chat.completions.create(
   model="gpt-3.5-turbo-0613",
   messages=[{"role": "user", "content": "東京の現在の天気を教えてください"}],
   functions=[
       {
           "name": "get_current_weather",
           "description": "指定した場所の現在の天気を取得",
           "parameters": {
                   "type": "object",
                   "properties": {
                       "location": {
                           "type": "string",
                           "description": "都市名と国の名前、例：東京, 日本",
                       },
                       "unit": {"type": "string", "enum": ["celsius", "fahrenheit"]},
                   },
               "required": ["location"],
           },
       },
   ],
   function_call="auto",
)
```

上から順に説明します。

- messages：この値をもとに、GPTからレスポンスが返される
- functions：このリスト内に、呼び出す対象の関数を辞書型で格納している
    - この例では1つの関数を定義しているが、複数の関数を定義し、必要に応じてそれらを

  呼び出すことも可能
    - name は get_current_weather として、呼び出す対象の関数の get_current_weather (location, unit="fahrenheit") に合わせている
- properties：呼び出す対象の関数の引数となる変数名を設定する
    - type には返す変数の型、description には変数の説明、enum には選択肢を記述している
- required：関数を呼び出す際に必須となる変数名を指定する
- function_call：関数が複数ある場合、GPT がどの関数に対する値を返すのか指定する。auto は呼び出す関数を GPT が自動で選択する

API からの response には、以下のような値が格納されていました。


```
{
  "choices": [
    {
      "finish_reason": "function_call",
      "index": 0,
      "message": {
        "content": null,
        "function_call": {
          "arguments": "{\n  \"location\": \"\u6771\u4eac, \u65e5\u672c\"\n}",
          "name": "get_current_weather"
        },
        "role": "assistant"
      }
    }
  ],
  "created": 1687853738,
  "id": "chatcmpl-7Vy9Kkr762U3GDCTTAIIBstKzwA5F",
  "model": "gpt-3.5-turbo-0613",
  "object": "chat.completion",
  "usage": {
    "completion_tokens": 21,
    "prompt_tokens": 105,
    "total_tokens": 126
  }
}
```


- choices の中の finish_reason
    - ここに function_call が表示される
    - Function Calling 機能のレスポンスであることを意味する

- choices の中の message の中の function_call
    - ここには arguments と name がキーとして存在し、それぞれに対応する値が格納されている
    - この例では、name には関数名が、arguments には JSON 形式で location が入っている

この response を用いて、get_current_weather 関数を呼び出しましょう。

```
import json

func = response.choices[0] # choicesの0番目の要素を取得する。中には、関数呼び出しのための引数が入っている。
if func.finish_reason == "function_call": # 条件がfunction_callの場合の処理
   function_call = func.message.function_call # argumentsとnameが入っている
   if function_call.name == "get_current_weather": # nameがget_current_weatherの場合
       arguments = function_call.arguments
       arguments = json.loads(arguments) # json形式の文字列をpythonで扱いやすいように型変換
       location = arguments.get("location", "") # locationの値を取得（存在しない場合は空文字）
       unit = arguments.get("unit", "fahrenheit") # unitの値を取得（存在しない場合は「fahrenheit」）
       current_weather = get_current_weather(location, unit) # 関数get_current_weatherの呼び出し
       print(current_weather) # 出力: {'location': '東京, 日本', 'temperature': '72','unit': 'fahrenheit', 'forecast': 'sunny'}
```

この例では、GPT の API からのレスポンスを使用して、get_current_weather 関数を呼び出しています。Function Calling 機能を使用する場合、実行するまで戻り値が不明なため、誤った処理を実行する可能性があります。if 文や try 文を使用し、返される値が期待どおりであることを確認するよう心がけましょう。

レスポンスの usage 内の prompt_tokens が 105 となっています。Function Calling では入力トークン数が大きくなる傾向があります。これは functions の内容も入力トークン数に含まれるからです。

他の利用方法についても解説します。関数を複数入力しましょう。たとえば、send_email(to, body) という関数があり、この関数に渡す引数を GPT に生成させたい場合、リクエストの functions にこの関数を含めます。

```
response = client.chat.completions.create(
    model="gpt-3.5-turbo-0613",
    messages=[{"role": "user", "content": "東京の現在の天気を教えてください"}],
    functions=[
```

```
        {
            "name": "get_current_weather",
            "description": "指定した場所の現在の天気を取得",
            "parameters": {
                    "type": "object",
                    "properties": {
                        "location": {
                            "type": "string",
                            "description": "都市名と国の名前、例：東京，日本",
                        },
                        "unit": {"type": "string", "enum": ["celsius", "fahrenheit"]},
                    },
                "required": ["location"],
            },
        },
        {
            "name": "send_email",
            "description": "メールを送る処理",
            "parameters": {
                    "type": "object",
                    "properties": {
                        "to": {
                            "type": "string",
                            "description": "メールの宛先",
                        },
                        "body": {
                            "type": "string",
                            "description": "メールの中身",
                        },
                    },
                "required": ["to", "body"],
            },
        }
    ],
    function_call="auto",
)
print(response.choices[0].message.function_call.arguments) # レスポンスメッセージ
```

client.chat.completions.create の function_call の設定について以下に説明します。

- auto
  - function_call の設定を auto にすると、messages に格納された質問に応じて、GPT によって自動的に適切な関数が選ばれる

    - messages を「東京の現在の天気を教えてください」とすると、get_current_weather 関数に合った形で値が返される
    - messages を「test@mail.com に対して、昨日の遅刻を謝罪するメールを送りたい」と設定すれば、send_mail 関数に適した回答が GPT から返される
- 関数名を直接指定
    - function_call を {"name": " 関数名 "} のような辞書型で指定することで、特定の関数を強制的に指定できる。たとえば、「function_call={"name": "send_email"}」とすると、messages の内容に関わらず、send_mail 関数を呼び出すような引数が GPT から返されます。
- Function Calling の無効化
    - 「function_call="none"」と設定した場合、Function Calling の機能は使われず、そのままのメッセージが返される

では、メールアドレスを記述した文章を要約して、メールアドレスに送信するような処理を、「5-5　Flask で API を使用したアプリケーションを構築する」で作成したアプリケーションに Function Calling で実装しましょう。ただし、メール送信機能は実装せずに、ダミー関数を作成する形にしました。

まずは、Flask のアプリケーションの app.py に新たな画面の呼び出しを追加します。json ライブラリも後ほど必要となりますので、import json も記述しましょう。

```
import json
@app.route("/send_email", methods=["GET", "POST"])
def render_send_email_page(): # メール送信画面
    input_text = ""
    email_body = ""
    to_address = ""
    return render_template("send_email.html", input_text=input_text, email_body=email_
body, to_address=to_address)
```

これは、http://127.0.0.1:5001/send_email にアクセスした際に、send_email.html の内容を表示する処理です。send_email.html は templates フォルダ内に配置して、5-5 節の内容をもとに、以下のように記述しました。

```
<!DOCTYPE html>
<html lang="ja">
    <head>
        <title>まとめをメール送信</title>
```

```
        <link rel="stylesheet" href="{{ url_for('static', filename='css/style.css') }}">
    </head>
    <body>
        <header>
            <nav>
                <a href="{{ url_for('render_summary_page') }}">まとめ</a>
                <a href="{{ url_for('render_send_email_page') }}">メール送信</a>
            </nav>
        </header>
        <main class="container">
            <p class="description">送信したい宛先、まとめたい文章をテキストエリアに入力してく
ださい</p>
            <form action="{{ url_for('render_send_email_page') }}" method="POST">
                <textarea name="input_text" rows="10">{% if input_text is defined %}{{
input_text }}{% endif %}</textarea>
                <input type="submit" value="まとめて送信">
            </form>
            {% if to_address and email_body  %}
            <section class="summary">
                <h2>宛先と出力内容</h2>
                <p>宛先: {{ to_address }}</p>
                <p>出力内容: {{ email_body }}</p>
            </section>
            {% endif %}
        </main>
    </body>
</html>
```

formでは、対象にrender_send_email_pageを設定し、methodをPOSTにしています。text_areaフィールドに「name=input_text」として記述しました。このテキストエリアに入力した値を使用して、APIのFunction Calling機能を呼び出します。

render_send_email_pageを以下のように書き直して、POSTリクエストに対応させました。

```
@app.route("/send_email", methods=["GET", "POST"])
def render_send_email_page(): # メール送信画面
    input_text = ""
    email_body = ""
    to_address = ""
    if request.method == "POST":
        input_text = request.form["input_text"]
        model_response = prepare_email_summary(input_text) # API呼び出し
        if model_response.finish_reason == "function_call":
            function_call = model_response.message.function_call
```

```
            if function_call.name == "send_email":
                arguments = json.loads(function_call.arguments)
                to_address = arguments.get("to_address", "")
                email_body = arguments.get("email_body", "")
                send_email(to_address, email_body) # メール送信（モック）
    return render_template("send_email.html", input_text=input_text, email_body=email_
body, to_address=to_address)
```

リクエストメソッドがPOSTの場合には、Formからinput_textを取り出します。prepare_email_summary関数に渡して、関数内でAPIを呼び出します。メール送信のための、アドレスの抽出と本文のまとめを作成しましょう。抽出されたアドレスと本文は、send_email関数に用いられます。

```
# prepare_email_summaryの定義
def prepare_email_summary(input_text):
    num_input_tokens = len(ENCODING.encode(input_text))
    if num_input_tokens > MAX_INPUT_TOKENS:
        return "文字数が多すぎます。"
    completion = client.chat.completions.create(
        model=MODEL_NAME,
        messages=[
            {"role": "system", "content": "メールの宛先を抽出してto_addressに、内容のまとめ
をemail_bodyに設定してください。"},
            {"role": "user", "content": input_text},
        ],
        functions=[
            {
            "name": "send_email",
            "description": "メールを送る処理",
            "parameters": {
                    "type": "object",
                    "properties": {
                        "to_address": {
                            "type": "string",
                            "description": "メールの宛先",
                        },
                        "email_body": {
                            "type": "string",
                            "description": "メールの内容",
                        },
                    },
                "required": ["to_address", "email_body"],
                },
```

```
            }
        ],
        function_call="auto",
        max_tokens=1000
    )
    return completion.choices[0]
```

- API 呼び出しの設定
  - API の呼び出しでは、send_email 関数に渡す引数として、to_address（メールの宛先）と email_body（メールの内容）を生成するように設定している
- messages パラメータの内容
  - messages には、ユーザーからの入力（role が user）とシステムからの指示（role が system）の 2 つの要素が含まれる
  - システムの指示部分では、「メールの宛先を抽出して to_address に、内容のまとめを email_body に設定してください。」という具体的な指示を格納している
- API のレスポンス処理
  - API を実行した際のレスポンスから、to_address と email_body の値を取り出す
  - これらの値を send_email 関数に渡して、メール送信の処理を実行する

send_email は以下のように定義しています。

```
def send_email(to_address, email_body):
    # メール送信処理をここに書きます
    print(f"{to_address}宛にメールを送信しました。")
    print(email_body)
```

この例では、メール送信処理の代わりとして、print を実行させることにしました。

では、実際に画面を動かしながら、この処理を実行してみましょう。http://127.0.0.1:5001/send_email を開きます。テキストエリアには、宛先とまとめたい文書を記入してまとめて送信ボタンをクリックします。

図 5.6.2　まとめてメール送信する画面の実行結果

上のように入力内容から宛先とまとめてを作成して画面上に表示することができました。

POINT

- API 利用時には、role として、system, user, assistant を設定する
- 送信する messages が長くなりすぎないように、tiktoken でのトークン数の計測や古いメッセージのまとめやフィルタリングを行う
- temperature, presence_penalty, frequency_penalty で API のレスポンスを調整する
- Function Calling を用いて、関数や外部 API の呼び出しを行う

5-7 テキスト以外のデータを扱う

OpenAI の API には、テキスト以外の画像や音声を入力・出力する機能が提供されています。この節では画像や音声の入力・出力機能を見ていきましょう。

5-7-1 画像を生成する[注11]

API を通して OpenAI の提供する画像生成 AI である DALL·E を用いて、画像を生成することができます。

a. 与えたテキストに基づいて 0 から画像を生成する

0 からの画像生成には、DALL·E 2 と 3 の 2 通りのモデルを使用できます。以下、執筆時(2023 年 12 月) の情報をもとに各モデルの違いを記述しました。

- DALL·E 2
    - 価格が安い (例：1024 × 1024 の画像の場合、1 画像あたり 0.02 ドル)
    - 画像のサイズは、256 × 256, 512 × 512, 1024 × 1024, 1024 × 1792, 1792 × 1024 の中から選択する
    - 一度に最大 10 枚の画像の生成を依頼できる
- DALL·E 3
    - 価格が高い (例：1024 × 1024 の画像の場合、1 画像あたり 0.04 ドル)
    - 画像のサイズは、1024 × 1024, 1024 × 1792, 1792 × 1024 の中から選択する
    - 画像のクオリティが高く、設定を「hd」品質にするとさらにクオリティを強化できる
    - 画像のスタイルを、vivid (鮮やかでドラマチックな画像) と natural (より自然な画像) で設定できる。デフォルトは vivid

以上から、画像のクオリティよりも大量に作成することが求められる場合には DALL·E 2 を使用

注 11 https://platform.openai.com/docs/guides/images

し、1 枚 1 枚の画像のクオリティにこだわって作成したい場合は DALL·E 3 を使用するのがよいかと思います[注12]。

以下のようにコードを記述して、DALL·E 2 を使用して画像を生成しました。

```
from openai import OpenAI

client = OpenAI(api_key="your-api-key")

response = client.images.generate(
    model="dall-e-2",
    prompt="アニメのような白猫の絵",
    size="256x256",
    n=3, # 生成する画像の数
)

print(response.data)
```

このコードでは client.images.generate で、画像生成の API を呼び出しています。引数の model には使用するモデル名、prompt には作成した画像の説明、size には画像のサイズ、n には生成する画像の数を記述しています。

このとき、返り値の response.data には生成された画像の URL が格納されており、この例だと size で指定した 3 枚の画像の URL がリストの中に格納されています。

```
print(response.data[0].url)
```

を実行すると以下のように表示されます。

```
https://oaidalleapiprodscus.blob.core.windows.net/private/org-
O5SWGyXT6BtXioJAVG875Bmc/user-5dOIg6StNkX4Nwgg7GPfUFVX/img-6dPAP57GFAUd5pu7mrg61cqX.
png?st=2023-12-09T07%3A53%3A49Z&se=2023-12-09T09%3A53%3A49Z&sp=r&sv=2021-
08-06&sr=b&rscd=inline&rsct=image/png&skoid=6aaadede-4fb3-4698-a8f6-
684d7786b067&sktid=a48cca56-e6da-484e-a814-9c849652bcb3&skt=2023-12-
08T23%3A08%3A30Z&ske=2023-12-09T23%3A08%3A30Z&sks=b&skv=2021-08-06&sig=pKkRgNTZBp2vZOWRJA
PcKnnNq9zIib3dHctWkw%2BtzoY%3D
```

この URL を開くと、以下のような白猫のイラストを表示できます。

注 12 価格に関しては、こちらのページをご確認ください。
https://openai.com/pricing

図 5.7.1　白猫の画像

この画像はインターネットからアクセス可能なクラウド上に格納されていますが、以下のPython コードを実行すれば、ローカル PC 上にダウンロードすることもできます（実行には、requests ライブラリが必要ですので、「pip install requests」でインストールしましょう）。

```
import requests

# 使用例
image_url = "your-image-url"         # ダウンロードしたい画像のURL
file_path = "downloaded_image.jpg"  # 保存するファイル名

response = requests.get(image_url)
with open(file_path, 'wb') as file:
    file.write(response.content)     # 画像を作業ディレクトリに保存
```

次に、DALL·E 3 を用いて画像を生成してみましょう。

```
from openai import OpenAI

client = OpenAI(api_key="your-api-key")

response = client.images.generate(
   model="dall-e-3",
   prompt="アニメのような白猫の絵",
   size="1024x1024",
   quality="standard",
   style="natural",
)
```

```
image_url = response.data[0].url
print(image_url)
```

client.images.generateの引数modelにはdall-e-3を設定しています。qualityは画像の質を表しており、standard（標準）とhd（高品質）から選択します。styleは画像のスタイルで、vivid（鮮やか）とnatural（自然）から選択します。

この例では、standardとnaturalにしており以下のような画像になりました。

図5.7.2　standard, naturalのときの白猫の画像

DALL·E 2の画像よりも品質は良くなったように見えます。ちなみに、hdでvividにした場合には、以下のような画像が生成されました。

図5.7.3　hd, vividのときの白猫の画像

このように、quality を hd にすると画像の品質が向上し、style を vivid にするとより高品質で鮮やかな画像を生成することができます。

b. 画像編集

画像とマスクした画像をアップロードして、画像のマスクされた領域を置き換えることができます。この機能は、執筆時点では DALL·E 2 でしか提供されていません。

以下の画像と同じ画像の一部をマスクした（透明に切り抜いた）ものを用意しました。

図 5.7.4　もととなる画像

図 5.7.5　一部をマスクした画像

この 2 つの画像を配置したフォルダと同じ階層に、以下の処理を記述した Python ファイルを用意します

```
from openai import OpenAI
from pathlib import Path
import os

DIR_PATH = Path(__file__).resolve().parent # 実行ファイルを格納しているフォルダ
client = OpenAI(api_key="your-api-key")
original_image = "5_7_4_photo.png" # オリジナルの画像ファイル
masked_image = "5_7_5_photo.png" # マスクした画像ファイル

response = client.images.edit(
   model="dall-e-2",
   image=open(os.path.join(DIR_PATH, original_image), "rb"),
   mask=open(os.path.join(DIR_PATH, masked_image), "rb"),
   prompt="道路に大きな白い猫",
   n=1,
   size="1024x1024"
)

image_url = response.data[0].url
print(image_url)
```

client.images.edit で画像を編集する処理を呼び出します。引数の image にはオリジナルの画像（図 5.7.4）を mask にはマスクした画像（図 5.7.5）を設定し、prompt には編集する内容を記述します。実行すると、print(iamge_url) で画像のパスが表示され、以下のような画像を確認しました。

図 5.7.6　編集して生成された画像

client.images.edit の prompt に「道路に大きな白い猫」と記述したとおり、生成された画像には道路上に白い猫を表示することができました。

c. 画像バリエーションの作成

オリジナルの画像をベースにして、いくつかの変化を加えた新しい画像を生成する処理を行います。執筆時点では DALL·E 2 でしか提供されていません。

以下のような犬と猫が並んだ画像をもとにして新たな画像を生成したいと思います。

図 5.7.7　犬と猫の画像

次のコードを実行して、API を呼び出します。

```
from openai import OpenAI
from pathlib import Path
import os

DIR_PATH = Path(__file__).resolve().parent
client = OpenAI(api_key="your-api-key")
original_image = "5_7_7_dog_cat.png"

response = client.images.create_variation(
    model="dall-e-2",
    image=open(os.path.join(DIR_PATH, original_image), "rb"),
    n=1,
    size="1024x1024"
)
```

```
image_url = response.data[0].url
print(image_url)
```

client.images.create_variation を実行すると、image 引数で指定した画像のバリエーションを作成する API を呼び出します。

図 5.7.8　作成された犬と猫の画像

5-7-2 画像を入力にして認識する[注13]

GPT-4 with Vision (以下、GPT-4V) と呼ばれるサービスの API を用いることで、画像を伴う質問に答えることができます。

- GPT-4V の特徴
    - GPT-4 に画像理解機能を追加したもの
    - 画像は、リンクや base64 エンコードされた画像を直接リクエストに含めることでモデルに提供される

以下の画像を用いて複数の質問に答えさせましょう。この画像はキューバのレストランと車を撮影したものです。

注 13 https://platform.openai.com/docs/guides/vision

図 5.7.9　キューバのレストランの画像

この画像は、GitHub 上に保存していますのでダウンロードして同じフォルダ内のファイルに以下のコードを記述してください。

現在のところローカル画像を API にリクエストする処理は、requests ライブラリを用いて直接 API に POST リクエストを送る形でドキュメント上には記述されています（おそらく、openai のライブラリを用いた実行方法も近々実装されるかと思われます）。

```
import base64
import requests
from pathlib import Path
import os

DIR_PATH = Path(__file__).resolve().parent

api_key = "your-api-key"

# イメージをbase64エンコードする
def encode_image(image_path):
 with open(image_path, "rb") as image_file:
   return base64.b64encode(image_file.read()).decode('utf-8')



image_name = "5_7_9_cuba.jpg"
base64_image = encode_image(os.path.join(DIR_PATH, image_name))
prompt = "この画像には何が写っていますか？"

# api_keyをヘッダーに含める
```

```
headers = {
 "Content-Type": "application/json",
 "Authorization": f"Bearer {api_key}"
}

payload = {
 "model": "gpt-4-vision-preview",
 "messages": [
   {
     "role": "user",
     "content": [
       {
         "type": "text",
         "text": prompt
       },
       {
         "type": "image_url",
         "image_url": {
           "url": f"data:image/jpeg;base64,{base64_image}"
         }
       }
     ]
   }
 ],
 "max_tokens": 300
}

# リクエストを送信する
response = requests.post("https://api.openai.com/v1/chat/completions", headers=headers, json=payload)

print(response.json())
```

print(response.json()) の結果、以下のように表示されました。

出力

{'id': 'chatcmpl-8U5gWqkGvQnKTOtiSkmAQk2RfVD90', 'object': 'chat.completion', 'created': 1702182384, 'model': 'gpt-4-1106-vision-preview', 'usage': {'prompt_tokens': 1125, 'completion_tokens': 227, 'total_tokens': 1352}, 'choices': [{'message': {'role': 'assistant', 'content': ' この画像には、青い外壁と屋根の装飾が施された2階建ての建物が映っています。建物は海の近くに位置しているようで、水平線と遠くにある船や工場が見えます。前景には2台の車があり、左側には赤いフォルクスワーゲン・ビートル (Volkswagen

Beetle）、右側には青い色のハッチバック車が駐車しています。建物のデザインや近くの環境から判断するに、この画像は海洋関連の施設かレストランの可能性もあるように見えます。空は晴れており、日差しが強いことが感じられます。'}, 'finish_details': {'type': 'stop', 'stop': '<|fim_suffix|>'}, 'index': 0}]}

実行結果を見ると、青い外壁の2階建ての建物のレストラン、遠くにある船や工場、2台の車（赤のフォルクスワーゲン・ビートルと青のハッチバック車）まで正確に画像の内容を読み取っていることがわかります。

実行時にはリクエストヘッダーにAPIキーを、リクエストボディにはgpt-4-vision-previewをモデルとして設定します。

さらに、この画像がどこの国の画像かを次は尋ねてみましょう。コードのpromptの部分をこの画像は「どこの国の画像ですか？」に変えると、以下のとおり出力されました。

出力

'申し訳ありませんが、画像から特定の国を特定することはできません。しかし、青い水辺の建物、古典的なフォルクスワーゲン ビートル、湾を望む景観は、カリブ海地域やラテンアメリカのいくつかの国で見ることのできる風景と似ています。しかし、これは推測に過ぎず、確かな情報ではありませんのでご留意ください。'

具体的な国名までは答えませんでしたが、カリブ海地域の国であることは正確に推測することができました。

また、'detail'パラメータを使用することで、モデルが画像を処理してテキスト理解をする方法を制御できます。payloadの以下の部分に引数を追加します。

```
"image_url": {
    "url": f"data:image/jpeg;base64,{base64_image}"
    "detail": "high"
 }
```

'low'は「低解像度」モデルを使用し、'high'は「高解像度」モデルを使用します。'auto'は画像のサイズに応じて自動的に設定するデフォルトのパラメータです。

トークン数は画像入力をもとに計算され、トークンコストは画像のサイズと各画像のURLブロックの'detail'オプションによって決まります。詳細はドキュメントをご参照ください。

また、画像にインターネット上でアクセス可能なURLが存在する場合には、以下のようにclient.chat.completions.createメソッドを用いて実行できます。

```
response = client.chat.completions.create(
 model="gpt-4-vision-preview",
 messages=[
   {
     "role": "user",
     "content": [
       {"type": "text", "text": "この画像には何が写っていますか？"},
       {
         "type": "image_url",
         "image_url": {
           "url": "https://sample.com/example.jpg",
         },
       },
     ],
   }
 ],
 max_tokens=300,
)
```

5-7-3 音声を出力する[注14]

OpenAIが提供するAPIで、テキストから音声データを出力することも可能です。執筆時点では、tts-1とtts-1-hdの2つのAIモデルが提供されています。複数の言語の音声を作成することができ、英語以外にも日本語の音声も作成することができます。

```
from pathlib import Path
from openai import OpenAI

client = OpenAI(api_key="your-api-key")

speech_file_path = Path(__file__).parent / "speech_shimmer.mp3"
prompt = "私はその人を常に先生と呼んでいた。だからここでもただ先生と書くだけで本名は打ち明けない。"

response = client.audio.speech.create(
    model="tts-1",
    voice="shimmer",
    input=prompt
)
```

注14 https://platform.openai.com/docs/guides/text-to-speech

```
response.stream_to_file(speech_file_path)
```

上記の例では model を tts-1 にしてテキストを音声にしています。stream_to_file を実行すると、指定したパスに mp3 ファイルとして音声データを保存しています。

voice は音声の種類の設定で、alloy, echo, fable, onyx, nova, shimmer の中から選択することができます。

今回作成したファイルは、GitHub 上に「5_7_10_speech.mp3」として配置していますのでご確認ください。

出力フォーマットはデフォルトだと mp3 になっていますが、以下のように response_format を指定することで pus, aac, flac を選択することができます。

```
response = client.audio.speech.create(
    model="tts-1",
    voice="shimmer",
    input=prompt,
    response_format="aac"
)
```

料金は TTS モデルの場合はアルファベット 1,000 文字あたり 0.015 ドル、TTS HD モデルの場合はアルファベット 1,000 文字あたり 0.030 ドルです。

5-7-4 音声を入力にして文字起こしする[注15]

OpenAI の提供する API を用いて、音声データを文字起こしすることも可能です。執筆時点では、Whisper と呼ばれる AI モデルが提供されています。

以下のような用途で使用されます。

- 教育資料の作成：講義やセミナーの音声をテキスト化して再利用する
- ミーティングの記録：会議やインタビューの音声をテキスト化し、記録や議事録として活用する
- メディアコンテンツの字幕生成：映画やビデオの音声をテキスト化し、字幕を生成することができる

注 15 https://platform.openai.com/docs/guides/speech-to-text

以下のコードのように、5-7-3項で作成されたmp3ファイルをバイナリモードで読み込み(open(audio_file_path, "rb"))、client.audio.transcriptions.createのfileパラメータに渡します。

```
from pathlib import Path
from openai import OpenAI

client = OpenAI(
  api_key="your-api-key",
)

audio_file_path = Path(__file__).parent / "speech_shimmer.mp3"
audio_file = open(audio_file_path, "rb")
transcript = client.audio.transcriptions.create(
    model="whisper-1",
    file=audio_file,
    response_format="text",
    language="ja",
)
print(transcript)
# 私はその人を常に先生と呼んでいた。 だからここでもただ先生と書くだけで本命注16は打ち明けない。
```

このとき、modelはwhisper-1を用いています。Whisperサービスの料金は1分あたり0.006ドルで、コストを抑えつつ高品質な書き起こしをすることが可能です。

POINT

- **OpenAIのAPIでは、コスト効率が良く複数の画像生成が可能なDALL·E 2と、高価だが高品質の画像生成が可能なDALL·E 3モデルを使用して、テキストから画像を生成することができる**
- **GPT-4 with Visionに、画像を含む質問に対して詳細な回答を提供することで、画像の内容認識や推測ができる**
- **TTSモデルで、テキストから複数の言語や複数の声の種類で音声データを生成し、さまざまなフォーマットで出力できる**
- **Whisperモデルを使用して音声データをテキストに文字起こしできる**

注16 本書執筆時点では、AIモデルが「本名」を「ほんめい」と誤読しています。このため、ここでは「本命」と出力されていますが、今後AIモデルが改善されれば正しい出力が得られるようになるでしょう。

5-8 画像生成機能をアプリケーションに組み込む

次にDALL·E 3を用いて画像生成する処理をアプリケーションに追加します。「5-5　Flaskで APIを使用したアプリケーションを構築する」で作成したapp.pyに以下の処理を追加して、URLのView関数の処理を定義します。

```
@app.route("/create_image", methods=["GET", "POST"])
def render_create_image_page(): # イメージ作成
    input_text = ""
    image_url = ""
    if request.method == "POST":
        input_text = request.form["input_text"]
        response = client.images.generate(
            model="dall-e-3",
            prompt=input_text,
            size="1024x1024",
            quality="hd",
            style="vivid",
        )
        image_url = response.data[0].url
    return render_template("create_image.html", input_text=input_text, image_url=image_
url)
```

この関数は、URLを「http://127.0.0.1:5000/create_image」とした場合に、画面にcreate_image.htmlを表示します。POSTリクエストの場合には、画像生成APIを呼び出し生成した画像のURLをimage_urlに設定します。create_image.htmlをtemplatesフォルダ内に配布して、以下のように記述しました。

```
<!DOCTYPE html>
<html lang="ja">
    <head>
        <title>画像の生成</title>
        <link rel="stylesheet" href="{{ url_for('static', filename='css/style.css') }}">
    </head>
    <body>
        <header>
```

```
            <nav>
                <a href="{{ url_for('render_summary_page') }}">まとめ</a>
                <a href="{{ url_for('render_send_email_page') }}">メール送信</a>
                <a href="{{ url_for('render_create_image_page') }}">画像生成</a>
            </nav>
        </header>
        <main class="container">
            <p class="description">どんな画像を生成したいか入力してください</p>
            <form action="{{ url_for('render_create_image_page') }}" method="POST">
                <textarea name="input_text" rows="10">{% if input_text is defined %}{{
input_text }}{% endif %}</textarea>
                <input type="submit" value="送信">
            </form>
            {% if image_url %}
            <section class="summary">
                <h2>生成された画像</h2>
                <img src="{{ image_url }}" width="100%">
            </section>
            {% endif %}
        </main>
    </body>
</html>
```

テンプレートにはrender_create_image_pageにPOSTリクエストを送信するFormと、image_urlを表示するimgタグがあります。

Flaskアプリケーションを立ち上げて、「http://127.0.0.1:5000/create_image」にアクセスすると、以下のような画面が表示されます。

画像の生成
127.0.0.1:5000/create_image
まとめ　メール送信　画像生成
どんな画像を生成したいか入力して下さい
送信

図 5.8.1　画面を表示した結果

テキストボックス内に「青い空と白い雲」と記入して、送信ボタンをクリックすると画像が生成されて画面上に表示することができます。

図 5.8.2　生成された画像

以上、Flask のアプリケーションにユーザーの入力をもとに画像を生成する機能を追加しました（生成された画像は、「5_8_created_image.png」という名前で GitHub 上に格納しています）。

5-9 まとめ

本章では、GPT の API を通じて、リクエストを送りレスポンスを取得する方法について説明しました。

1. **API 利用手順：**GPT の API 利用には、キーの発行が必要です。OpenAI の管理画面から API キーを発行する手順を記載しました。
2. **リクエストの設定：**max_tokens、temperature、presence_penalty、frequency_penalty などの引数設定によって、出力の変化を理解することが重要です。
3. **API 利用時の注意点：**トークン数を適切に管理することでコストを抑えることが重要です。tiktoken というライブラリを使用してトークン数を計測したり、古いリクエストとレスポンスをまとめるなどが推奨されます。
4. **アプリケーションの実装：**この API を使用してアプリケーションを構築する例として、Flask を使用した開発方法を示しました。
4. **Function Calling 機能：**外部 API や別の関数を呼び出すときに便利な機能です。ただし、正確な値が返されるかをチェックするしくみを実装することが必要です。
5. **テキスト以外のデータの入出力：**OpenAI の API でテキスト以外の、画像の生成、画像とプロンプトを組み合わせた入力、文字列からの音声の生成、音声からの文字起こしを行えます。

次章では、LangChain の詳細と、LLM の効果的な利用におけるこれらツールの役割と活用方法を解説します。

第6章

LangChainで GPTを有効活用する

本章では、LLM オーケストレーション（管理・自動化）ライブラリの LangChain を紹介します。LangChain の基本的な使用方法から「Index」や「Agent」をはじめとする応用的な活用方法までを解説します。LangChain を理解することで、LLM の機能を最大限引き出すことができるようになります。

6-1 LangChain とは何か

6-1-1 LangChain の全体像

LangChain は、大規模言語モデル（LLM）を活用するためのライブラリです。2022 年 10 月のリリースから半年も経たないうちに、1,000 万ドルの資金調達が実現しました。さらには、AWS や Azure といった大手クラウドプラットフォームでのサポートも追加され、急速にシェアを拡大しています。

以下の構成要素があります。

- Model：LLM の API にリクエスト（質問）を投げて、レスポンス（回答）を得る
- Prompt：プロンプトの作成を効率的に行う
- Memory：ユーザーが LLM へ送信するプロンプトと LLM からの回答を保存して管理する
- Chain：複数の構成要素をつなげてプロンプト作成から出力の解析までの一連の処理を実行する
- Index：さまざまなソースから収集したデータのインデックスを作成し、効率的にデータを検索・取得する
- Agent：ユーザーの入力に応じて LLM が処理を選択し、最終的な結果を得る

Model、Prompt、および Memory は LangChain の基本的な要素であり、Chain、Index、Agent の基盤にもなっています。また、これらの要素は相互に関連しており、組み合わせて利用します。

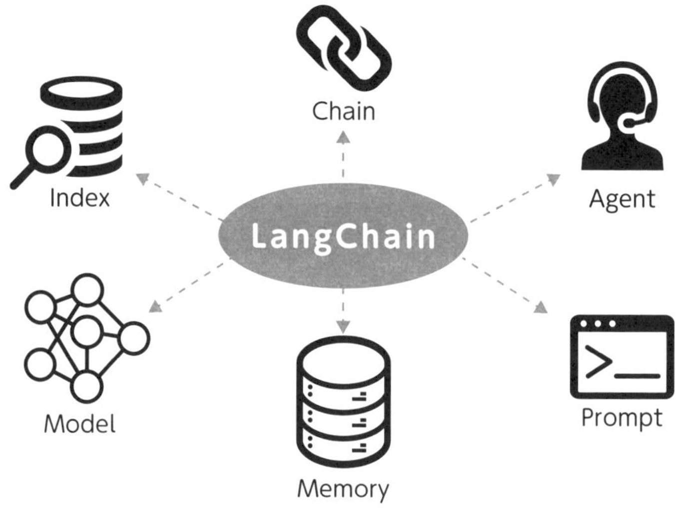

図 6.1.1　LangChain の構成要素

LangChain では、以下のことが可能となります。

- 複雑なプロンプトをテンプレート化する
- 企業内文書の情報、特定の Web サイトからの検索結果を用いる
- LLM からのレスポンスをフォーマット（形式化）して、使用しやすくする
- ユーザーの入力から、AI が処理を自動的に選択して実行する

本章では、LangChain の主要な要素とその使用方法を詳細に紹介します。さらに、これらの要素をどのように組み合わせて活用できるかの実践的な方法も解説します。

6-1-2 LangChain の使用を開始する

Python の仮想環境上に LangChain のインストールを行ってください。LangChain は、JavaScript 向けのライブラリも提供されていますが、今回は Python 向けのライブラリを扱います。まずインストールを行います。インストールの際には、openai のライブラリも同時にインストールをしましょう。

```
pip install langchain==0.0.350 openai==1.3.8
```

OpenAIのAPIを扱うため、APIキーの発行をしてください。LangChainの利用開始前に、発行したAPIキーの設定を行います。APIキーの設定方法には、環境変数と、モデルのインスタンス作成時の2通りの方法があります。

環境変数への設定（Macの場合はsetではなくexport）

```
set OPENAI_API_KEY="API KEY"
```

インスタンス作成時にAPIキーを設定する方法もあります（本章ではこの方法を用います）。

```
llm = OpenAI(openai_api_key="API KEY")
```

まずはLangChainを用いて、APIに問い合わせる処理を実行してみましょう。OpenAIクラスを用います。

```
from langchain.llms import OpenAI
# Modelを実行する
llm = OpenAI(openai_api_key="your-api-key")
response = llm.invoke("こんにちは")
print(response)
```

「こんにちは。」と表示される

このようにinvokeメソッドを実行すれば、文字列を引数にしてAPIを呼び出して出力を取得できます。モデルの名前を変更する場合、次のように引数を設定してください。

```
llm = OpenAI(model_name="gpt-3.5-turbo-instruct", openai_api_key="your-api-key")
```

2023年8月時点では、デフォルトはtext-davinci-003

model_nameに、利用したいモデルの名前を指定します。また、第5章で触れた変数（max_tokens, temperature, frequency_penalty, presence_penalty）の設定も可能です。これらの変数はデフォルト値として、それぞれ256、0.7、0、0が指定されています。

```
llm = OpenAI(temperature=2.0, model_name="gpt-3.5-turbo-instruct", max_tokens=100,
            openai_api_key="API KEY")
response = llm.invoke("何か面白いことを話して下さい")
print(response)
```

「数字よabric367ふ」以下意味不明な出力がされる

次に、このLLMへの問い合わせ機能について詳細に解説します。

6-2 Model I/O で問い合わせを行う

Model I/O は、LLM への問い合わせをする機能です。本書では GPT への問い合わせを行いますが、GPT 以外の LLM への問い合わせも可能ですし、コードの一部を変更すれば gpt-3.5 から gpt-4 や他のモデルへの変更も簡単に行えます。主に以下の 2 つのモジュールがあります。

- LLMs：文字列を入力とし、LLM から出力を得るシンプルなモジュール
- Chat Models：話者（例："System"、"AI"、"Human"）のラベルで区別されたメッセージのリストを入力とし、LLM から返答を得るモジュール

6-2-1 LLMs で API に問い合わせる

OpenAI の GPT モデル[注1] にアクセスするためのクラスである OpenAI クラスを使用します。まずは、Open AI の API キーやモデル名、max_tokens、temperature などを指定して初期化しましょう。

```
from langchain.llms import OpenAI
openai_llm = OpenAI(max_tokens=100, openai_api_key="API KEY")
```

このとき作成されたインスタンス openai_llm を用いて、LLM への問い合わせを行います。

```
response = openai_llm.invoke("日本の首都はどこですか？")
print(response) # 日本の首都は東京です。
```

invoke メソッドは文字列を引数に取って API を呼び出し、LLM からの応答を文字列で取得します。

より詳細なレスポンスを得るには、文字列のリストを用いて generate メソッドを呼び出します。このメソッドを使用すると、トークン数などの情報も取得できます。

注 1　LLMs は対象の LLM ごとにさまざまなクラスが用意されています。OpenAI のモデル以外にも、HuggingFace、Azure OpenAI などたくさんのモデルから選択できます。
https://python.langchain.com/docs/integrations/llms/

```
response = openai_llm.generate(["日本の首都はどこですか？", "アメリカの首都はどこですか？"])
print(type(response.generations)) # <class 'list'>
print(response.generations)
# [[Generation(text='\n\n日本の首都は東京都です。', generation_info={'finish_reason':
'stop', 'logprobs': None})], [Generation(text='\n\nワシントンD.C.', generation_
info={'finish_reason': 'stop', 'logprobs': None})]]
```

response.generationsはリスト型で、2つの質問に対する回答やfinish_reason、logprobsなどの情報も同時に含まれています。回答のみを取り出す場合、次の方法で操作します。

```
print(response.generations[0][0].text)  # \n\n日本の首都は東京都です。
print(response.generations[1][0].text)  # \n\nワシントンD.C.
```

llm_outputプロパティにアクセスすると、トークン数を取得できます。

```
print(response.llm_output)
# {'token_usage': {'total_tokens': 70, 'completion_tokens': 32, 'prompt_tokens': 38},
'model_name': 'text-davinci-003'}
print(response.llm_output.get("token_usage").get("total_tokens")) # 70
```

入力文字列のトークン数を確認する際は、get_num_tokensメソッドを活用してください。これを使用することで、API呼び出しをせずに、入力トークン数のチェックが行えます。ただし実行にはtiktokenライブラリが必要ですので、「pip install tiktoken」でインストールを行ってください。

```
print(openai_llm.get_num_tokens("日本の首都はどこですか。")) # 17
```

6-2-2 InMemoryキャッシュを利用する

キャッシュを使用すると、同一文字列のリクエストに対しては、APIの再呼び出しが行われずにキャッシュ内の値を取得します。これにより、API呼び出しのコストの節約とレスポンス速度の向上ができます。

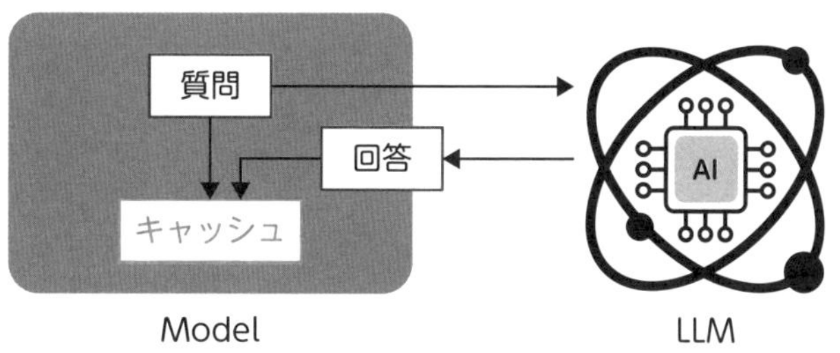

図 6.2.1　キャッシュに質問と回答を保存する

キャッシュの格納先は、以下から選択できます注2。

- InMemory：PC のメモリ内キャッシュを使用
- SQLite：SQLite を利用
- Redis：Redis を利用
- SQLAlchemy：SQLAlchemy を通じてさまざまなデータベースに接続
- GPTCache：GPTCache ライブラリを使用して、類似性に基づきキャッシュ
- MomentoCache：Momento キャッシュサービスを利用

InMemory キャッシュを使用する場合、リクエストとレスポンスが PC のメモリ内に保存されます。再リクエスト時には、メモリ上のキャッシュから該当の値を取得します。このキャッシュの利用を設定するには、次の手順でグローバルな設定を行います。

```
from langchain.cache import InMemoryCache
from langchain.globals import set_llm_cache

set_llm_cache(InMemoryCache())
```

この設定をすると、LLMs のインスタンスはキャッシュを自動で使用するようになります。

```
from langchain.llms import OpenAI

openai_llm = OpenAI(max_tokens=100, openai_api_key="your-api-key")
```

注2　詳細は以下をご覧ください。
https://python.langchain.com/docs/integrations/llms/llm_caching

```
response = openai_llm.generate(["面白いことを話してください"])
print(response.generations[0][0].text)
# 最近、私が見ているテレビ番組では、ある番組のMCが、最後に「そうですね！」と言っていました。そして、次の番組へのパラレルなのですが、MCは「そうですね！」と言うべきつもりで「そうですよ！」と言ってしまいました。すると、スタジオのみんなが爆笑したのです！
print(response.llm_output)
# {'token_usage': {'total_tokens': 191, 'completion_tokens': 173, 'prompt_tokens': 18},'model_name': 'text-davinci-003'}
```

初回の実行ではキャッシュが存在しないため、total_tokens は 191 となり、LLM への問い合わせが行われます。

同じリクエストをもう一度試してみましょう。

```
response = openai_llm.generate(["面白いことを話してください"])
print(response.generations[0][0].text)
# 最近、私が見ているテレビ番組では、ある番組のMCが、最後に「そうですね！」と言っていました。そして、次の番組へのパラレルなのですが、MCは「そうですね！」と言うべきつもりで「そうですよ！」と言ってしまいました。すると、スタジオのみんなが爆笑したのです！
print(response.llm_output) # {}
```

2 回目の実行時、llm_output の値は空となっており、LLM への問い合わせが行われていないことが確認できます。また、デフォルトでは LLM の temperature が 0.7 に設定されているにも関わらず、キャッシュを使用しているため完全に同一の出力が得られたことがわかります。キャッシュを活用することで、LLM への不要な呼び出しを回避し、使用量を節約できます。ただ、都度異なる内容の出力を求める場合は、キャッシュの機能を無効にしてください。インスタンス生成時に cache 引数を False に設定すれば、キャッシュを無効化した状態で初期化できます。

```
openai_llm = OpenAI(openai_api_key="API KEY", cache=False, max_tokens=100)
```

このようにしてインスタンスを作成すると、キャッシュされなくなります。

```
response = openai_llm.generate(["面白いことを話してください"])
print(response.generations[0][0].text)
# 私の妹は、最近プリントアウトした厨二病の診断テストを受けました。結果は、最高級の「厨二王子」として確定しました！
print(response.llm_output)
# {'token_usage': {'total_tokens': 104, 'completion_tokens': 86, 'prompt_tokens': 18}, 'model_name': 'text-davinci-003'}
```

SQLiteによるキャッシュを利用すると、キャッシュ情報はファイルに保存されます。InMemoryのキャッシュとは異なり、アプリケーションが終了してもキャッシュデータは保持され、再利用可能です。

```
from langchain.cache import SQLiteCache
from langchain.globals import set_llm_cache
set_llm_cache(SQLiteCache(database_path=".langchain.db"))
response = openai_llm.generate(["面白いことを話してください"])
```

具体的には、「.langchain.db」という名前のDBファイルが生成され、そこにLLMのリクエストとレスポンス情報が保存されます。

キャッシュのグローバル設定をプログラム内で無効にするには、以下のようにします。

```
set_llm_cache(None)
```

6-2-3 Chat Modelsを用いて対話形式でAPIに問い合わせる

対話形式でLLMを使用する場面では、Chat Modelsが役立ちます。LLMsを用いると、独立した入力へのレスポンスが得られますが、Chat Modelsを使用すると、対話形式で連続的な入力を設定できます。以下のようなクラスのインスタンスを用いてMessageを管理します。

- AIMessage：LLMから返されるMessageを扱う（GPTのAPIにおける"assistant"に相当）
- HumanMessage：ユーザーからの入力Messageを扱う（"user"に相当）
- SystemMessage：システムからのMessageを扱う（"system"に相当）

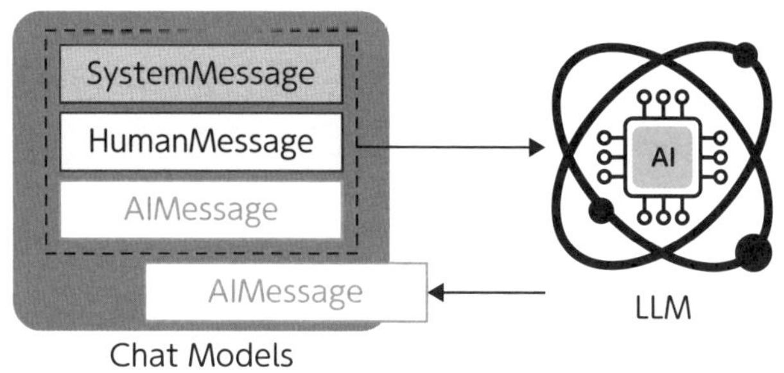

図6.2.2　Chat Modelsで複数のMessageをまとめて投げる

Chat Modelsには、対象のLLMに対応したさまざまなクラス[注3]が与えられています。まずはChat Modelsの1つ、ChatOpenAIのインスタンスを作成しましょう。

```
from langchain.chat_models import ChatOpenAI
chat_model = ChatOpenAI(max_tokens=300, openai_api_key="API KEY")
```

上記のChatOpenAIのインスタンス（chat）を使って、APIにリクエストを送ります。AI、Human、Systemでそれぞれ、AIMessage、HumanMessage、SystemMessageに分けます。

```
from langchain.schema import AIMessage, HumanMessage, SystemMessage

system_message = SystemMessage(content="文章を英語に翻訳してください")
human_message = HumanMessage(content="私はPythonを勉強しています")
print(chat_model.invoke([system_message, human_message]))
```

APIを呼び出すときは、[system_message, human_message]として、Message一覧をリストで渡します。レスポンスは、AIMessageクラスのインスタンスが返されます。今回は「I am studying Python.」が格納されています。アクセスするには、contentプロパティを指定します。

```
chat_response = chat_model([system_message, human_message])
print(chat_response.content) # I am studying Python.
```
戻り値にアクセスする

LLMsと同様、generateメソッドを用いれば、複数の別々のチャットメッセージのリストをAPIに送信し、より詳細なレスポンス情報を取得できます。

```
chat_response = chat_model.generate([
    [
        SystemMessage(content="文章を英語に翻訳してください"),
        HumanMessage(content="ChatGPTの本を読んでいます")
    ],
    [
        SystemMessage(content="文章を英語に翻訳してください"),
        HumanMessage(content="第5章までは読みました")
    ],
])
```

注3　https://python.langchain.com/docs/integrations/chat/

このとき、responseにはAPIから返された値がリストで格納されています。

```
print(chat_response.generations[0][0])
# text='I am reading a book about ChatGPT.' generation_info={'finish_reason': 'stop'}
message=AIMessage(content='I am reading a book about ChatGPT.', additional_kwargs={},
example=False)

print(chat_response.generations[0][0].text) # I am reading a book about ChatGPT.
print(chat_response.llm_output)
# {'token_usage': {'prompt_tokens': 66, 'completion_tokens': 19, 'total_tokens': 85},
'model_name': 'gpt-3.5-turbo'}
```

generationsを参照すれば、LLMからの各Messageを取得できます。さらに、llm_outputプロパティには使用したトークン数が格納されています。

キャッシュの設定もLLMsと同様に行うことができます。同一リクエストを繰り返す際には、キャッシュを活用することで高速な処理とトークン使用量の削減を実現できます。

get_num_tokens_from_messagesメソッドにMessageリストを引数として渡せば、APIを呼び出さずに入力トークン数を計算できます。

```
print(chat_model.get_num_tokens_from_messages([
    SystemMessage(content="文章を英語に翻訳してください"),
    HumanMessage(content="ChatGPTの本を読んでいます")
])) # 36
```

LLMsとChat Modelsの両方で利用可能なpredictメソッドがあります。このメソッドは、文字列を引数に受け取り、文字列を返す機能を持っています。

```
from langchain.llms import OpenAI
openai_llm = OpenAI(max_tokens=100, openai_api_key="API KEY")
openai_llm.predict("こんにちは") # お元気ですか？
chat_model.predict("こんにちは") # こんにちは！どのようなご用件でしょうか？
```

predict_messagesメソッドもLLMsとChat Modelsで同じように利用できます。このメソッドは、Messageインスタンスのリストを引数として、AIMessageのインスタンスを返します。

```
system_message = SystemMessage(content="文章を英語に翻訳してください")
human_message = HumanMessage(content="私はPythonを勉強しています")
```

```
openai_llm.predict_messages([system_message, human_message])
# AIMessage(content='\n\nSystem: I am studying Python.', additional_kwargs={},
example=False)

chat_model.predict_messages([system_message, human_message])
# AIMessage(content='I am studying Python.', additional_kwargs={}, example=False)
```

predict や predict_messages を使用すれば、LLMs と Chat Models を区別なく扱い、同じインスタンスの結果を得ることが可能です。

最後に「5-3　API でチャットボットを作成する」で作成したチャットボットを Chat Models で再構築しましょう。

```
import openai
from langchain.chat_models import ChatOpenAI
from langchain.schema import AIMessage, HumanMessage, SystemMessage

# ChatOpenAIインスタンスを初期化
chat_llm = ChatOpenAI(max_tokens=500, openai_api_key="API KEY")
summarize_llm = ChatOpenAI(max_tokens=200, openai_api_key="API KEY")

# 会話の履歴を保存するリスト
conversation_history = []
max_allowed_tokens = 100
question_count = 0

# ユーザーの質問が10回になるまでループ
while question_count < 10:
    user_input = input("質問内容を入力してください: ")
    human_message = HumanMessage(content=user_input)

    # ユーザー入力のトークン数を取得
    user_input_tokens = chat_llm.get_num_tokens_from_messages([human_message])

    # トークン数が制限を超えていれば警告を出力
    if user_input_tokens > max_allowed_tokens:
        print(f'入力文字列が長いです。{max_allowed_tokens}トークン以下にしてください。')
        continue  # 最初からループをやり直し

    # ユーザー入力を会話履歴に追加
    conversation_history.append(human_message)

    # チャットボットからの返答
    chatbot_response = chat_llm.predict_messages(conversation_history)
```

```
    conversation_history.append(chatbot_response)

    # トークン数が制限を超えていれば、会話を要約
    total_tokens = chat_llm.get_num_tokens_from_messages(conversation_history)
    if total_tokens > max_allowed_tokens:
        conversation_history.append(
            SystemMessage(content="これまでの会話をすべて要約してください。")
        )
        summary = summarize_llm.predict_messages(conversation_history)
        summary_message = summary.content

        # 会話履歴を要約だけにする
        conversation_history = [
            SystemMessage(content=f"過去の要約: {summary_message}")
        ]

    print(conversation_history) # 会話履歴を表示
    question_count += 1
```

上記は、第 4 章で紹介したシンプルなチャットボットです。トークン数が過大にならないかを確認し、指定サイズを超えた場合に要約を生成するなどの処理を実装しています。このように、LangChain を活用してチャットボットのアプリケーションを構築できました。

POINT

- **OpenAI クラスを使用すれば、OpenAI の GPT モデルに単一の質問を投げ、回答や関連情報を取得できる**
- **Chat Models を使用すると、一連の対話形式の API リクエストを簡単に管理し、連続的な対話を通じて情報の取得が可能となる**
- **InMemory や SQLite などのキャッシュを使用して、API 呼び出しコストを節約し、再利用可能なレスポンスを高速で取得できる**

6-3 Memory に Message を格納する

Memory は、LLM へのユーザーの問い合わせと LLM からの返答を効率的に格納する機能です。前回のチャットボットでは、過去のユーザー入力を「conversation_history」というリストに保存しました。しかし、LangChain には、情報を保存・管理する「Memory」という専用の機能が備わっています。「Memory」には複数の種類がありますが、それぞれの利用法を本節では解説します。

6-3-1 ConversationBufferMemory

ConversationBufferMemory は、Message を記録するシンプルな機能を提供します。

```
from langchain.memory import ConversationBufferMemory

memory = ConversationBufferMemory()
memory.chat_memory.add_user_message("こんにちは")
memory.chat_memory.add_ai_message("どうしましたか？")
memory.chat_memory.add_user_message("太陽系の惑星は何個ありますか？")
memory.chat_memory.add_ai_message("8個あります。水星、金星、地球、火星、木星、土星、天王星、
および海王星です。")
```

上記のように、chat_memory プロパティの add_user_message メソッドを使用すると、ユーザーの Message を追加できます。add_ai_message は AI の Message を追加できます。ConversationBufferMemory に保存された Message を取得するには、load_memory_variables メソッドを使い、引数として空のセット（{}）を渡します。

```
print(memory.load_memory_variables({}))
# {'history': 'Human: こんにちは\nAI: どうしましたか？\nHuman: 太陽系の惑星は何個ありますか？
\nAI: 8個あります。水星、金星、地球、火星、木星、土星、天王星、および海王星です。'}
```

load_memory_variables を実行すると、保存された会話履歴が辞書型で返されます。

```
memory.load_memory_variables({})['history']
# 'Human: こんにちは\nAI: どうしましたか？\nHuman: 太陽系の惑星は何個ありますか？\nAI: 8個あり
ます。水星、金星、地球、火星、木星、土星、天王星、および海王星です。'
```

historyキーを指定することで、チャットの履歴を文字列として取得できます。上記のような文字列ではなく、Messageのリスト形式でレスポンスを得たい場合には、初期化時にreturn_messagesをTrueに設定してください。load_memory_variablesを実行すると、ここまで格納した会話の履歴をMessageインスタンスのリスト形式で返してくれます。

```
memory = ConversationBufferMemory(return_messages=True)
memory.chat_memory.add_user_message("こんにちは")
memory.chat_memory.add_ai_message("どうしましたか？")
print(memory.load_memory_variables({}))
# {'history': [HumanMessage(content='こんにちは'), AIMessage(content='どうしましたか？')]}
```

load_memory_variablesを実行すると、Message (HumanMessage, AIMessage) がリスト型として辞書に格納されていることがわかります。

また、add_user_messageやadd_ai_messageの代わりにadd_messageを使用することで、systemのMessageも格納できます。

```
from langchain.schema import AIMessage, HumanMessage, SystemMessage

memory = ConversationBufferMemory(return_messages=True)
memory.chat_memory.add_message(SystemMessage(content="メッセージを要約してください"))
memory.chat_memory.add_message(HumanMessage(content="太陽系の惑星は何個ありますか？"))
memory.chat_memory.add_message(AIMessage(content="8個あります。水星、金星、地球、火星、木星
、土星、天王星、および海王星です。"))
print(memory.load_memory_variables({}))
# {'history': [SystemMessage(content='メッセージを要約してください'), HumanMessage(content='
太陽系の惑星は何個ありますか？'), AIMessage(content='8個あります。水星、金星、地球、火星、木星、
土星、天王星、および海王星です。')]}
```

load_memory_variablesを実行すると、SystemModel、HumanMessage、AIMessageの内容が表示されます。

以下のように、save_contextメソッドを利用すると、2つの辞書型オブジェクトを引数として、Messageを格納できます。1つ目の引数はキーをinputにしてユーザーのMessageを、2つ目の引数はキーをoutputにしてAIのMessageを辞書型で指定しています。

```
memory = ConversationBufferMemory(return_messages=True)
memory.save_context({"input": "太陽系の惑星は何個ありますか？"}, {"output": "8個あります。水星、金星、地球、火星、木星、土星、天王星、および海王星です。"})
print(memory.load_memory_variables({}))
# {'history': [HumanMessage(content='太陽系の惑星は何個ありますか？'), AIMessage(content='8個あります。水星、金星、地球、火星、木星、土星、天王星、および海王星です。')]}
```

格納されたMessageを全削除するには、clearメソッドを実行してください。

```
memory.clear()
print(memory.load_memory_variables({})) # {'history': []}
```

Memoryのデータをそのまま Chat Models に指定して、API 呼び出し時の引数にするには、load_memory_variablesの戻り値を引数に設定すればよいです。

```
from langchain.schema import HumanMessage
from langchain.memory import ConversationBufferMemory
from langchain.chat_models import ChatOpenAI

chat_model = ChatOpenAI(max_tokens=300, openai_api_key="your-api-key")

memory = ConversationBufferMemory(return_messages=True)
memory.chat_memory.add_message(HumanMessage(content="こんにちは"))
response = chat_model.generate([
    memory.load_memory_variables({})['history']
])
```

generateメソッドには、load_memory_variablesから取得したMessageのリストを引数として設定します。Memoryの利用により、ユーザーの質問内容とAIの応答を明確に整理できました。

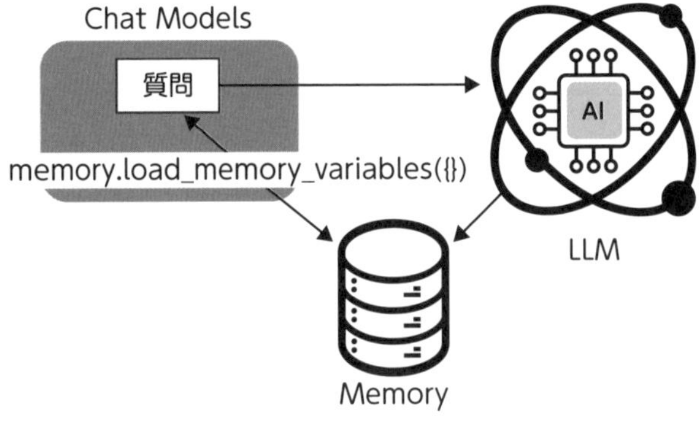

図 6.3.1　Memoryから履歴を取得する

6-3-2 ConversationBufferWindowMemory

ConversationBufferWindowMemoryは、最新のk回分の対話だけを取得するMemoryです。これは、保存する情報量を適切に制限するために役立ちます。たとえば、kが1の場合、最後のユーザーとAIのMessage、つまり最新の2つのものだけが取得されます。トークンの使用量を最小限に抑えるだけでなく、チャットボットの動作もシンプルにできます。

```
from langchain.memory import ConversationBufferWindowMemory

memory = ConversationBufferWindowMemory(return_messages=True, k=1)
memory.chat_memory.add_user_message("こんにちは")
memory.chat_memory.add_ai_message("どうしましたか？")
memory.chat_memory.add_user_message("太陽系の惑星は何個ありますか？")
memory.chat_memory.add_ai_message("8個あります。水星、金星、地球、火星、木星、土星、天王星、
および海王星です。")

print(memory.load_memory_variables({}))
# {'history': [HumanMessage(content='太陽系の惑星は何個ありますか？'), AIMessage(content='8
個あります。水星、金星、地球、火星、木星、土星、天王星、および海王星です。')]}
```

kを1に設定すると、最新の2つのMessageのみが取り出されます。これでトークン使用量を減らすことはできますが、以下のように古いMessageは取り出されないので、注意が必要です。

```
from langchain.schema import AIMessage, HumanMessage,  SystemMessage
memory = ConversationBufferWindowMemory(return_messages=True, k=1)
memory.chat_memory.add_message(SystemMessage(content="メッセージを要約してください"))
memory.chat_memory.add_message(HumanMessage(content="太陽系の惑星は何個ありますか？"))
memory.chat_memory.add_message(AIMessage(content="8個あります。水星、金星、地球、火星、木星
、土星、天王星、および海王星です。"))
print(memory.load_memory_variables({}))
# {'history': [HumanMessage(content='太陽系の惑星は何個ありますか？'), AIMessage(content='8
個あります。水星、金星、地球、火星、木星、土星、天王星、および海王星です。')]}
```

上記のように、古いSystemMessageはload_memory_variablesの実行結果から表示されていないことがわかります。この場合、本来の目的である「メッセージを要約する」処理が実行されません。

Chat Modelsで使用する際には、ConversationBufferMemoryと同様に、引数にload_memory_variablesの戻り値を設定すればよいです。

```
from langchain.chat_models import ChatOpenAI

chat_model = ChatOpenAI(max_tokens=300, openai_api_key="API KEY")
response = chat_model.generate([
    memory.load_memory_variables({})['history']
])
```

6-3-3 ConversationTokenBufferMemory

ConversationTokenBufferMemoryを使用すると、指定したトークン数までしかMessageが格納されなくなります。トークン数を超えるMessageを追加しようとすると、古いものが自動で削除されます。Messageの追加には「save_context」を使用してください（2023年12月時点（バージョン0.0.350）で、トークン数のチェック機能は「save_context」メソッド以外のMessage追加処理には実装されていないようです）。

利用する際は、初期化時に「llm」を指定してください。これは、トークン数を計算する対象モデルを特定するために必要なパラメータで、API呼び出しはsave_contextの時点ではされません。

```
from langchain.memory import ConversationTokenBufferMemory
from langchain.chat_models import ChatOpenAI

chat_model = ChatOpenAI(max_tokens=300, openai_api_key="API KEY")

# Memoryの初期化
memory = ConversationTokenBufferMemory(llm=chat_model, max_token_limit=20)
memory.save_context({"input": "こんにちは"}, {"output": "どうも"}) # トークン数のチェック
memory.save_context({"input": "元気ですか？"}, {"output": "まあまあですね"}) # トークン数の
チェック
print(memory.load_memory_variables({}))
# {'history': 'AI: まあまあですね'}
```

上記の例では、max_token_limitを20に設定しています。この設定をすると、トークン数が20を超えると古いMessageは取り出されなくなります。例では、「まあまあですね」より前のMessageが表示されないことがわかります。

6-3-4 ConversationSummaryMemory

ConversationSummaryMemoryでは、Messageを格納する際に、そのMessageと過去の対

話の要約を組み合わせて新しい要約を生成して履歴として保持します。

load_memory_variablesを使用すると、要約の結果が直接返されます。Messageの追加は、save_contextメソッド内で行います。この際に、Messageは自動で要約されます。

```
from langchain.memory import ConversationSummaryMemory
from langchain.chat_models import ChatOpenAI

# ChatOpenAIインスタンスを初期化
chat_model = ChatOpenAI(max_tokens=300, openai_api_key="API KEY")

# ConversationSummaryMemoryを初期化して、 Messageを格納
memory = ConversationSummaryMemory(llm=chat_model)
memory.save_context({"input": "こんにちは"}, {"output": "どうも"})
print(memory.load_memory_variables({}))
# {'history': 'The human greets the AI in Japanese. The AI responds with a simple greeting.'}

# Messageを格納
memory.save_context({"input": "今日の天気はどうなりますか?"}, {"output": "申し訳ございませんが、私はリアルタイムの天気情報を持っていません。"})
print(memory.load_memory_variables({}))
# {'history': "The human greets the AI in Japanese and asks about tomorrow's weather. The AI apologizes and says it does not have real-time weather information."}
```

Message格納の際には、APIへ問い合わせを行い要約された結果を格納するため、API呼び出しの料金がかかります。さらに、現在は英語ベースでの問い合わせであり、英語が返されることもあります。

このため、コスト面を考慮すればConversationSummaryMemoryをそのまま使用するのは推奨されません。もし使用したいのであれば、カスタマイズしてコストを抑えるようにしましょう。

6-3-5 ConversationSummaryBufferMemory

ConversationSummaryBufferMemoryもMessageの要約を行いますが、要約方法や取得されるMessage内容が異なります。指定トークン数(デフォルトは2,000)を超えると要約が行われ、load_memory_variablesでは、要約と最新のMessageを組み合わせたものが取得されます。

```
from langchain.memory import ConversationSummaryBufferMemory
from langchain.chat_models import ChatOpenAI

```

```
# ChatOpenAIインスタンスを初期化
chat_model = ChatOpenAI(max_tokens=200, openai_api_key="API KEY")

memory = ConversationSummaryBufferMemory(llm=chat_model, max_token_limit=60)
memory.save_context({"input": "今日の天気はどうなりますか？"}, {"output": "申し訳ございませんが、私はリアルタイムの天気情報を持っていません。"})
print(memory.load_memory_variables({}))
# {'history': 'Human: 今日の天気を教えてください。\nAI: 申し訳ございませんが、私はリアルタイムの天気情報を持っていません。'}
```

この状態では、指定したトークン数（60）を超えていないため、まだ要約はされていません。

```
memory.save_context({"input": "明日の天気を教えてください。"}, {"output": "申し訳ございませんが、私はリアルタイムの天気情報を持っていません。"})
print(memory.load_memory_variables({}))
# {'history': "System: The human asks about today's weather. The AI apologizes and says it does not have real-time weather information.\nHuman: 明日の天気を教えてください。\nAI: 申し訳ございませんが、私はリアルタイムの天気情報を持っていません。"}
```

2度目のsave_contextの結果を見ると、SystemのMessageが要約され、内容が英語になっていることがわかります。また、「Human: 明日の天気を教えてください。\nAI: 申し訳ございませんが、私はリアルタイムの天気情報を持っていません。」といった新しいMessageも表示されています。

このように、ConversationSummaryBufferMemoryは、これまでのMessageの要約＋最新のMessageを保持する設計になっています。

ConversationSummaryBufferMemoryを拡張したカスタムクラス

この要約時の英語表記を改善するには、ConversationSummaryBufferMemoryを拡張したカスタムクラスを作成するとよいです。詳細は省略しますが、下記のカスタマイズクラスでは、要約の方法を定義するpredict_new_summaryをオーバーライドします。このメソッドは、langchain.memory.summary.SummarizerMixinにも存在しています。

```
from langchain.schema.messages import get_buffer_string
from langchain.chains.llm import LLMChain
from langchain.prompts.prompt import PromptTemplate
from langchain.memory import ConversationSummaryBufferMemory
```

```
CUSTOM_DEFAULT_SUMMARIZER_TEMPLATE = """履歴と最新の会話を要約してください。
    # 履歴
    {summary}

    # 最新の会話
    Human: {new_lines}

    出力:
    """

CUSTOM_SUMMARY_PROMPT = PromptTemplate(
    input_variables=["summary", "new_lines"], template=CUSTOM_DEFAULT_SUMMARIZER_TEMPLATE
)

from langchain.schema.messages import get_buffer_string
from langchain.chains.llm import LLMChain
from langchain.prompts.prompt import PromptTemplate
from langchain.memory import ConversationSummaryBufferMemory

CUSTOM_DEFAULT_SUMMARIZER_TEMPLATE = """履歴と最新の会話を要約してください。
# 履歴
{summary}
# 最新の会話
Human: {new_lines}
出力:
"""
CUSTOM_SUMMARY_PROMPT = PromptTemplate(
   input_variables=["summary", "new_lines"], template=CUSTOM_DEFAULT_SUMMARIZER_TEMPLATE
)
class CustomConversationSummaryBufferMemory(ConversationSummaryBufferMemory):
   prompt = CUSTOM_SUMMARY_PROMPT
```

上記の例では、CUSTOM_DEFAULT_SUMMARIZER_TEMPLATEという変数を使用しており、この変数内の文章が要約時のAPI問い合わせに利用されます。コード内で使用されているPromptTemplateについては、次節で詳しく紹介します。

```
from langchain.chat_models import ChatOpenAI

# ChatOpenAIインスタンスを初期化
chat_model = ChatOpenAI(max_tokens=200, openai_api_key="API KEY")
memory = CustomConversationSummaryBufferMemory(llm=chat_model, max_token_limit=60)
memory.save_context({"input": "今日の天気はどうなりますか？"}, {"output": "申し訳ございませんが、私はリアルタイムの天気情報を持っていません。"})
```

```
memory.save_context({"input": "明日の天気を教えてください。"}, {"output": "申し訳ございませんが、私はリアルタイムの天気情報を持っていません。"})
print(memory.load_memory_variables({}))
# {'history': 'System: 人間が今日の天気について尋ねた。\nAI: 申し訳ございませんが、私はリアルタイムの天気情報を持っていません。\nHuman: 明日の天気を教えてください。\nAI: 申し訳ございませんが、私はリアルタイムの天気情報を持っていません。}
```

「System: 人間が明日の天気について尋ねた。」という日本語の要約結果が表示されるようになりました。

LangChain は英語ベースで開発されているため、適切なカスタマイズが求められる場面もあります。Memory のカスタマイズ方法に関しては、公式ドキュメントにも詳しく記載されていますので、そちらも参照してください[注4]。

最後に、ConversationBufferWindowMemory を用いて、チャットボットを作り替えましょう。直近 2 つの対話だけを使用するように仕様を変更しています。

```
from langchain.chat_models import ChatOpenAI
from langchain.schema import AIMessage, HumanMessage, SystemMessage
from langchain.memory import ConversationBufferWindowMemory

# ChatOpenAIインスタンスを初期化
chat_llm = ChatOpenAI(
    max_tokens=500, openai_api_key="API KEY")

# 会話の履歴を保存するMemory
conversation_memory = ConversationBufferWindowMemory(return_messages=True, k=2)

question_count = 0
# ユーザーの質問が10回になるまでループ
while question_count < 10:
    user_input = input("質問内容を入力してください: ")
    human_message = HumanMessage(content=user_input)

    # ユーザー入力をMemoryに追加
    conversation_memory.chat_memory.add_message(human_message)
    print(type(conversation_memory.load_memory_variables({})['history']))
    print(conversation_memory.load_memory_variables({})['history'])
    # チャットボットからの返答（このとき、Memoryから過去の2回の対話を取り出す)
    chatbot_response = chat_llm.predict_messages(
        conversation_memory.load_memory_variables({})['history'],
    )
```

注 4　https://python.langchain.com/docs/modules/memory/custom_memory

```
conversation_memory.chat_memory.add_message(chatbot_response)

print(conversation_memory.load_memory_variables({}))
question_count += 1
```

POINT

- **ConversationBufferMemoryは、ユーザーとAIのMessageを明確に区別して保存することでChat Modelsの利用を効率化する**
- **ConversationBufferWindowMemoryは、最新のk回分の対話のみを取得する**
- **ConversationTokenBufferMemoryでは、指定トークン数内を超えると古いMessageは取得されなくなる**
- **ConversationSummaryMemoryは、新しい対話を追加するたびに既存の要約と結合して継続的に要約を保持する**
- **ConversationSummaryBufferMemoryは、指定トークン数を超えると、Messageが要約され、その要約と最新の問い合わせ情報を結びつけて保持する**
- **Chat Modelsを使用する際、load_memory_variablesの結果を引数として提供することで、Memoryからのデータを活用できる**
- **一部のMemoryモジュールは、英語を前提として作られているため、カスタマイズが必要になる場合もある**

6-4 PromptTemplateを活用する

PromptTemplateは、文字どおりプロンプトの型を作成する機能で、LLMへの処理を呼び出すときに作成した型の一部を動的に変換して最終的なプロンプトを作成できます。Output Parserを用いれば、出力された内容を利用しやすいフォーマットへと簡単に変換することができます。

6-4-1 PromptTemplate

PromptTemplateは、特定の型のプロンプトを生成するモジュールで、変数を型の中に埋め込むことができます。

```
from langchain.prompts import PromptTemplate

prompt_template = PromptTemplate.from_template(
    "{subject}の{content}について教えてください。"
)
print(prompt_template.format(subject="給料", content="増やし方"))
# 給料の増やし方について教えてください。
```

PromptTemplate.from_templateを使用すると、Pythonのf文字列のように動的に変換する部分を設定できます。波括弧{}の中の文字は変数として扱われ、formatメソッドを通じて値を割り当てられます。

たとえば、以下のコードに対して、prompt_template.format(subject="給料", content="増やし方")を実行すると、「給料の増やし方について教えてください。」という文字列が生成されます。

```
prompt_template = PromptTemplate.from_template(
    "{subject}の{content}について教えてください。"
)
```

また、from_templateメソッドを使用せず、直接コンストラクタで初期化することもできます。

```
prompt_template = PromptTemplate(
    input_variables=["subject", "content"],
    template="{subject}の{content}について教えてください。"
)
print(prompt_template.format(subject="給料", content="増やし方"))
# 給料の増やし方について教えてください。
```

そして、このようにformatメソッドで変数を当てはめた文字列をそのまま使用して、APIにリクエストを送ります。

```
from langchain.llms import OpenAI
llm_model = OpenAI(max_tokens=100, openai_api_key="API KEY")
```

```
print(llm_model.predict(prompt_template.format(subject="給料", content="増やし方")))
# \n\n給料の増やし方としては、以下のようなものが挙げられます。\n\n1. 能力・経験を評価して給与を
アップする\n2. 仕事に対するモチベーションを上
```

プロパティinput_variablesには、インプットに用いる引数が格納されています。

```
print(prompt_template.input_variables) # ['content', 'subject']
```

6-4-2 ChatPromptTemplate

ChatPromptTemplateを用いれば、Chat Modelsで用いるMessageのリストに対してテンプレートを作成できます。

```
from langchain.prompts import ChatPromptTemplate

template = ChatPromptTemplate.from_messages([
    ("system", "あなたはAIのボットです。名前は{name}です"),
    ("human", "こんにちは"),
    ("ai", "こんにちは！何か質問があれば、お気軽にどうぞ。"),
    ("human", "{question}について教えてください。"),
])
messages = template.format_messages(
    name="ChatAI",
    question="LangChain"
)
print(messages)
# [SystemMessage(content='あなたはAIのボットです。名前はChatAIです', additional_
kwargs={}), HumanMessage(content='こんにちは', additional_kwargs={}, example=False),
AIMessage(content='こんにちは！何か質問があれば、お気軽にどうぞ。', additional_kwargs={},
example=False), HumanMessage(content='LangChainについて教えてください。', additional_
kwargs={}, example=False)]
```

{}で囲んだ部分に文字列が格納されます。nameやquestionのように指定した部分に、format_messagesを使用して値を渡すことで、指定した文字列でMessageリストが生成されます。

MessageのテンプレートとしてMessageTemplateクラスを利用できます。このクラスには、HumanMessagePromptTemplate、AIMessagePromptTemplate、SystemMessagePromptTemplateといった子クラスが存在し、それぞれ対象に応じて利用します。

```
from langchain.prompts.chat import ChatPromptTemplate, SystemMessagePromptTemplate,
AIMessagePromptTemplate, HumanMessagePromptTemplate

# MessageTemplateを作成する
system_message = SystemMessagePromptTemplate.from_template("あなたはAIのボットです。名前は
{name}です")
human_message_1 = HumanMessagePromptTemplate.from_template("こんにちは")
ai_message = AIMessagePromptTemplate.from_template("こんにちは！何か質問があれば、お気軽にど
うぞ。")
human_message_2 = HumanMessagePromptTemplate.from_template("{question}について教えてくださ
い。")
```

MessageTemplate を作成する際、置換部分を示す文字列（例：{name} や {question}）も宣言します。これらの MessageTemplate を整理する場合、以下のように ChatPromptTemplate を使用します。

```
chat_prompt = ChatPromptTemplate.from_messages([
    system_message, human_message_1, ai_message, human_message_2
])
print(chat_prompt.format_prompt(name="ChatAI", question="LangChain").to_messages())
# [SystemMessage(content='あなたはAIのボットです。名前はChatAIです', additional_
kwargs={}), HumanMessage(content='こんにちは', additional_kwargs={}, example=False),
AIMessage(content='こんにちは！何か質問があれば、お気軽にどうぞ。', additional_kwargs={},
example=False), HumanMessage(content='LangChainについて教えてください。', additional_
kwargs={}, example=False)]
```

呼び出し時には、format_prompt メソッドの引数に、置換変数（例：name、question）を指定してください。その戻り値の to_messages メソッドで実行することで、Message のリスト形式に変換され、ChatModels の引数に与えれば、API を呼び出せます。

```
from langchain.chat_models import ChatOpenAI

# ChatModelの作成
chat_model = ChatOpenAI(max_tokens=300, openai_api_key="API KEY")
print(chat_model(chat_prompt.format_prompt(name="ChatAI",
    question="LangChain").to_messages()))
# AIMessage(content='LangChain（ラングチェーン）は、ブロックチェーン技術を活用した言語学習プラ
ットフォームです。このプラットフォームは、言語学習者と母語話者が直接つながることを可能にし、言語
学習の効率と品質を向上さ', additional_kwargs={}, example=False)
```

```
print(chat_prompt.input_variables)
```

```
# ['name', 'question']
```

6-4-3 Output Parser で出力形式を整える

言語モデルの出力を構造化するには、Output Parser が役立ちます。情報の構造化は以下の 2 ステップで行われます。

1. **get_format_instructions**：言語モデルの出力がどのようなフォーマットを持つべきかを指定する
2. **parse**：言語モデルからの返答を受け取り、特定の構造に従って整形する

さまざまな Output Parser が存在しますが、その中で、PydanticOutputParser は Python の型に基づいて出力を整形します。

```
from pydantic import BaseModel, Field, validator

class User(BaseModel):
    name: str = Field(description="人の名前")
    age: int = Field(description="年齢")

    @validator('age')
    def age_constraints(cls, age):
        if age < 20 or age > 60:
            raise ValueError("年齢が正しくありません")
        return age
```

まず、BaseModel を継承したクラスを定義します。そのクラス内で Field を作成して、各フィールドの説明（description）と型を指定します。

@validator('age') は age フィールドのバリデーション（検証）メソッドです。これを使用すれば、設定する値が特定の条件を満たしているかどうかを検証できます。上述の例では、age が 20 以上 60 以下であるかを検証しています。

OutputParser のインスタンスを作る際には、以下のように対象とするクラスを指定します。

```
from langchain.output_parsers import PydanticOutputParser
parser = PydanticOutputParser(pydantic_object=User)
```

このようにすると、上記の parser の get_format_instructions() メソッドを実行すると、LLM 実行時の戻り値の型を指定する文字列が表示されます。

```
print(parser.get_format_instructions())
# The output should be formatted as a JSON instance that conforms to the JSON schema below.
As an example, for the schema {"properties": {"foo": {"title": "Foo", "description": "a list of strings", "type": "array", "items": {"type": "string"}}}, "required": ["foo"]}
the object {"foo": ["bar", "baz"]} is a well-formatted instance of the schema. The object {"properties": {"foo": ["bar", "baz"]}} is not well-formatted.

Here is the output schema:
```
{"properties": {"name": {"title": "Name", "description": "人の名前", "type": "string"}, "age": {"title": "Age", "description": "年齢", "type": "integer"}}, "required": ["name", "age"]}
```
```

これは、LLM に User クラスに基づいた JSON 形式の出力を要求する英語の指示文です。PromptTemplate に設定して、LLM への問い合わせ文に使用します。

```
from langchain.prompts import PromptTemplate

prompt = PromptTemplate(
    template="ユーザーデータを出力してください\n{format_instructions}\n",
    input_variables=[],
    partial_variables={"format_instructions": parser.get_format_instructions()}
)
```

上記の例では、User データの出力を指示する format_instruction を設定しています。partial_variables で、PromptTemplate の作成時に利用可能な変数を指定します。ここでは format_instruction として、parser.get_format_instructions() を使用しています。

```
from langchain.llms import OpenAI
llm_model = OpenAI(max_tokens=100, openai_api_key="API KEY")

output = llm_model.invoke(prompt.format_prompt().to_string())
print(output)
# output: '\nHere is the output instance:\n```\n{"name": "John Doe", "age": 30}\n```'
```

実行すると、出力にはJSON形式の文字列が含まれていることがわかります（{"name": "John Doe", "age": 30}）。これを、Output Parserのparseメソッドの引数に渡すと、Userクラスのインスタンスが作成されます。

```
parser.parse(output)
# name='John Smith' age=25
```

このように、Output Parserを用いれば、LLMからの応答をある型に当てはめて固定化できるようになります。

他にもさまざまなOutput Parserが存在します。その中の1つであるCommaSeparatedListOutputParserを使用すると、カンマで区切られたリストに固定できます。

```
from langchain.output_parsers import CommaSeparatedListOutputParser
output_parser = CommaSeparatedListOutputParser()
```

get_format_instructionsを実行すると、以下のような出力の指示が表示されます。

```
print(output_parser.get_format_instructions())
# 'Your response should be a list of comma separated values, eg: `foo, bar, baz`'
```

この文字列は、カンマで区切られたリストを表示するという指示です。

```
from langchain.prompts import PromptTemplate
from langchain.llms import OpenAI

prompt = PromptTemplate(
    template="5つ{subject}を表示してください\n{format_instructions}",
    input_variables=["subject"],
    partial_variables={"format_instructions": output_parser.get_format_instructions()}
)
llm_model = OpenAI(max_tokens=100, openai_api_key="API KEY")
output = llm_model.invoke(prompt.format(subject="アイスクリームの味"))
print(output) # '\n\nストロベリー, チョコレート, バニラ, マンゴー, ピスタチオ'
```

モデルを実行するとカンマで区切られた文字列が返されます。これをCommaSeparatedListOutputParserインスタンスのparseメソッドに渡すと、リスト型に変換されます。

```
print(output_parser.parse(output))
# ['ストロベリー', 'チョコレート', 'バニラ', 'マンゴー', 'ピスタチオ'] (リスト型)
```

DatetimeOutputParserを用いると、戻り値をPythonのDatatime型に変換できます。

```
from langchain.output_parsers import DatetimeOutputParser
output_parser = DatetimeOutputParser()
print(output_parser.get_format_instructions())
# 'Write a datetime string that matches the \n            following pattern: "%Y-%m-%dT%H:%M:%S.%fZ". Examples: 0351-01-26T23:13:32.834455Z, 0883-05-06T13:47:56.327103Z, 1817-09-07T16:35:46.799782Z'
```

get_format_instructionsには、上記のように日時を出力するような指示が記述されています。

```
from langchain.prompts import PromptTemplate
from langchain.llms import OpenAI

prompt = PromptTemplate(
    template="{query}\n{format_instructions}",
    input_variables=["query"],
    partial_variables={"format_instructions": output_parser.get_format_instructions()}
)
llm_model = OpenAI(max_tokens=100, openai_api_key="API KEY")
output = llm_model.invoke(prompt.format(query="ブロックチェーンが発表されたのはいつですか？
"))
print(output)
# 2008-01-03T18:15:05.000000Z
```

DatetimeOutputParserのget_format_instructionsを、プロンプトに入れた状態で実行すると、日時が返されます。

```
print(output_parser.parse(output))
# datetime.datetime(2008, 1, 3, 18, 15, 5)
```

parseを実行すると、DateTime型で日時が格納されています。

以上、本節で説明したPromptとModelとOutputParserを活用すると、プロンプトの作成、LLMへの問い合わせ、出力のフォーマット化ができます。この3つのモジュールを組み合わせてLangChainの中心機能であるChainが構成されます。

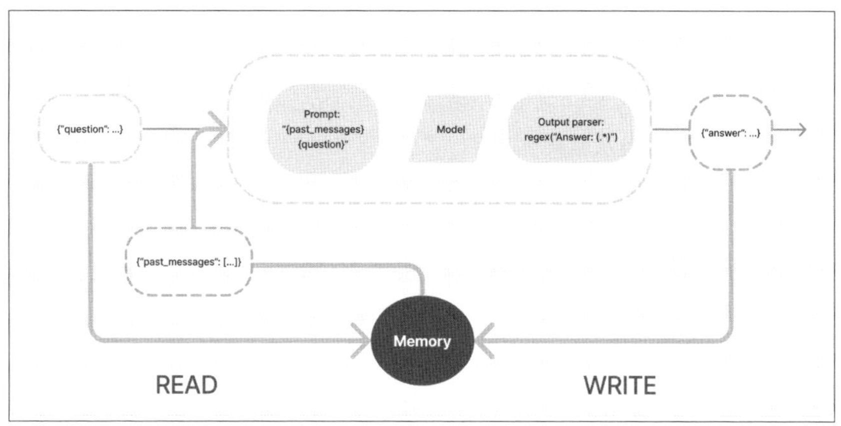

図 6.4.1　PromptTemplate, Model, Output parser, Memory の利用例
(https://python.langchain.com/docs/modules/memory/ より)

POINT

- **PromptTemplate を使用すれば、変数を組み込んだ特定の型のプロンプトを作成し、API へのリクエスト送信時に変数を設定できる**
- **ChatPromptTemplate を使用すれば、複数のメッセージテンプレートを作成し、これらを整理して Chat Models に問い合わせるリクエストを簡単に生成できる**
- **Output Parser を使用すれば、言語モデルの出力を構造化し、特定のフォーマットや Python の型に整形できる**

6-5 Chain を使用する

ここまで紹介してきた、Prompt Template、Model、Output Parser をセットにして、プロンプト作成、モデルの呼び出し、出力のフォーマットまでの一連の流れをそのまま実行できるようにしたものが「Chain」です。

Chainには、Memoryを組み込むこともできます。

さらには、Chainを用いれば複数回LLMを呼び出して出力を連携させるような複雑な処理の実装も簡単にできるようになります。「2-3-4　連続する処理の場合は、処理を分けて出力させる」でも説明したとおり、一度に複雑な結果を実行して出力するのはLLMにとって困難です。結果を段階的に出力してつなげることもときには必要ですが、この場面でChainが中心的な役割を果たします。

LLM、Prompt Template、Output Parser、そしてMemoryを効果的に組み合わせる、最も基本的なChainの一例として「LLMChain」が非常に役立ちます。

6-5-1 LLMChain

PromptTemplateやLLMを統合して、runメソッドでの処理実行をサポートします。

```
from langchain.llms import OpenAI
from langchain.prompts import PromptTemplate

llm_model = OpenAI(openai_api_key="API KEY", temperature=0.9)
prompt = PromptTemplate.from_template(
    "{business}を手がける会社の会社名を1つ考えてください?",
)

from langchain.chains import LLMChain
chain = LLMChain(llm=llm_model, prompt=prompt)
print(chain.run({"business": "ソフトウェア開発"}))
# ・アイデアソフト
```

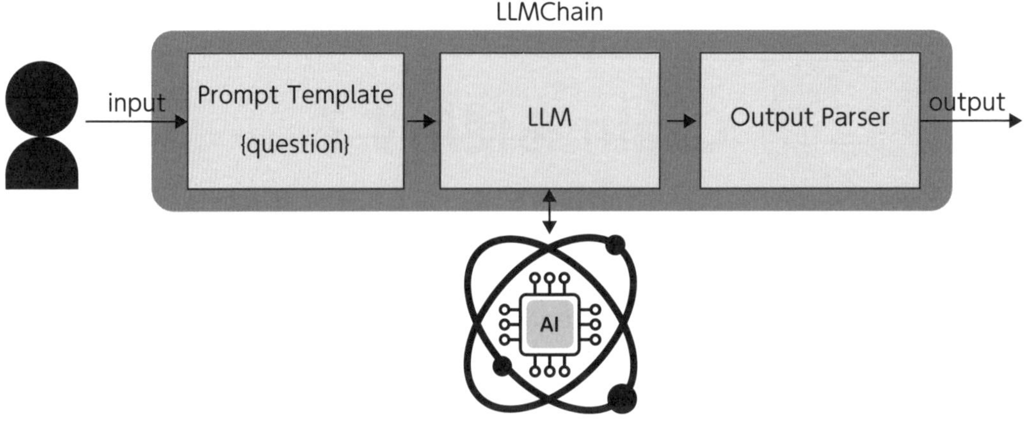

図6.5.1　LLMChainのrun処理実行の様子

LLMChain のインスタンスは、LLM と PromptTemplate を指定して生成します。このインスタンスを実行する際は、run メソッドにインプットとして値を提供します。たとえば、{"business": " ソフトウェア開発 "} といった入力を渡せば、LLM が実行され、その結果を取得できます。

さらに、Output Parser も LLMChain で使用可能です。出力の整形に CommaSeparatedListOutputParser を使用する場合、以下の 2 ステップが要求されます。

1. **PromptTemplate に出力形式を指定する**
2. **LLMChain 生成時に Output Parser のインスタンスを引数として渡す**

```
from langchain.output_parsers import CommaSeparatedListOutputParser
from langchain.chains import LLMChain
from langchain.llms import OpenAI
from langchain.prompts import PromptTemplate

llm_model = OpenAI(openai_api_key="API KEY", temperature=0.9)
output_parser = CommaSeparatedListOutputParser()

prompt = PromptTemplate.from_template(
   "{business}を行う会社名を5つ考えてください?\n{format_instructions}",
)
chain = LLMChain(llm=llm_model, prompt=prompt, output_parser=output_parser)
response = chain.run({"business": "ソフトウェア開発", "format_instructions": output_parser.
get_format_instructions()})
print(response) # ['Microsoft', 'Google', 'Apple', 'Oracle', 'SAP']
print(type(response)) # <class 'list'>
```

PromptTemplate を作成する際、format_instructions には OutputParser の get_format_instructions メソッドからの戻り値を設定します。

LLMChain のインスタンスを生成するときには、引数 output_parser に Output Parser インスタンスを渡します。run メソッドを実行すると、Output Parser の parse メソッドが内部で呼び出されて、構造化された出力 (リスト型) が返されます。

Memory を組み込むには、以下の 2 つの手順を踏みます。

1. **Memory の出力を組み込む**
2. **Chain を生成する際に Memory のインスタンスを引数として渡す**

```
prompt = PromptTemplate.from_template(
    "{chat_history}\nHuman: {question}\n",
```

```
)
```

プロンプト作成時には、上記のように、chat_history という変数名でプロンプトに履歴を設定します。

```
from langchain.memory import ConversationBufferWindowMemory
from langchain.chains import LLMChain
from langchain.llms import OpenAI
from langchain.prompts import PromptTemplate

# Modelの作成
llm_model = OpenAI(openai_api_key="your-api-key", temperature=0.9)
memory = ConversationBufferWindowMemory(
   memory_key="chat_history", return_messages=True, k=1)
prompt = PromptTemplate.from_template(
   template="{chat_history}\nHuman: {question}\n",
)
chain = LLMChain(llm=llm_model, prompt=prompt, memory=memory)
```

Memory 作成時に、memory_key はプロンプトの変数と同じ chat_history にして、Chain 作成時に memory のインスタンスを設定します。以下のように実行すると、自動的に Memory に格納された履歴が展開され、プロンプトの chat_history に埋め込まれて実行されます。

Memory を作成する際、memory_key をプロンプトの変数 chat_history に合わせます。そして、Chain を生成するときには、その Memory のインスタンスを指定します。この手順に従って実行すると、Memory に保存された履歴が自動的に、プロンプト内の chat_history に組み込まれて処理が行われます。

```
print(chain.run("京都の有名な観光地をおしえてください"))
# '\nBot: 京都で有名な観光地として以下のようなものがあります。\n・京都御所 \n・京都府庁旧本館 \
n・金閣寺\n・東寺\n・銀閣寺\n・嵐山\n・清水寺\n・平安神宮 \n・岡崎城\n・祇園祭'
print(chain.run("1つ目について詳しくおしえてください"))
# '\nBot: 京都御所は、平安時代の国の基盤として、大陸における最も歴史的な歴史を持つ地域の一つで
す。場所としては京都市内という特殊な位置付けをしています。丸山に囲まれたお城の中に各宮殿があり、
平安時代の当時の王室の象徴として形成されていました。'
```

上記の 2 つ目の run 実行では、AI からの回答を参照した質問が作成されていることがわかります。

```
print(memory.load_memory_variables({})['chat_history'])
```

```
# [HumanMessage(content='1つ目について詳しくおしえてください', additional_kwargs={}, example=False), AIMessage(content='\nBot: 京都御所は、平安時代の国の基盤として、大陸における最も歴史的な歴史を持つ地域の一つです。', additional_kwargs={}, example=False)]
```

load_memory_variables メソッドを実行すると、Memory が記憶しているデータを表示できます。Chain の引数に verbose=True を指定して実行すると、詳細なログを出力できます。

```
chain = LLMChain(llm=llm, prompt=prompt, memory=memory, verbose=True)
```

補足：LangChain Expression Language（LCEL）について

LangChain Expression Language（以下、LCEL）と呼ばれる Chain の宣言を簡潔にする記述方法があります。LCEL の記述では、Prompt と Model と Output Parser を |（パイプ）でつなぐだけで実装することができます。ただし本書執筆時の LangChain のバージョン 0.0350 の段階では、一部の処理では実装方法が確立されていなかったため、本書ではメインに使用せずにここで補足だけを記述します。詳細は、ドキュメント[注5]もご参照ください。

たとえば、「6-5-1　LLMChain」で実装例として取り上げた CommaSeparatedListOutputParser を使用するコードは、LCEL を用いて以下のように記述できます。

```
from langchain.output_parsers import CommaSeparatedListOutputParser
from langchain.chains import LLMChain
from langchain.llms import OpenAI
from langchain.prompts import PromptTemplate

llm_model = OpenAI(openai_api_key="your-api-key", temperature=0.9)
output_parser = CommaSeparatedListOutputParser()
prompt = PromptTemplate.from_template(
   template="{business}を行う会社名を5つ考えてください?\n{format_instructions}",
)
chain =  prompt | llm_model | output_parser
response = chain.invoke({"business": "ソフトウェア開発", "format_instructions": output_parser.get_format_instructions()})
print(response) # ['Microsoft', 'Google', 'Apple', 'Oracle', 'SAP']
print(type(response)) # <class 'list'>
```

prompt と llm_mode と output_parserl の間を「|（パイプ）」でつないでいます。この「|（パイプ）」の動作は LangChain のライブラリの中で複雑に定義されていますが、大まかには、実行時

注5　https://python.langchain.com/docs/expression_language/

に左側の出力結果を右側の実行の入力にして、各オブジェクト間をつないでいると理解できます。

例のように、chain.invoke を実行すると prompt.invoke の結果（プロンプトの文字列になります）が、llm_model の invoke の引数となり LLM を呼び出してその返り値を取得します。さらにその返り値が、output_parser の入力となり整形された結果が最終的に出力されます。

6-5-2 ConversationChain

LLM と会話をして、その結果を Memory 上に自動的に保存するには、ConversationChain の使用も便利です。使用方法を見ていきましょう。

```
from langchain.chat_models.openai import ChatOpenAI
from langchain.chains import ConversationChain
from langchain.memory import ConversationBufferMemory

chat = ChatOpenAI(max_tokens=100,openai_api_key="your-api-key")
conversation = ConversationChain(
   llm=chat, memory=ConversationBufferMemory()
)
conversation.run("代表的なPythonライブラリ一覧を出力して")
```

上記の例では、ConversationChain を宣言し、その後実行しています。この際、memory 引数には利用したい Memory のインスタンスを指定します。具体的には、ConversationBufferMemory を初期化し、それを設定しています。処理を進めると、自動的に Memory 内の情報が取り込まれ、過去の履歴を考慮した処理が進行します。

```
conversation.run("それぞれについて詳細に")
# はい、NumPyは、数値計算を行うための基本的なツールを提供するPythonのパッケージです。NumPyを使用すると、多次元配列や行列演算、四則演算な
conversation.run("続きは？")
# どちらかというと、NumPyは数値計算のために使用されます。NumPyを使用すると、スカラー値、ベクトル、行列などの計算するための有用な関数やツールを提
```

ConversationChain は Memory の管理を効率化し、呼び出しを簡素化するのに適しています。このツールの利用により、直近 2 回の対話を記憶するようなチャットボットも以下のように簡潔にコーディングできます。

```
from langchain.chat_models.openai import ChatOpenAI
```

```
from langchain.memory import ConversationBufferWindowMemory
from langchain.chains import ConversationChain

# ConversationChainのインスタンスを作成
chat = ChatOpenAI(max_tokens=500, openai_api_key="your-api-key")
conversation_memory = ConversationBufferWindowMemory(return_messages=True, k=2)
chain = ConversationChain(llm=chat, memory=conversation_memory)
question_count = 0

# ユーザーの質問が10回になるまでループして、チャットを行う
while question_count < 10:
    user_input = input("質問内容を入力してください: ")
    chain.run(user_input)
    print(conversation_memory.load_memory_variables({})['history'])  # 会話履歴を表示
    question_count += 1
```

6-5-3 SimpleSequentialChain

SequentialChain を使用すると、複数の一連の LLM 呼び出しを効率的にまとめることができます。SimpleSequentialChain はその中でも最も基本的な機能で、各ステップでの出力が次のステップの入力として利用されます。

初めに、2 つの LLMChain を作成して SimpleSequentialChain でつないでみましょう。

```
from langchain.prompts import PromptTemplate
from langchain.chains import LLMChain
from langchain.chains import SimpleSequentialChain
from langchain.llms import OpenAI

llm_model = OpenAI(
    max_tokens=500, openai_api_key="your-api-key")
prompt_1 = PromptTemplate.from_template(
    "{question}について、カンマ区切りで出力してください\n一覧: ",
)
prompt_2 = PromptTemplate.from_template(
    "{subjects}についてそれぞれ詳細を教えてください。\n詳細: ",
)
llm_chain_1 = LLMChain(llm=llm_model, prompt=prompt_1)
llm_chain_2 = LLMChain(llm=llm_model, prompt=prompt_2)
overall_chain = SimpleSequentialChain(chains=[llm_chain_1, llm_chain_2], verbose=True)
response = overall_chain.run("日本のおすすめの観光地")

"""
```

```
京都：京都は、日本の首都である東京から約500km南東に位置しています。京都は、古くから文化や歴史を残してきた街で、近代の日本の文化や歴史が育まれた場所として重要な役割を果たしました。世界遺産にも数多く指定されており、世界中から多くの観光客が訪れています。

東京：東京は、日本の首都であり、日本最大の都市です。東京は、多様な文化や経済活動が
～以下省略～
"""
```

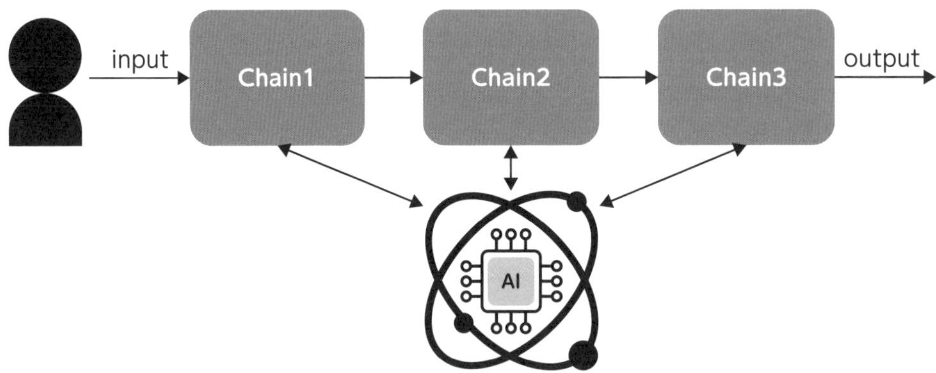

図 6.5.2　SimpleSequentialChain で処理を実行する

SimpleSequentialChain を用いると、一連の LLM 呼び出しを効率的に管理できます。上記の例では、chains に llm_chain_1 と llm_chain_2 の 2 つの Chain を設定し、llm_chain_1 の出力（日本の主要観光地一覧：東京、京都、富士山など）が、llm_chain_2 の入力（subjects）として使用されます。これにより、各観光地の詳細情報が順に出力されます。verbose を True に設定すると、処理の詳細なログも取得可能です。

ただし、出力は途中で切れる場合があります。これは、LLMs の最大出力トークン数がデフォルトで 255 であるためです。出力を増やすには、LLMs インスタンス作成時に、max_tokens を設定してください。

```
llm_model = OpenAI(max_tokens=1023, openai_api_key="your-api-key")
```

では、SimpleSequentialChain を用いて、入力を英語に翻訳して LLM に問い合わせをし、出力を日本語にする処理を記述しましょう。

```
from langchain.prompts import PromptTemplate
from langchain.llms import OpenAI
from langchain.chains.llm import LLMChain
from langchain.chains import SimpleSequentialChain

```

```
llm_model = OpenAI(max_tokens=1023, openai_api_key="your-api-key")
to_english_prompt = PromptTemplate.from_template(
    "```{question}```を、英語にしてください\n出力: ",
)
english_query = PromptTemplate.from_template(
    "Tell me about ```{english_question}```\nAnswer: ",
)
to_japanese_prompt = PromptTemplate.from_template(
    "```{english_answer}```を、日本語にしてください\n出力: ",
)
to_english_chain = LLMChain(llm=llm_model, prompt=to_english_prompt)
query_chain = LLMChain(llm=llm_model, prompt=english_query)
to_japanese_chain = LLMChain(llm=llm_model, prompt=to_japanese_prompt)
overall_chain = SimpleSequentialChain(
    chains=[to_english_chain, query_chain, to_japanese_chain], verbose=True)
response = overall_chain.run("デラウェア州について教えてください")
```

出力 最終出力

デラウェアは、アメリカ合衆国の中央大西洋地域と北東部地域に位置している州です。ニュージャージー、ペンシルベニア、メリーランドに接し、総面積が 1,982 平方マイルであり、最も小さい 2 番目の州（ロードアイランドの後）です。「ファーストステート」という呼び名が付いていることで知られており、1787 年にアメリカ憲法が批准された 13 の元々の州のうちの最初の州であることを意味しています。多くのビーチ、公園、歴史的な場所があることで有名です。また、ドーバー空軍基地やニューモーズ / アルフレッド・アイ・デュポン病院などがあります。デラウェアの経済は、主に農業、銀行・金融、製造業に集中しています。首都はドーバーです。

ちなみに日本語で問い合わせた場合は以下のように出力されました。英語圏の方が豊富な情報に関しては、英語に変換して出力を得て翻訳した方が良い出力が得られていることがわかります（モデルは「text-davinci-003」です）。

出力

デラウェア州はアメリカ合衆国で最も小さい州です。デラウェア州の都市で最も大きなのはウィルミントンであり、カリフォルニアで最も小さいが最も人口の多い都市です。州都はドワーで、州の人口は約 97 万人です。デラウェア州には、デラウェア湾、デラウェア湾の外海域、豊かな広大な森林地帯などがあります。また、デラウェア州には、クェーカー博物館、マーストン博物館、ナイアガラ滝の旅行場所などもあります。

6-5-4 SequentialChain

SimpleSequentialChain のより高度な Chain で、複数の入力・出力を扱うことができます。以下の例では、CommaSeparatedListOutputParser を使用して、1 つ目の Chain の出力をカンマ区切りのリスト形式で取得します。さらに、入力を 2 つ（location, topic）取るようにテンプレートを設定しています。

```
from langchain.prompts import PromptTemplate
from langchain.output_parsers import CommaSeparatedListOutputParser
from langchain.llms import OpenAI

output_parser = CommaSeparatedListOutputParser()

llm_model = OpenAI(max_tokens=1023,openai_api_key="API KEY", temperature=0.9)
prompt_1 = PromptTemplate(
    template="{location}の{topic}について、カンマ区切りで出力してください\n{format_
instructions}\n一覧: ",
    input_variables=["location", "topic"],
    partial_variables={"format_instructions": output_parser.get_format_instructions()}
)
prompt_2 = PromptTemplate(
    template="{location}の{topic}の{output_1}についてそれぞれ詳細を教えてください。\n詳細: ",
    input_variables=["location", "topic", "output_1"],
)
```

2 つ目の Chain のプロンプト（prompt_2）には、3 つの入力（location、topic、output_1）をテンプレートに設定しています。

```
from langchain.chains.llm import LLMChain
llm_chain_1 = LLMChain(llm=llm_model, prompt=prompt_1, output_parser=output_parser,
output_key="output_1")
llm_chain_2 = LLMChain(llm=llm_model, prompt=prompt_2, output_key="output_2")

from langchain.chains import SequentialChain
overall_chain = SequentialChain(
    chains=[llm_chain_1, llm_chain_2],
    input_variables=["location", "topic"],
    output_variables=["output_1", "output_2"],
    verbose=True
)
```

1 つ目の Chain（llm_chain_1）は、prompt_1 を使用し、output_parser を設定しています。その際、output_key は output_1 として指定されています。2 つ目の Chain（llm_chain_2）は、prompt_2 を用いており、output_key は output_2 として設定されています。

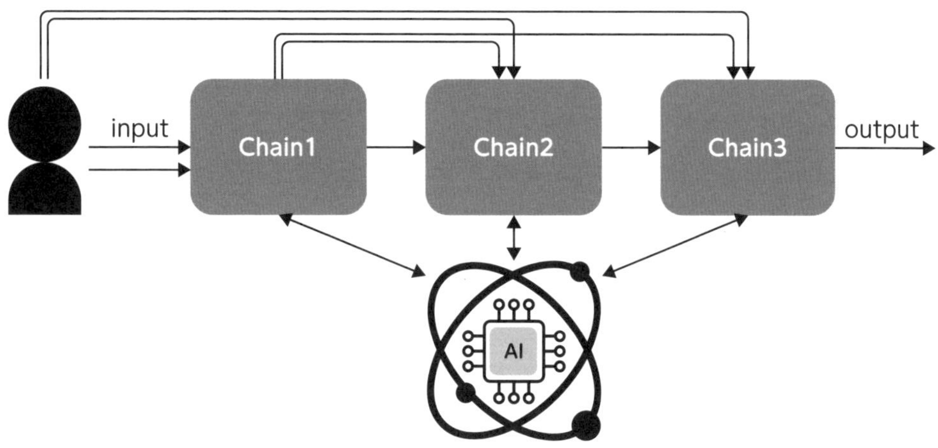

図 6.5.3　SequentialChain で値を渡す

SequentialChain を使用するときは、Chain を指定した順序で設定します。input_variables と output_variables は、全体としての入力と出力を指定します。実行時には、location と topic の変数を渡しましょう。

```
response = overall_chain({"location":"京都", "topic": "観光地"})
print(response)
# {'location': '京都', 'topic': '観光地', 'output_1': ['京都御所', '東寺', '銀閣寺', '九条山
,知恩院', '三十三間堂', '金閣寺', '清水寺', '東山', '嵐山', '松尾大社', '円山'], 'output_2':
'\n\n1. 京都御所：京都御所は，平安京最初の王朝極東宮（ごくとうきゅう）を置いた施設であり，11月
に文化財となった極東'}
```

戻り値は、辞書型で input_variables と output_variables の値が格納されています。output_1 は、OutputParser で指定したとおり、カンマ区切りでリストになっています。

POINT

- LLMChain を使用すると、PromptTemplate、Output Parser、Model、Memory を統合して、効率的なプロンプト入力や結果の整形、過去の対話履歴の管理が可能になる
- ConversationChain を使用すると、LLM との対話をメモリ上に自動保存し、過去の履歴を考慮した効率的な対話が可能になる
- SimpleSequentialChain を用いると、連続した LLM 呼び出しを効率的に実行し、前のステップの出力を次のステップの入力として活用できる
- SequentialChain を使用すると、複数の Chain を順序立てて実行し、それぞれの出力を組み合わせて詳細な情報を得ることができる

6-6 Retriever で個人データの効率的な取り出しを行う

ここまで、「Chain」と、その構成要素（Prompt Template、Model、Output Parser）について説明しましたが、これだけだと LLM 呼び出しの簡略化以上のことはできていません。LangChain には、さらなる応用的な機能があります。その 1 つが「Retriever」です。

Retriever は、質問に対してドキュメントやデータベースから最も関連性の高い情報を検索し、その情報を質問の参照として LLM に提供する機能です。「2-4-5　参照を含める」で説明したように、LLM に参考文献や関連情報を提供することで、回答の正確性が向上します[注6]。

注 6　これは、Retrieval-Augmented Generation（RAG）とも呼ばれています。

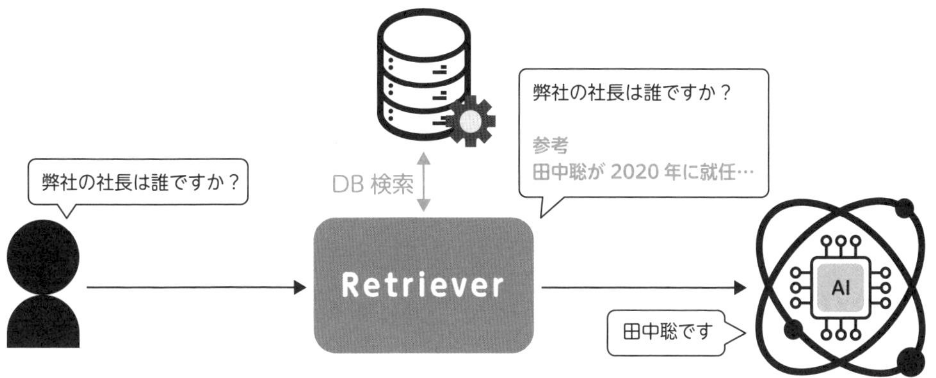

図 6.6.1　関連する情報を取得して質問をする

Retriever が正しく機能するには、関連するデータからユーザーの質問に関連した情報を検索する必要があります。そのために、「Index」を構築します。「Index」は、テキスト情報とそのテキスト情報を変換した数値ベクトル情報が対になって格納されたデータ構造で、「Index」を用いれば、同様に数値ベクトル化した質問と比較することで、最も質問と関連のある情報を迅速に見つけ出すことができるようになります。

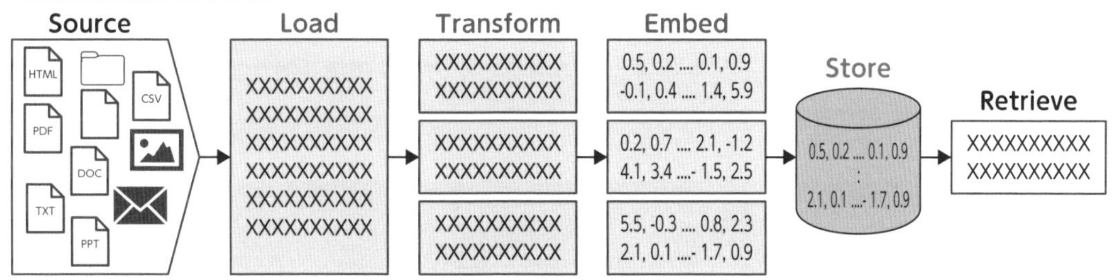

図 6.6.2　関連する情報を取得して質問をする

図 6.6.2 では、全体として以下のように処理が実行されます。

- Load：さまざまなソースからさまざまな形式のドキュメントを取り込む
- Transform：ドキュメントをインデックス化しやすい形のテキストに変換する
- Embed：テキストを数値ベクトル形式（Embedding）に変換する
- Store：テキストとテキストが数値ベクトル化したものを検索しやすく保存する
- Retrieve：Store を用いてユーザーの問い合わせに関連するテキストを取得する

6-6-1 Document Loader

Document Loaderは、テキストファイル、Excel、Word、Slack、Webページなどの多様なソースからデータを取得し、Document形式に変換するモジュールです。Documentはテキストとメタデータを組み合わせたオブジェクトで、インデックス作成の際の対象として活用されます。

a. TextLoaderで一般的なファイルを取り込む

```
from langchain.document_loaders import TextLoader
import os

BASE_DIR = os.path.dirname(__file__)
loader = TextLoader(os.path.join(BASE_DIR, "data", "index.txt"))
documents = loader.load()
```

TextLoader(os.path.join(DIR_NAME, "index.txt"))を使用すると、実行ファイルが配置されているディレクトリにあるdataディレクトリのindex.txtファイルを取得するTextLoaderが宣言されます。loader.load()は、このファイルを読み取り、結果をDocumentオブジェクトのリストとして戻します。autodetect_encodingをTrueに設定すると、文字コードの問題でファイルを読み込めない場合に、ファイルの文字コードの設定が自動で行われます[注7]。

print(documents)を使うと、ドキュメントの中身とそのメタ情報（例：ファイル名）が表示されます。

```
[Document(page_content='indexファイルです', metadata={'source': '/Users/test/Documents/
data/index.txt'})]
```

b. PyPDFLoaderでPDFファイルを読み取る

pdfファイルを読み込むには、まずはpypdfライブラリをインストールしてください。

```
pip install pypdf
```

PyPDFLoaderを用いると、PDFファイルを読み込んで、ページごとのデータがDocumentオブジェクトに変換されます。

注7 実行時にUnicodeDecodeErrorエラーが発生する場合は、autodetect_encodingをTrueに設定する代わりに、encodingに"utf-8"を設定してみてください。

```
import os
from langchain.document_loaders import PyPDFLoader

BASE_DIR = os.path.dirname(__file__)
loader = PyPDFLoader(os.path.join(BASE_DIR, "data", "itpassport_syllabus.pdf"))
pages = loader.load_and_split()
```

上記のように、PyPDFLoaderでファイルのパスを指定して、loadメソッドを実行して読み込みます。

pagesは、以下のようにDocumentがリストとして表示されます。

```
print(pages)
```

```
[Document(page_content='■情報処理技術者試験  \n \n \n \n \n \n \n \n \n \n － 情報処理技術者試験における知識の細目  － \n \n \n \n \n \n \n \n \n \n \n \n \n \n \n \n ITパスポー ト試験 \nシラバス \nVer.6.2', metadata={'source': '/Users/matsumotonaoki/Documents/itpassport_syllabus.pdf', 'page': 0}), Document(page_content='本シラバス に記載されている会社名又は製品名は，～省略～]
```

print(pages[0])を使用すると、特定のページの内容が表示され、print(len(pages))はドキュメントの総ページ数を表示します。metadataには、ドキュメントのファイルパスと名前が格納されています。

c. DirectoryLoaderでディレクトリ内のファイルを取り込む

DirectoryLoaderを使用すると、特定のファイルだけでなく、ディレクトリ内のすべてのファイルを読み込むことができます。以下のプロパティを調整することで、DirectoryLoaderの動作をカスタマイズできます。

- glob：ディレクトリからロードするファイルのパターンを指定します。デフォルトは「**/[!.]*」
- recursive：ディレクトリの検索を再帰的に行うかの設定。デフォルトはFalse
- show_progress：ロードの進行状況を表示するかの設定。デフォルトはFalse
- use_multithreading：マルチスレッドでのファイルロードをするかの設定。デフォルトはFalse
- loader_cls：使用するDocumentLoaderクラスを指定する。デフォルトはUnstructuredFileLoader（導入には「pip install unstructured "unstructured[md]"」が必要）

ファイルが配置されているディレクトリおよびそのサブディレクトリの.txtファイルをすべて読み込み、ドキュメント化する場合の利用方法を以下に示します。一般的なテキストファイルを読み込むTextLoaderを指定しましょう。DirectoryLoaderの引数loader_kwargsは、load_cls実行時のパラメータになります。

```
from langchain.document_loaders import DirectoryLoader, TextLoader
import os
BASE_DIR = os.path.dirname(__file__)
loader = DirectoryLoader(BASE_DIR, glob="*.txt",
                         recursive=True, loader_cls=TextLoader, loader_kwargs={"autodetect_
encoding": True})
docs = loader.load()
```

```
print(docs)
# [Document(page_content='情報処理技術者試験\n\nNo.1 ITパスポート試験\n\nITパスポート試験\n\
n略号', metadata={'source': '/Users/test/Documents/試験区分.txt'})]
```

PythonのソースコードをIを指定して読み込みたい場合には、loader_clsにPythonLoaderを使用しましょう。

```
from langchain.document_loaders import DirectoryLoader, PythonLoader

loader = DirectoryLoader(BASE_DIR, glob="*.py", recursive=True, loader_cls=PythonLoader)
docs = loader.load()
```

d. WebBaseLoaderでWebサイトの情報を取得する

WebBaseLoaderを使用すると、URLを通じてWebページのコンテンツを取得し、それをDocumentに変換できます。以下の例では、Wikipediaのページを直接読み取っています。なお、WikipediaLoader[注8]を利用することでも、Wikipediaの検索結果をDocumentとして取得できます。

```
from langchain.document_loaders import WebBaseLoader

loader = WebBaseLoader("https://ja.wikipedia.org/wiki/")
data = loader.load()
print(data)
```

注8　https://python.langchain.com/docs/integrations/document_loaders/wikipedia

```
#[Document(page_content='\n\n\n\nWikipedia\n\n\n\n\n\n\n\n\n\n\n\n\n\n\n\n\n\n\
n\n\n\n\n\n\n\n\n\n\n\n\n\n\n\nコンテンツにスキップ', metadata={'source': 'https://
ja.wikipedia.org/wiki/', 'title': 'Wikipedia', 'language': 'ja'})]
```

このとき、metadataには対象のURLや、titleなどの情報が格納されています。初期段階では「\n」による改行が多く表示され、読みづらいことがありますが、後に紹介するHtml2TextTransformerを使用することで、これを整形しやすいフォーマットに変換できます。

以下のように複数のURLを設定すると、複数のページを読み込んでDocument化することもできます。

```
loader = WebBaseLoader(["https://ja.wikipedia.org/wiki/", "https://google.com"])
docs = loader.load()
print(docs) # ページ情報が格納されたDocumentのリストが表示される
```

POINT

- **Document Loader：さまざまなソース（テキスト、Excel、Word、Slack、Webページなど）からデータを取得し、Document形式（テキストとメタデータの組み合わせ）に変換する**
- **TextLoader：テキストファイルを読み取り、その内容をDocumentオブジェクトに変換する**
- **PyPDFLoader：pypdfライブラリを使用してPDFファイルを読み取り、ページごとのデータをDocumentオブジェクトに変換する**
- **DirectoryLoader：指定ディレクトリ内のすべてのファイルや特定のパターンに一致するファイルを読み取り、それらの内容をDocumentオブジェクトに変換する**
- **WebBaseLoader：与えられたURLからWebページのコンテンツを取得し、その情報をDocumentに変換する。複数のURLを指定して、複数ページの情報をDocument化することも可能**

6-6-2 Document Transformers

DocumentLoaderを通じて読み込まれたDocumentオブジェクトを調整し、指定の形式に変換するモジュールです。大量のテキストデータを適切なサイズに分割することができます。

Document Transformer は、分割や結合、フィルタリングといった操作をサポートする豊富な機能を提供しています。特に長文テキストを扱う際、その内容を意味的に関連する単位で効果的に分割する機能が必要です。Document Transformer を用いれば、単に文章を分割するだけでなく文章の関連性を保ちつつ、所定のサイズのテキストブロックを生成できます。

以下、さまざまな Document Transformers を紹介します。

a. TextSplitter

基本となる抽象クラスで、指定したサイズを超える Document を適切に分割する機能を持っています。デフォルトの設定では、len 関数を利用して Document の長さを文字数で計測し、文字数を制御します。以下は主要なパラメータです。

- chunk_size：分割後の各チャンクの最大文字数。デフォルトは 4000
- chunk_overlap：隣接するチャンク間での文字の重複文字数。デフォルトは 200
- length_function：チャンクの長さを計測するための関数。chunk_size、chunk_overlap を計測する
- keep_separator：セパレータを使用する場合、それをチャンク内部に保持するかの選択。デフォルトは False
- add_start_index：メタデータに開始インデックスを含めるかどうか。デフォルトは False

b. CharacterTextSplitter の利用

CharacterTextSplitter は TextSplitter を拡張したクラスで、特定の文字で Document の分割を行います。分割は chunk_size を超えない範囲で実行されます。ただし、分割の基準となる文字が文中に存在しない場合、分割は行われませんので注意が必要です。分割の基準となる文字は separator 引数で指定します。デフォルトでは「\n\n」です。

例として、文字数が 50 を超える場合、文末の「。」をもとに分割する設定を以下に記載します。

```
from langchain.text_splitter import CharacterTextSplitter
from langchain.document_loaders import TextLoader
import os

BASE_DIR = os.path.dirname(__file__)
loader = TextLoader(os.path.join(BASE_DIR, "data", "kokoro.txt"), autodetect_
encoding=True)
documents = loader.load_and_split()
```

```
text_splitter = CharacterTextSplitter(
    chunk_size=50,
    chunk_overlap=10,
    add_start_index=True,
    separator="。",
)
splitted_documents = text_splitter.transform_documents(documents)

# page_contentだけ表示
print([d.page_content for d in splitted_documents])
# ['私はその人を常に先生と呼んでいた。だからここでもただ先生と書くだけで本名は打ち明けない', 'これは世間を憚かる遠慮というよりも、その方が私にとって自然だからである', '私はその人の記憶を呼び起すごとに、すぐ「先生」といいたくなる。筆を執っても心持は同じ事である', 'よそよそしい頭文字などはとても使う気にならない']
```

上記の例では、夏目漱石の『こころ』の冒頭を分割しており、頭から43文字、35文字、46文字、23文字となっており、指定した50文字を超えない最大サイズの文字数の文章に変換されます。

たとえば、3つ目の「私はその人の記憶を呼び起すごとに、すぐ「先生」といいたくなる。筆を執っても心持は同じ事である」は、中に「。」が含まれていますが、分割はされていません。これは、分割する前の文章が、50文字を超えていないためです。

以下を実行すると、以下のような中身が表示されます。

```
print(splitted_documents[0])
```

```
page_content='私はその人を常に先生と呼んでいた。だからここでもただ先生と書くだけで本名は打ち明けない' metadata={'source': '/Users/matsumotonaoki/Documents/kokoro.txt', 'start_index': 0}
```

上述のとおり、metadataにはstart_indexが0として格納されています。これはadd_start_index引数をTrueに設定した結果です。この値は、同一ドキュメント内での順番や位置を示しており、後ほどVector Storesにデータを格納する際に重要となります。同一ドキュメント内の文章を明確に区別する際に重要な値です。

c. TokenTextSplitterの活用

TokenTextSplitterは、TextSplitterを継承したクラスで、これを使用することでトークン数がchunk_sizeを超えることなく文書を分割することができます。以下の例では、トークン数が50を超えないように文書を分割する設定が考えられます。

```
from langchain.text_splitter import TokenTextSplitter
from langchain.document_loaders import TextLoader
import os

BASE_DIR = os.path.dirname(__file__)
loader = TextLoader(os.path.join(BASE_DIR, "data", "kokoro.txt"), autodetect_
encoding=True)
documents = loader.load_and_split()

text_splitter = TokenTextSplitter(
    chunk_size=50,
    chunk_overlap=10,
    encoding_name="cl100k_base",
    add_start_index=True,
)
splitted_documents = text_splitter.transform_documents(documents)

# page_contentだけ表示
print([d.page_content for d in splitted_documents])
# ['私はその人を常に先生と呼んでいた。だからここでもただ先生と書くだけで本名は打ち明けない。これ
は世間を�', 'い。これは世間を憚かる遠慮というよりも、その方が私にとって自然だからである。私はそ
の人の記憶を�', 'はその人の記憶を呼び起すごとに、すぐ「先生」といいたくなる。筆を執っても心持は
同じ事である。', '心持は同じ事である。よそよそしい頭文字などはとても使う気にならない。']
```

TokenTextSpliterを利用する際の例として、トークン数を50に、オーバーラップを10として文書を分割しています。指定されたencoding_nameは「cl100k_base」で、これはgpt-3.5-turboやgpt-4のトークン数計算に適用されます。トークン数での分割は、一部の文字が文字化けしたり、文章が中途半端に切れてしまうなどがありますので注意が必要です。

d. RecursiveCharacterTextSplitterの活用

CharacterTextSplitterとは異なり、RecursiveCharacterTextSplitterは複数の区切り文字を設定できます。keep_separaterがデフォルトでTrueになっているため、区切り文字も表示されます。特にソースコードの分割時によく使用されますが、以下の例では、『こころ』の文章を句読点で分割しています。

```
from langchain.text_splitter import RecursiveCharacterTextSplitter
from langchain.document_loaders import TextLoader
import os

BASE_DIR = os.path.dirname(__file__)
```

```
loader = TextLoader(os.path.join(BASE_DIR, "data", "kokoro.txt"), autodetect_
encoding=True)
documents = loader.load_and_split()
text_splitter = RecursiveCharacterTextSplitter(
    chunk_size=15,
    chunk_overlap=10,
    add_start_index=True,
    separators=["、", "。"],
)
splitted_documents = text_splitter.transform_documents(documents)
# page_contentだけ表示
print([d.page_content for d in splitted_documents])
# ['私はその人を常に先生と呼んでいた', '。だからここでもただ先生と書くだけで本名は打ち明けない
', '。これは世間を憚かる遠慮というよりも', '、その方が私にとって自然だからである', '。私はその
人の記憶を呼び起すごとに', '、すぐ「先生」といいたくなる', '。筆を執っても心持は同じ事である',
'。よそよそしい頭文字などはとても使う気にならない', '。']
```

上記のように、句点「。」と読点「、」で分割することができます。また、keep_separatorがTrueに設定されているため、文章の頭には、分割した句読点が入っています。このクラスは、プログラムコードの分割に特に有用で、クラスメソッドのfrom_languageを用いることで、特定のソースコードに対しての分割ができやすくなります。

以下の例は、HTMLに対してRecursiveCharacterTextSplitterを作成しています。

```
from langchain.text_splitter import RecursiveCharacterTextSplitter, Language
from langchain.document_loaders import TextLoader
import os

BASE_DIR = os.path.dirname(__file__)
loader = TextLoader(os.path.join(BASE_DIR, "data", "summary.html"), autodetect_
encoding=True)
documents = loader.load_and_split()

# HTML向けの設定
text_splitter = RecursiveCharacterTextSplitter.from_language(
    Language.HTML,
    chunk_size=100,
    chunk_overlap=10,
    add_start_index=True,
)
splitted_documents = text_splitter.transform_documents(documents)
print([d.page_content for d in splitted_documents])
# ['<!DOCTYPE html>\n<html lang="ja">\n    <head>\n        <title>文書のまとめ</title>',
'<link rel="stylesheet" href="{{ url_for(\'static\', filename=\'css/style.css\') }}">\n
</head>'
```

```
～省略～
, '<p>{{ text }}</p>\n                {% endfor %}\n            </section>\n            {%
endif %}', '%}\n        </main>\n    </body>\n</html>']
```

RecursiveCharacterTextSplitterを使用すると、テキストは意味のある単位で適切に分割されます。たとえば、「<title>文書のまとめ</title>」のようなタグは途中で切断されず、タグごとに分割されています。これらの分割されたテキストは後ほどベクトル化されますが、各文の意味が通じると、後の処理が容易になります。そのため、テキストを意味的な単位で分割することは非常に重要です。

e. PythonCodeTextSplitter

PythonCodeTextSplitterは、前述のRecursiveCharacterTextSplitterで言語をPythonに指定したもので、以下と同じものです。

```
RecursiveCharacterTextSplitter.from_language(
    Language.PYTHON,
)
```

このクラスを使用すると、なるべくPythonのコードブロック（例：class、def、for、if）が途中で分断されずに、ブロックごとに分割されます。以下のように、PythonCodeTextSplitterを初期化して、transform_documentsメソッドでDocumentの分割を行います。

```
from langchain.text_splitter import PythonCodeTextSplitter
from langchain.document_loaders import TextLoader
import os

BASE_DIR = os.path.dirname(__file__)
loader = TextLoader(os.path.join(BASE_DIR, "data", "app.py"), autodetect_encoding=True)
documents = loader.load_and_split()
text_splitter = PythonCodeTextSplitter(
    chunk_size=1000,
    chunk_overlap=200,
    add_start_index=True,
)
splitted_documents = text_splitter.transform_documents(documents)
```

これで、主要なテキスト分割クラスの紹介を終わりますが、LangChainはテキスト分割だけでなく、変換機能も提供しています。次に、これらの変換処理に焦点を当てて詳しく見ていきましょう。

f. Html2TextTransformer

HTML2TextTransformerを使用すると、WebBaseLoaderを通じて取得したWebデータをシンプルなテキスト形式に変換できます。利用を始める前に、まずhtml2textとbeautifulsoup4ライブラリをインストールしてください。

```
pip install html2text beautifulsoup4
```

HTML2TextTransformerを使用して、Webページのテキストをシンプルな形式に変換します。最初に、WebBaseLoaderを使ってWikipediaのページを取得しましょう。

```
from langchain.document_transformers import Html2TextTransformer
from langchain.document_loaders import WebBaseLoader

loader = WebBaseLoader("https://ja.wikipedia.org/wiki/")
data = loader.load()
print(data)
#[Document(page_content='\n\n\n\nWikipedia\n\n\n\n\n\n\n\n\n\n\n\n\n\n\n\n\n\n\n\n\
n\n\n\n\n\n\n\n\n\n\n\n\n\nコンテンツにスキップ ～省略～', metadata={'source': 'https://
ja.wikipedia.org/wiki/', 'title': 'Wikipedia', 'language': 'ja'})]
```

上記のように「\n」がたくさん表示されて読みにくいですが、Html2TextTransformerを用いると、以下のようにきれいにフォーマットできます。

```
html2text = Html2TextTransformer()
transformed_data = html2text.transform_documents(data)
print(transformed_data)
# [Document(page_content='Wikipedia コンテンツにスキップ ～省略～', metadata={'source':
'https://ja.wikipedia.org/wiki/', 'title': 'Wikipedia', 'language': 'ja'})]
```

下記の例では、変換後のテキストを特定の文字でさらに分割します。CharacterTextSplitterを利用し、テキストが500文字以上の場合、「\n」で区切る設定にしています。

```
from langchain.text_splitter import CharacterTextSplitter
text_splitter = CharacterTextSplitter(
    chunk_size=500,
    chunk_overlap=10,
    add_start_index=True,
    separator="\n",
```

```
)
splitted_data = text_splitter.transform_documents(transformed_data)
```

g. EmbeddingsRedundantFilterを活用

EmbeddingsRedundantFilterを利用すると、類似性の高いドキュメントを識別し、冗長性を排除できます。この機能は、重複する内容を最小限にしたい場面で役立ちます。設定時には、embeddingsで文章を計算しやすい数値ベクトルへと変換する（Embedding）のに使用するモデルを指定し、similarity_threshold（デフォルトは0.95）でフィルタリングする類似度の閾値を定めます。

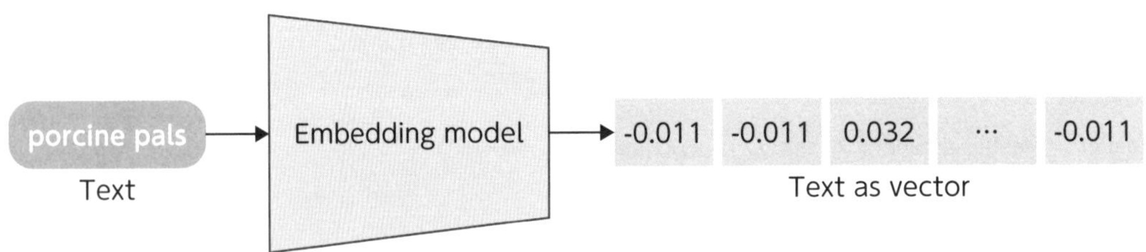

図6.6.3　類似度を比較するために文章を数値ベクトル化する（Embedding）

以下のテキストで、Documentのリストのフィルタリングを行いましょう。

```
りんご
ぶどう
私は佐藤です
私は田中です
私は17歳です
私は20歳です
```

```
from langchain.embeddings import OpenAIEmbeddings
from langchain.document_transformers.embeddings_redundant_filter import
EmbeddingsRedundantFilter
from langchain.document_loaders import TextLoader
import os
from langchain_core.documents import Document

BASE_DIR = os.path.dirname(__file__)
loader = TextLoader(os.path.join(BASE_DIR, "data", "embedding_list.txt"), autodetect_
encoding=True)
loaded_documents = loader.load()
```

```
# 区切り文字で分割してリストにする
content_list = loaded_documents[0].page_content.split()
meta_data = loaded_documents[0].metadata

# 分割した文字列をDocumentに変換
documents = [Document(page_content=document, metadata=meta_data) for document in content_
list]

embeddings_model = OpenAIEmbeddings(
   openai_api_key="your-api-key")  # API KEYを設定

embedding_filter = EmbeddingsRedundantFilter(
   embeddings=embeddings_model,
   similarity_threshold=0.95,
)
filtered_documents = embedding_filter.transform_documents(documents)

print([d.page_content for d in filtered_documents])
```

EmbeddingsRedundantFilter では、embeddings に OpenAIEmbeddings のインスタンスを設定し、similarity_threshold には 0.95 の値を設定しています。

```
print([d.page_content for d in filtered_documents])
# ['りんご', 'ぶどう', '私は佐藤です', '私は田中です', '私は17歳です', '私は20歳です']
```

現在の設定では、除去される Document はありません。しかし、similarity_threshold を 0.9 に調整して再試行すると、以下のように、「私は佐藤です」と「私は田中です」、「私は 17 歳です」と「私は 20 歳です」がフィルタリングされてそれぞれ 1 つになっています。

similarity_threshold = 0.9

```
['りんご', 'ぶどう', '私は田中です', '私は20歳です']
```

similarity_threshold を 0.88 に調整して再試行すると、以下のように「私は田中です」と「私は 20 歳です」がフィルタリングされて 1 つになっています。

similarity_threshold = 0.88

```
['りんご', 'ぶどう', '私は20歳です']
```

POINT

- TextSplitter は指定サイズで Document を分割する抽象クラス
- CharacterTextSplitter は特定の文字を基準に Document を分割する
- TokenTextSplitter は指定トークン数で Document を分割する
- RecursiveCharacterTextSplitter は複数の区切り文字を持つ Document を分割する
- PythonCodeTextSplitter は Python コードをブロック単位で分割する
- Html2TextTransformer は Web ページをテキスト形式に変換する
- EmbeddingsRedundantFilter は類似ドキュメントをフィルタリングする

6-6-3 Vector Stores

Vector Stores を活用すると、テキスト情報をベクトル形式で保存できます。このベクトル情報を基盤に、データの検索やテキスト間の類似性の比較ができ、数学的な手法で高度な分析や検索ができます。

LangChain の資料には、主要な Vector Stores が紹介されています。Vector Stores は、Embeddings を効率的に管理するためのデータベースであり、Chroma、FAISS、PineCone などが存在します。この中でも、Chroma は、ローカル環境でのセットアップが容易で、手軽に使用開始できる点が特長です。

a. Chroma に Embedding を保存する

OpenAI の Embedding モデルを Chroma と組み合わせることで、高度なテキストの解析や検索機能を実現できます。使用時には、Document のリストと Embedding モデルを引数として提供します。

Chroma vector database（以下、ChromaDB）の利用を開始するには、まずインストールが必要です[注9]。

```
pip install chromadb
```

注 9　本書執筆時点では、Python 3.12 でのインストールはエラーが発生しました。インストールに失敗する場合は、Python 3.11 へのダウングレードをお願いします。

```
from langchain.embeddings.openai import OpenAIEmbeddings
from langchain.vectorstores import Chroma
from langchain.text_splitter import TokenTextSplitter
from langchain.document_loaders import TextLoader
import os

BASE_DIR = os.path.dirname(__file__)
loader = TextLoader(os.path.join(BASE_DIR, "data", "programming.txt"), , autodetect_
encoding=True)
documents = loader.load_and_split()
text_splitter = TokenTextSplitter(
    chunk_size=200,
    chunk_overlap=10,
    encoding_name="cl100k_base",
    add_start_index=True,
)
splitted_documents = text_splitter.transform_documents(documents)

# ChromaにInMemoryで格納する
embedding_model = OpenAIEmbeddings(openai_api_key="your-api-key")
db = Chroma.from_documents(splitted_documents, embedding=embedding_model)
```

この処理を実行する際、内部でOpenAIのAPIが呼び出され、ベクトル形式のEmbeddingが生成されます。デフォルトの設定では、テキストとそのEmbeddingはメモリ上に保持されます。「similarity_search」メソッドを実行すると、クエリとEmbeddingの距離を比較して、クエリに最も類似したDocumentをデフォルトで4つ返します。

```
query = "オブジェクト指向とは何ですか？"
docs = db.similarity_search(query)
```

オブジェクト指向に関連するDocumentが4個選ばれる

引数のkを指定すれば、取得するDocumentの数を変更できます。

```
query = "オブジェクト指向とは何ですか？"
docs = db.similarity_search(query, k=5)
```

オブジェクト指向に関連するDocumentが5個選ばれる

b. Embeddingをファイル出力して利用する

デフォルトの設定では、Embedding情報はメモリ上に保存されるため、プロセスが終了するとその情報は消失します。ディスク上に情報を保存するには、persist_directoryを指定してください。下記の設定例では、Embeddingデータがカレントディレクトリ内のchroma_dbフォルダに保存されます。各変数と使用するライブラリのインポートは前回のコードをご利用ください。

```
db = Chroma.from_documents(splitted_documents, persist_directory=os.path.join(BASE_
DIR,"chroma_db"), embedding=embedding_model)
query = "オブジェクト指向とは何ですか？"
docs = db.similarity_search(query)
```

上記の処理を実行すると、chroma_db というディレクトリが作成され、中に SQLite のファイルとバイナリファイルが作成されて、Document 情報と Embedding 情報が格納されます。

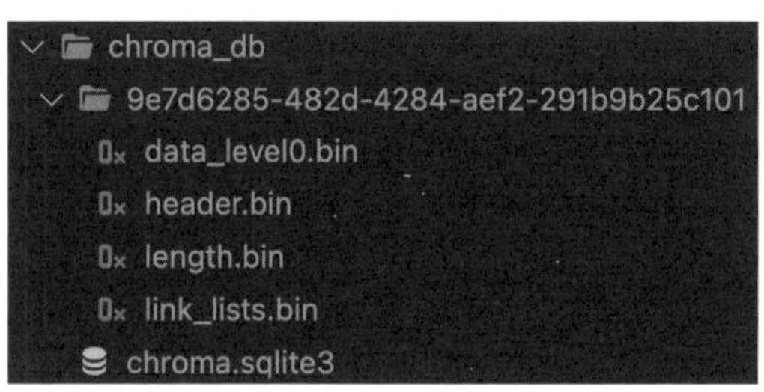

図 6.6.4　Chroma にデータを格納

Chroma を再起動する際、先ほどのディレクトリを指定して読み込むことで、前回保存した情報の利用ができます。以下の手順のように、指定ディレクトリを使用してコンストラクタを呼び出します。

```
import os
from langchain.vectorstores import Chroma
from langchain.embeddings.openai import OpenAIEmbeddings

BASE_DIR = os.path.dirname(__file__)

db = Chroma(persist_directory=os.path.join(BASE_DIR, "chroma_db"), embedding_function=Ope
nAIEmbeddings(openai_api_key="API KEY"))
query = "オブジェクト指向とは何ですか？"
docs = db.similarity_search(query)
```

c. Collection を追加、更新、削除する

Collection の利用は、関連するデータを効率的に整理するために重要です。Collection 内のデータは、.add、.update、および .delete メソッドを使用して手軽に操作できます。これにより、データの整理と管理がよりスムーズに行えます。

デフォルト設定では、langchain という名前の Collection が生成されますが、collection_name 引数を用いることで、異なる名前の Collection を作成できます。このようにすることで、データのソースに応じて、Collection を分けて管理できるようになります。

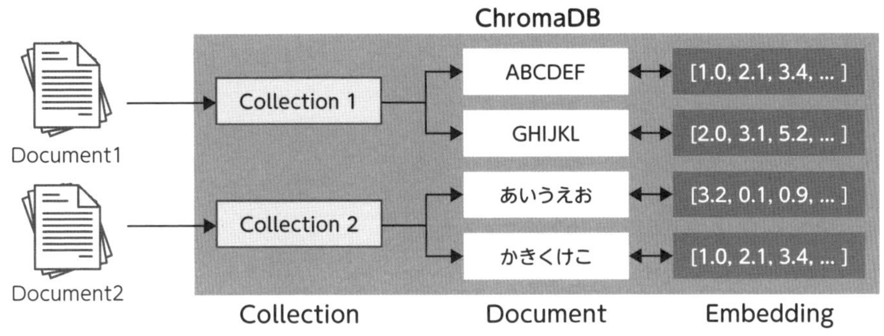

図 6.6.5　Collection に分けて管理する

たとえば、下記のようにすると、Document のリストが my_collection として管理されます。

```
db = Chroma.from_documents(documents, embedding=OpenAIEmbeddings(openai_api_key="API KEY"), collection_name="my_collection")
```

あるいは、以下の例では、chroma_db ディレクトリの中から、my_collection という名前の Collection 内のデータを読み込んでいます（デフォルトでは、langchain という名前の Collection を読み込みます）。

```
db = Chroma(persist_directory="./chroma_db", collection_name="my_collection", embedding_function=OpenAIEmbeddings(openai_api_key="API KEY"),)
query = "オブジェクト指向とは何ですか？"
docs = db.similarity_search(query)
```

delete_collection メソッドを実行すると、Collection を DB から削除できます。

```
db.delete_collection()
```

d. Collection 内へ Document の追加、更新、削除し、取得する

次に、Document の追加、更新、削除、取得を実行しましょう。Document の追加は、add_documents メソッドを利用します。ここで、Document をリスト形式で提供すると、各テキスト

の Embedding が自動計算され、テキスト、メタデータ、および Embedding が Chroma に保存されます。例として、apple、grape、banana の情報を Chroma に保存するケースを考えてみます。

```
from langchain.schema import Document
from langchain.vectorstores import Chroma
from langchain.embeddings.openai import OpenAIEmbeddings

texts = ["apple", "grape", "banana"]
metadatas = [
   {'source': 'apple.txt'},
   {'source': 'grape.txt'},
   {'source': 'banana.txt'},
]
documents = [Document(page_content=text, metadata=metadata) for text, metadata in
zip(texts, metadatas)]
db = Chroma(embedding_function=OpenAIEmbeddings(openai_api_key="API KEY"))
db.add_documents(documents)
```

取得するには、以下のように similarity_search を実行しましょう。

```
print(db.similarity_search("ぶどう", k=1))
# [Document(page_content='grape', metadata={'source': 'grape.txt'})]
```

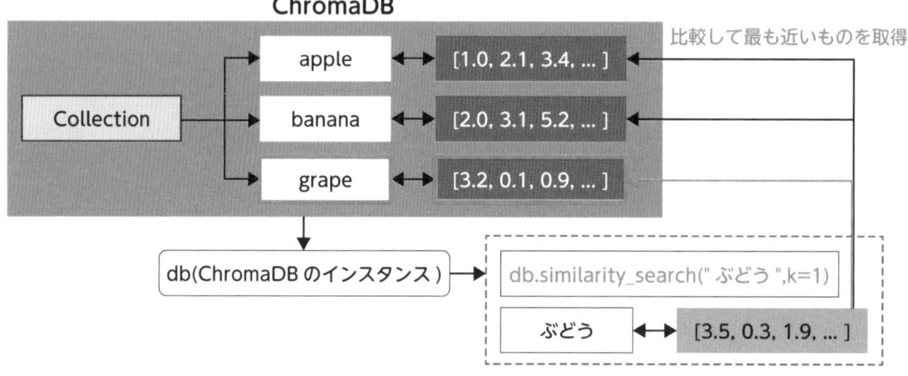

図 6.6.6　similarity_search で類似の Document を検索した図

similarity_search は、Embedding の距離がクエリに最も近い Document を取得するメソッドです。上記の例では、「ぶどう」で検索すると、同じ意味の「grape」という結果を得ています。metadata をもとに、特定のソースの情報を指定してデータを得るには、get メソッドを使用してください。

```
print(db.get(where={"source": "banana.txt"}))
# {'ids': ['a207d308-462b-11ee-89c8-aeb2402f51d3'], 'embeddings': None, 'metadatas':
[{'source': 'banana.txt'}], 'documents': ['banana']}
```

取得したidsを利用して、Documentの更新や削除ができます。Documentの更新にはupdate_documentメソッドを使用します。この際、第1引数にはidを、第2引数には更新したい内容を含むDocumentオブジェクトを指定します。

```
from langchain.schema.document import Document

response = db.get(where={"source": "banana.txt"})
id = response['ids'][0] # idを取得
new_document = Document(page_content="バナナ", metadata={'source': 'banana.txt'}) #
Documentの再作成
db.update_document(id, new_document) # idのものに対して、page_contentを変更
```

以下のように、similarity_searchで取り出すと、page_contentが変更されていることがわかります。

```
print(db.similarity_search("バナナ", k=1))
# [Document(page_content='バナナ', metadata={'source': 'banana.txt'})]
```

deleteメソッドにidのリストを渡すと、そのIDに該当するDocumentがDBから削除されます。

```
ids = response['ids']
db.delete(ids)
```

e. 実データをChroma DBに格納して読み込む

これまでの学びをもとに、ChromaDBへのデータ格納を試みましょう。最初に、WebBaseLoaderを使用してWikipediaの「LangChain」ページからデータを読み込みます。

```
from langchain.document_transformers import Html2TextTransformer
from langchain.document_loaders import WebBaseLoader

loader = WebBaseLoader("https://en.wikipedia.org/wiki/LangChain")
data = loader.load()
```

次に、DocumentをHtml2TextTransformerできれいなテキスト形式に変換し、文字数200をサイズとしてCharacterTextSplitterで改行文字で分割します。

```
html2text = Html2TextTransformer()
transformed_data = html2text.transform_documents(data)
from langchain.text_splitter import CharacterTextSplitter
text_splitter = CharacterTextSplitter(
    chunk_size=200,
    chunk_overlap=10,
    add_start_index=True,
    separator="\n",
    keep_separator=True,
)
splitted_data = text_splitter.transform_documents(transformed_data)
```

このsplitted_dataはDocumentのリストになっていますが、これをChromaに追加します。

```
from langchain.embeddings.openai import OpenAIEmbeddings
from langchain.vectorstores import Chroma
import os

BASE_DIR = os.path.dirname(__file__)
db = Chroma.from_documents(splitted_data, persist_directory=os.path.join(BASE_DIR,
"chroma_db"), collection_name="wikipedia", embedding=OpenAIEmbeddings(openai_api_key="API
KEY"))
```

このようにすると、wikipediaから読み込んだデータをEmbeddingとともに、ChromaDBに格納できます。以下のように、「What is Langchain?」として、関連する文章を取得しましょう。

```
db.similarity_search("What is Langchain?", k=1)
# [Document(page_content='developmentLicenseMIT LicenseWebsiteLangChain.com LangChain
is a framework\ndesigned to simplify the creation of applications using large language
models', metadata={'language': 'en', 'source': 'https://en.wikipedia.org/wiki/LangChain',
'start_index': 1218, 'title': 'LangChain - Wikipedia'})]
```

「LangChain is a framework\ndesigned to simplify the creation of applications using large language models」と表示されていて、LangChainに関する説明文を取得することができました。

DBを再読み込みするには、ディレクトリのパスとCollection名の指定が必要です。

```
db = Chroma(persist_directory=os.path.join(BASE_DIR, "chroma_db"), collection_
name="wikipedia", embedding_function=OpenAIEmbeddings(openai_api_key="API KEY"))
```

以下の手順を実行すると、LangChainのWikipedia情報をDocumentリストとして取得できます。更新や削除を行う場合、先ほど紹介したupdate_documentメソッドやdeleteメソッドを利用してください。

```
response = db.get(where={"source": "https://en.wikipedia.org/wiki/LangChain"})
```

POINT

- **Vector Stores（例：Chroma、FAISS、Pinecone）を使用することで、テキスト情報をベクトル形式で保存し、高度な検索や類似性比較が可能になる**
- **OpenAIのEmbeddingモデルとChromaを組み合わせて使うことで、効果的なテキスト解析と検索ができる**
- **Chromaではデータをディスク上に保存する場合はpersist_directoryを使用する**
- **データの整理や管理のための機能として、Collectionの作成や操作を行う**
- **ChromaのメソッドをDocumentの追加、更新、削除や特定のメタデータを持つDocumentの取得、Embeddingの類似性に基づく検索などができる**

6-6-4 Retrievers

Vector Storesを活用することで、指定したクエリに基づくデータの取得ができます。さらに、Retrieversを使用すると、Vector Storesからのデータ取得と同時にLLMへの問い合わせができます。これにより、Vector Storesに保存されたデータに基づく質問への対応が容易になります。

例として、先に保存したLangChainのWikipedia情報をLLMで自然な形の回答にできます。対象のDBに対して、as_retrieverを実行してRetrieverを作成します。

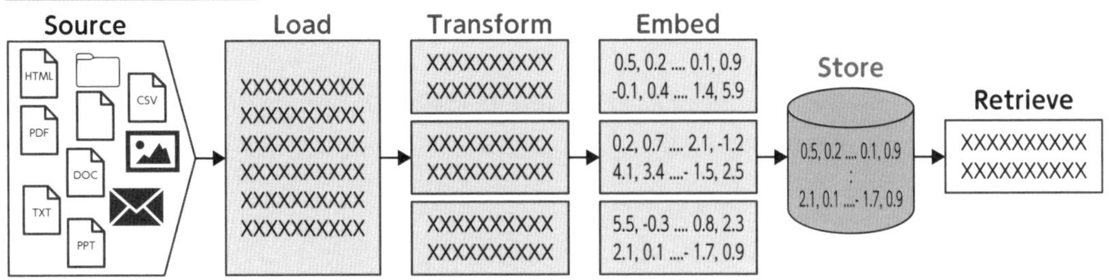

図 6.6.7　データを Index にして取り出す

```
from langchain.embeddings.openai import OpenAIEmbeddings
from langchain.vectorstores import Chroma
import os
BASE_DIR = os.path.dirname(__file__)
embedding_model = OpenAIEmbeddings(openai_api_key="your-api-key")
db = Chroma(persist_directory=os.path.join(BASE_DIR, "chroma_db"), collection_
name="wikipedia", embedding_function=embedding_model)

# Retrieverの作成
retriever = db.as_retriever()

# 作成したRetrieverをChainに設定する
from langchain.chains import RetrievalQA
from langchain.llms import OpenAI
llm_model = OpenAI(openai_api_key="your-api-key")
qa_chain = RetrievalQA.from_llm(llm=llm_model,retriever=retriever)

# Chainを実行して、回答を得る。
query = "What is Langchain?"
print(qa_chain.run(query))
# Langchain is a software framework for large language model application development. It
was launched in October 2022 as an open source project by Harrison Chase, while working
at machine learning startup Robust Intelligence.
（日本語訳：Langchainは、大規模言語モデルアプリケーション開発のためのソフトウェアフレームワーク
である。機械学習スタートアップのRobust Intelligenceに在籍していたハリソン・チェイスによって、
2022年10月にオープンソースプロジェクトとして立ち上げられた。）
```

Retriever を使用して Chain を作成し、問い合わせることで、自然な回答が得られました。さらに、Retriever の vectorstore プロパティには Chroma のインスタンスが含まれています。この vectorstore を通じて、Chroma への直接のデータ書き込みも可能です。add_documents を活用して、以下のようにデータを追加しましょう。

```
from langchain.schema import Document

texts = ["apple", "grape", "banana"]
metadatas = [
   {'source': 'apple.txt'},
   {'source': 'grape.txt'},
   {'source': 'banana.txt'},
]
documents = [Document(page_content=text, metadata=metadata) for text, metadata in 
zip(texts, metadatas)]
retriever.vectorstore.add_documents(documents)
```

ここまで、Documentの読み込み、ChromaへのEmbeddingの追加、そしてChromaを使用した問い合わせの方法について学んできました。

LangChainには、これらの処理を一元管理するクラス、VectorstoreIndexCreatorも提供されています。このクラスでは、from_documentsやfrom_loadersといったメソッドが用意されています。まずは、Embeddingモデル、TextSplitter、VectorStoresを指定してVectorstoreIndexCreatorのインスタンスを生成します。

```
from langchain.indexes.vectorstore import VectorstoreIndexCreator
from langchain.vectorstores import Chroma
from langchain.embeddings.openai import OpenAIEmbeddings
from langchain.text_splitter import CharacterTextSplitter
import os

BASE_DIR = os.path.dirname(__file__)

index_creater = VectorstoreIndexCreator(
    embedding=OpenAIEmbeddings(openai_api_key="API KEY"),
    text_splitter=CharacterTextSplitter(
        chunk_size=200,
        chunk_overlap=10,
        add_start_index=True,
        separator="\n",
        keep_separator=True,
    ),
    vectorstore_kwargs={
        "persist_directory": os.path.join(BASE_DIR, "chroma_db"),
        "collection_name": "wikipedia",
    },
)
```

まず、embedding用のモデル、ドキュメントの分割方法を指定するtext_splitter、そしてデータベース設定をvectorstore_kwargsに入力します。from_documentsメソッドでは、Documentのリストを引数として受け取ります。これにより、text_splitterで定義したフォーマットに従ってDocumentのデータが整形され、Chromaに保存されます。

```
index_creater.from_documents(documents)
```

また、from_loadersメソッドを使用すると、loaderを引数として指定することで、対象ドキュメントが自動的に読み込まれ、整形されたうえでChromaに格納されます。

```
from langchain.document_loaders import WebBaseLoader

loader = WebBaseLoader("https://en.wikipedia.org/wiki/LangChain")
index_creater.from_loaders([loader])
```

POINT

- **Vector StoresとRetrieversを使用して、データの取得とLLMへの同時問い合わせが可能になる**
- **Retrieverはdb.as_retriever()で作成し、Chromaへのデータ操作を直接的に行える**
- **VectorstoreIndexCreatorはLangChainの一元管理クラスで、指定のモデルや設定を使ってChromaにデータを格納できる**

6-7 Agentで情報取得を自動化する

あらかじめ設定した一連の処理を実行するChainに対して、AgentではLLMによる推論をもとに事前に用意されたToolの中から、適切なものをLLMに選択させます。これには、「2-4-7　AIに思考をさせる（ReAct）」で紹介したReActの考え方に基づいて実現されています。ユーザーの質問に対して、どうすべきか行動をLLMが思考して、その思考に沿ってLangChainが行動を実行します。この行動には、インターネットで検索する、DBにアクセスするなど外部データへのアクセスも含みます。そして、行動の結果得られた情報をプロンプトに含めて再度LLMに問い合わせて、最終的な出力を得ます。

Agentは、以下の要素から構成されています。

- Tool：Agentが呼び出す処理とその説明を持つもので、LangChainは多数のToolを提供する。しかし、独自のToolを作成するのも容易
- ToolKit：目的ごとに複数のToolを組み合わせたもの
- AgentExecutor：Agentが動作する実行環境で、Agentが選択した処理を呼び出して繰り返し実行する

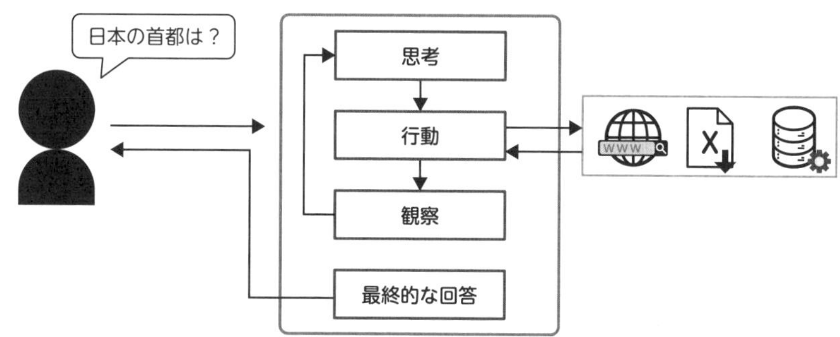

図6.7.1　Agentは最終的な回答にたどり着くまで思考－行動－観察を繰り返す

実際にAgentを活用しながら考えていきましょう。Agentを活用するには、まず問い合わせるためのLLMsを作成します。

```
from langchain.llms import OpenAI
llm = OpenAI(openai_api_key="API KEY")
```

次にToolインスタンスを作成しましょう。このときToolが呼び出す対象の関数をまずは定義します。関数は引数を1つ取り、AgentがToolを実行する際に引数を与えます。

```
def fetch_weather(location):
    return "Sunny"
```

上記は、まずサンプル関数で、location情報をもとにその場所の天気の情報を返す関数にしてい

ます（ただしここでの戻り値は「Sunny」に固定しています）。次に、Toolのインスタンスを作成します。

```
from langchain.agents import Tool

weather_tool = Tool(
    name="天気",
    func=fetch_weather,
    description="場所の情報をもとに天気の情報を取得する",
)
tools = [weather_tool]
```

Toolのnameフィールドには Toolの情報、funcフィールドには呼び出される関数やメソッド、そしてdescriptionフィールドにはToolの詳細な説明を記入します。このnameとdescriptionは、AgentがどのToolを選択するかの判断に重要な役割を果たすので、詳細かつ正確に記述することが求められます。

toolsには、リスト形式でToolのインスタンスを格納します。複数のToolを追加することで、LLMが多様なToolの中から適切なものを選べるようになります。

そして、これらのLLMsとtoolsを用いて、AgentExecutorを構築します。

```
from langchain.agents import initialize_agent
from langchain.agents import AgentType

agent_executor = initialize_agent(
    agent=AgentType.ZERO_SHOT_REACT_DESCRIPTION,
    tools=tools,
    llm=llm,
    verbose=True,
    max_iterations=3
)
```

initialize_agentメソッドにはllmとtoolsを引数として渡します。verboseオプションをTrueに設定すると詳細なアウトプットが得られるので、デバッグ時に役立ちます。max_iterationsは、デフォルトで15に設定され、これはLLMを最大で何回呼び出すかを決定します。

agentパラメータではAgentの種類を指定します。「AgentType.ZERO_SHOT_REACT_DESCRIPTION」にすると、Toolのnameとdescriptionをもとにしたプロンプトを LLMに渡して、次に実行するToolの選択をLLMに委ねるタイプのAgentを指定できます。

runメソッドを使用してAgentを実行しましょう。

```
agent_executor.run("東京の今日の天気を教えて")
```

```
> Entering new AgentExecutor chain...
 東京の位置を確認し、天気を取得する
Action: 天気
Action Input: 東京
Observation: Sunny
Thought: 東京の今日の天気がわかった
Final Answer: 東京は今日は晴れです。
> Finished chain.
'東京は今日は晴れです。'
```

上記はAgentの実行結果で、Action、Action Input、Observation、Thought、Final Answerが出力されていて、最後に「東京は今日は晴れです。」と出力されています。

最後の出力に至るまでには、LLMの呼び出しから外部Tool（fetch_weather関数）の実行まで複雑なプロセスを経ています。

その複雑なプロセスがどのように実行されているのかを次に見ていきたいと思います。このとき以下の手順で、LangChainの設定をdebugにするとより詳細なログが出力されるようになりますので、「agent_executor.run」実行前に設定を入れましょう。

```
from langchain.globals import set_debug

set_debug(True)
```

```
Answer the following questions as best you can. You have access to the following tools:\
n\n天気: 場所の情報をもとに天気の情報を取得する\n\nUse the following format:\n\nQuestion:
the input question you must answer\nThought: you should always think about what to do\
nAction: the action to take, should be one of [天気]\nAction Input: the input to the
action\nObservation: the result of the action\n... (this Thought/Action/Action Input/
Observation can repeat N times)\nThought: I now know the final answer\nFinal Answer: the
final answer to the original input question\n\nBegin!\n\nQuestion: 東京の今日の天気を教えて
\nThought:
```

日本語訳

```
以下の質問にできるだけ正確に答えてください。次のToolにアクセスできます：
天気: 場所の情報をもとに天気の情報を取得する  ← Toolとして渡したweather_toolの情報
次の形式を使用してください：  ← LLMが出力する形式を指定している
Question: あなたが答える必要がある入力の質問
Thought: 何をするべきかを考える
```

```
Action: 取るべき行動、[Tool(天気)]のいずれかであるべき
Action Input: 行動への入力
Observation: 行動の結果 ... (この 考え/行動/行動入力/観察 はN回繰り返されることができます)
Thought: 最終的な答えを知っています
Final Answer: 元の入力質問への最終的な答え

Begin!
Question: 今日の東京の天気は？
Thought:
```

最終的に欲しい出力

入力はここで終わり、Thought（思考）への解が次に出力される

上記は実行時のログで、LLMへのインプットとなるプロンプトを出力しています。このプロンプトに沿ってLLMは思考を行い、LangChainの次の行動を決定します。

ログ上に、「次のToolにアクセスできます：天気：場所の情報をもとに天気の情報を取得する」と記述されていますが、これはToolとして渡したweather_toolの情報です。

このToolの情報も含めて、LLMは次に行うべき行動を思考します。LLMは次の単語の予測を行います。LLMへの入力の最終行は「Thought: 」となっており、その続きの文章が以下のように出力されました。

```
東京の位置を確認し、天気を取得する
Action: 天気
Action Input: 東京
```

入力の最後（Thought: ）の続き

Agentは、このLLMからの出力（Actoin、Action Input）をもとに、Toolを実行します。「Action: 天気」とは、weather_tool作成時にnameとして設定した値のことで、「Action Input: 東京」はその引数を表します。

次に、LangChainは、weather_toolで指定したfetch_weather関数を「東京」を引数にして実行します。fetch_weatherを実行した結果、「Sunny」が返されますが、この値をObservationに設定したプロンプトを再度、LLMに投げられます。

```
以下の質問にできるだけ正確に答えてください。次のToolにアクセスできます：
天気: 場所の情報をもとに天気の情報を取得する
〜省略〜
Begin!
Question: 今日の東京の天気は？
Thought: 東京の位置情報を取得して、そこから天気を取得する
Action: 天気
Action Input: 東京
Observation: Sunny\n
Thought:
```

Action（fetch_weather）の実行結果を設定

最後にLLMから、以下のような出力が得られます。

```
Thought: 東京の今日の天気がわかった
Final Answer: 東京は今日は晴れです。
```

AgentはFinal AnswerをLLMから取得したらその処理を終了し、「東京は今日は晴れです」という答えを出力します。もしFinal Answerが得られなければ、Agentは、LLMから得られたActionとAction Inputをもとに再度処理を実行して結果をLLMに投げます。つまり、Agentは以下のステップを繰り返します。

LLMによる推論（Thought）、関数の実行（Action）、そして関数の結果（Observation）の取得、Final Answerを得るまでこのステップが繰り返されます。

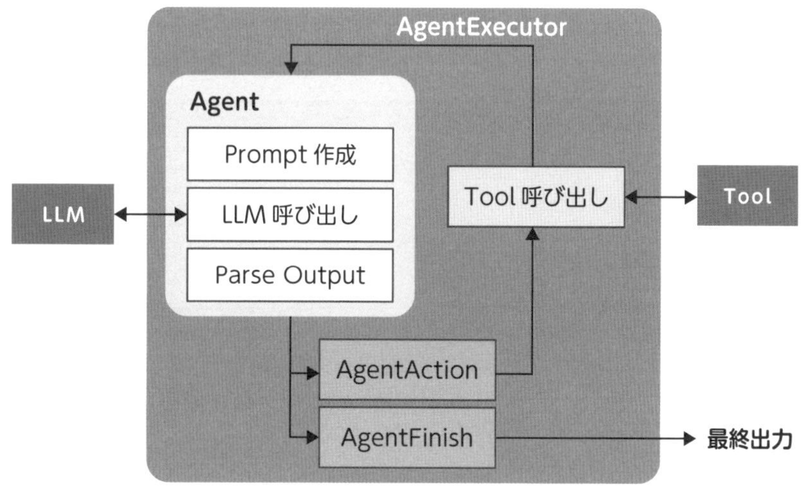

図 6.7.2　AgentExecutor の概要図

次にLangChainのライブラリ、LLMMathChainを使用して計算を行いましょう。LLMは計算ミスが生じることもあるため、外部ツールを併用することでより正確な結果を得ることも重要です。また、実行前に以下のライブラリをインストールしてください。

```
pip install numexpr
```

```
from langchain.chains import LLMMathChain
from langchain.agents import Tool, initialize_agent, AgentType
from langchain.llms import OpenAI
llm= OpenAI(
```

```
    openai_api_key="your-api-key")

llm_math = LLMMathChain(llm=llm)
math_tool = Tool(
    name="計算機",
    func=llm_math,
    description="数学の計算をするのに使います",
)
tools = [math_tool]
agent_executor = initialize_agent(
    agent=AgentType.ZERO_SHOT_REACT_DESCRIPTION,
    tools=tools,
    llm=llm,
    verbose=True,
    max_iterations=3
)
agent_executor.run("4.5 * 2.3 / 3.5 = ?")
```

```
Action: 計算機
Action Input: 4.5 * 2.3 / 3.5
Observation: {'question': '4.5 * 2.3 / 3.5', 'answer': 'Answer: 2.957142857142857'}
Thought: I now know the final answer
Final Answer: 2.957142857142857
> Finished chain.
'2.957142857142857'
```

このとき、計算を行う Tool しか渡していないため、それ以外の質問をしても実行はできません。

```
agent_executor.run("日本の首都はどこですか？")
```

```
> Entering new AgentExecutor chain...
 日本の首都を検索する
Action: 計算機
Action Input: 日本の首都
ValueError
```

上記の質問だと、計算ができないためエラーとなってしまいます。このような場合には、数値計算以外の一般的な質問にも回答できる Tool を用意しましょう。

```
llm_tool = Tool(
    name="一般的な回答",
```

```
    func=llm.predict,
    description="一般的な質問に対して答えを得られます",
)
tools = [math_tool, llm_tool]
```

上記の例では、llm の predict メソッドを用いて一般的な質問に答える Tool を作成しています。これと math_tool を組み合わせてリストにしています。

```
agent_executor = initialize_agent(
    agent=AgentType.ZERO_SHOT_REACT_DESCRIPTION,
    tools=tools,
    llm=llm,
    verbose=True,
    max_iterations=3
)
```

```
agent_executor.run("日本の首都はどこですか？")
```

```
> Entering new AgentExecutor chain...
 日本の首都を知るために、調べるしかない
Action: 一般的な回答
Action Input: 日本の首都
Observation: は?
東京です。
Thought: 日本の首都がわかった
Final Answer: 日本の首都は東京です。
> Finished chain.
'日本の首都は東京です。'
```

実行結果から、「一般的な回答」という Action が選択され、日本の首都を特定できました。

Web 検索機能を備えた Tool を使用して Agent を構築しましょう。検索には SerpAPIWrapper がおすすめです。ただし、使用前に SerpAPI のページ[注10]で登録し、API KEY の取得が必要です。Serp API は 1 月 100 検索までは無料で利用できます。

次に、以下のライブラリをインストールしてください。

```
pip install google-search-results
```

注 10 https://serpapi.com/

次にSerpAPIWrapperを初期化します。このときSerpAPIページから発行したAPI KEYを指定してください。

```
from langchain.utilities import SerpAPIWrapper
search = SerpAPIWrapper(serpapi_api_key="API KEY")
```

runメソッドを実行すると最新の情報も検索できます。

```
print(search.run("最近の日本のニュースを教えてください？"))
```

```
'新着ニュース ・ 台風9号・10号 最新の情報に注意を 8月27日 1時28分 ・ ウクライナ軍部隊指揮官"少しずつ前進もロシアは常に兵補充" 8月27日 1時21分 ・ 長野 諏訪市で「子ども ～省略～'
```

では、このSerpAPIWrapperをベースにしたToolも用いて、Agentを実行しましょう。下記の例では、最新の情報を検索するSerpAPIWrapperと、数値計算を行うLLMMathChainの2つを用いて計算結果を返しています。AgentでもMemoryを使用できるので、併せて試してみましょう。

```
from langchain.memory import ConversationBufferMemory
from langchain.utilities import SerpAPIWrapper
from langchain.agents import AgentType, initialize_agent, Tool
from langchain.llms import OpenAI
from langchain.chains import LLMMathChain

llm = OpenAI(openai_api_key="API KEY")
memory=ConversationBufferMemory()
search = SerpAPIWrapper(serpapi_api_key="API KEY")
search_tool = Tool(
    name="検索",
    func=search.run,
    description="最新の情報を得たい場合に用います",
)
llm_math = LLMMathChain(llm=llm)
math_tool = Tool(
    name="計算機",
    func=llm_math,
    description="数値演算の内容を文字列で与えて正確な数値演算を行います",
)

tools = [search_tool, math_tool]
```

```
agent_executor = initialize_agent(
    agent=AgentType.ZERO_SHOT_REACT_DESCRIPTION,
    tools=tools,
    llm=llm,
    verbose=True,
    memory=memory,
    max_iterations=4
)
agent_executor.run("GPT-3.5とGPT-4の最大入力トークン数の差を計算してください。")
```

```
> Entering new AgentExecutor chain...
 GPT-3.5とGPT-4の両方のトークン数を検索する必要がある
Action: 検索
Action Input: GPT-3.5とGPT-4のトークン数
Observation: GPT3.5は最大トークン数 2,048 (5,000文字) である一方、GPT4は最大トークン数が
32,768 (25,000文字) です。
Thought: GPT-3.5とGPT-4の入力トークン数の差を計算する
Action: 計算機
Action Input: 32,768 - 2,048
Observation: {'question': '32,768 - 2,048', 'answer': 'Answer: 30720'}
Thought: I now know the final answer
Final Answer: GPT-3.5とGPT-4の入力トークン数の差は30,720です。
> Finished chain.
'GPT-3.5とGPT-4の入力トークン数の差は30,720です。'
```

上記の実行結果を見ると、GPT-3.5 と GPT-4 の最大トークン数の差分を Web 検索を用いて計算しています。Agent の利用により、連続的な思考と行動を組み合わせ、より高度な処理の実現ができます。

また、print(memory)を使用すると、ユーザーの入力と Agent の最終出力の内容を確認できます。

```
print(memory)
#ConversationBufferMemory(chat_memory=ChatMessageHistory(messages=[HumanMessage(co
ntent='GPT-3.5とGPT-4の入力トークン数の差を計算してください。', additional_kwargs={},
example=False), AIMessage(content='GPT-3.5とGPT-4の入力トークン数の差は30,720です。
', additional_kwargs={}, example=False)]), output_key=None, input_key=None, return_
messages=False, human_prefix='Human', ai_prefix='AI', memory_key='history')
```

次に、Toolkits の利用について説明します。Toolkits は、複数の Tool を集約したもので、1 つの Toolkits で連続的な処理を効率的に行えます。

例として、DB への問い合わせ、Microsoft 365 の活用、Google Drive からのデータ取得など、

多岐にわたるToolkitが提供されています。詳しい情報は公式ドキュメント[注11]で確認できます。

以下は、Pythonのコードを生成して実行するPythonREPLToolを用いています。このとき、実行前に以下のライブラリのインストールを行ってください。

```
pip install langchain-experimental
```

```
from langchain.agents.agent_types import AgentType
from langchain.llms.openai import OpenAI
from langchain_experimental.agents.agent_toolkits import create_python_agent
from langchain_experimental.tools import PythonREPLTool


llm = OpenAI(openai_api_key="your-api-key")
agent_executor = create_python_agent(
    llm=llm,
    tool=PythonREPLTool(),
    verbose=True,
    agent_type=AgentType.ZERO_SHOT_REACT_DESCRIPTION,
)
agent_executor.run("15のフィボナッチ数を計算してください")
```

```
> Entering new AgentExecutor chain...
 I need to calculate the 15th Fibonacci number
Action: Python_REPL
Action Input:
def fibonacci(n):
    if n == 0:
        return 0
    elif n == 1:
        return 1
    else:
        return fibonacci(n-1) + fibonacci(n-2)

print(fibonacci(15))
Observation: 610

Thought: That is the answer
Final Answer: 610
> Finished chain.
'610'
```

注11 https://python.langchain.com/docs/integrations/toolkits/

実行すると、上記のようにフィボナッチ数を表示できます。

最後に、「6-6-3　Vector Store」の Vector Stores と Agent を用いて、プロジェクト情報を Index 化し、Agent でバグを発見する処理を書いてみます。第 4 章で作成したプロジェクト書類とソースコードをフォルダ以下に配置します。このフォルダは、GitHub 上にアップロードしています。

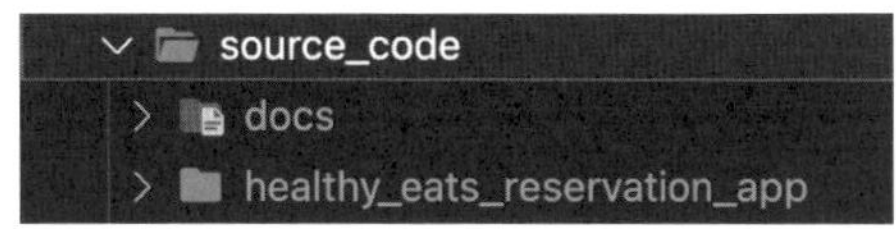

図 6.7.3　Document 情報

docs フォルダ内のドキュメントと healthy_eats_reservation_app フォルダ内のソースコードを Chroma に格納します。このとき、Collection 名はそれぞれ docs と code にします。コードの実行には、ライブラリのインストールが必要ですので、以下のコマンドの実行をお願いします。

```
pip install unstructured markdown
```

```
import os
from langchain.document_loaders import DirectoryLoader, UnstructuredMarkdownLoader,
PythonLoader, TextLoader
from langchain.text_splitter import RecursiveCharacterTextSplitter,PythonCodeTextSplitt
er, Language
from langchain.vectorstores import Chroma
from langchain.embeddings.openai import OpenAIEmbeddings
# ドキュメントを読み込む
BASE_DIR = os.path.dirname(__file__)
embedding_model = OpenAIEmbeddings(openai_api_key="your-api-key")

loader = DirectoryLoader(os.path.join(BASE_DIR, "source_code", "docs"), glob="*.md",
recursive=True, loader_cls=UnstructuredMarkdownLoader, loader_kwargs={"autodetect_
encoding": True})
documents = loader.load()
# 文字で分割
text_splitter = RecursiveCharacterTextSplitter(
chunk_size=500,
chunk_overlap=20,
add_start_index=True,
keep_separator=True,
separators=["#", "\n"],
)
splitted_documents = text_splitter.transform_documents(documents)
# collection_nameをdocsにして、Chromaに保存
```

```
Chroma.from_documents(splitted_documents, persist_directory=os.path.join(BASE_DIR,
"chroma_db"), collection_name="docs", embedding=embedding_model)

loader = DirectoryLoader(os.path.join(BASE_DIR, "source_code"), glob="*.py",
recursive=True, loader_cls=PythonLoader)

documents = loader.load()

# 文字で分割
text_splitter = PythonCodeTextSplitter(
chunk_size=500,
chunk_overlap=20,
add_start_index=True,
)
python_documents = text_splitter.transform_documents(documents)

# HTMLファイルを読み込む
loader = DirectoryLoader(os.path.join(BASE_DIR, "source_code"), glob="*.html",
recursive=True, loader_cls=TextLoader, loader_kwargs={"autodetect_encoding": True}
)
documents = loader.load()

# 文字で分割
text_splitter = RecursiveCharacterTextSplitter.from_language(
Language.HTML,
chunk_size=500,
chunk_overlap=20,
add_start_index=True,
)
html_documents = text_splitter.transform_documents(documents)

source_code_documents = python_documents + html_documents

# collection_nameをcodeにして、Chromaに保存
Chroma.from_documents(source_code_documents, persist_directory=os.path.join(BASE_DIR,
"chroma_db"), collection_name="code", embedding=embedding_model)
```

次に、保存したChromaを読み込み直して、Retrieverを作成しましょう。

```
from langchain.chains.llm import LLMChain
from langchain.agents import AgentType, initialize_agent, Tool
import os
from langchain.vectorstores import Chroma
from langchain.embeddings.openai import OpenAIEmbeddings
```

```
from langchain.chains import RetrievalQA
from langchain.llms import OpenAI
from langchain.memory import ConversationBufferMemory

API_KEY = "your-api-key"
# ドキュメントを読み込む
BASE_DIR = os.path.dirname(__file__)
docs_db = Chroma(persist_directory=os.path.join(BASE_DIR, "chroma_db"), collection_
name="docs",
                embedding_function=OpenAIEmbeddings(openai_api_key=API_KEY))
code_db = Chroma(persist_directory=os.path.join(BASE_DIR, "chroma_db"), collection_
name="code",
                embedding_function=OpenAIEmbeddings(openai_api_key=API_KEY))

# Retrieverの作成
docs_retriever = docs_db.as_retriever()
code_retriever = code_db.as_retriever()

llm = OpenAI(
   openai_api_key=API_KEY)
# 検索用のChainを作成
docs_chain = RetrievalQA.from_llm(llm=llm, retriever=docs_retriever)
code_chain = RetrievalQA.from_llm(llm=llm, retriever=code_retriever)

# docs_chainとcode_chainでAgentを作成する

docs_tool = Tool(
   name="ドキュメント",
   func=docs_chain.run,
   description="設計書などドキュメント情報を得たい場合に用います",
)

code_tool = Tool(
   name="コード",
   func=code_chain.run,
   description="実際に記述したソースコードを参考にしたい場合に用います",
)

tools = [docs_tool, code_tool]

memory = ConversationBufferMemory()
agent_executor = initialize_agent(
   agent=AgentType.ZERO_SHOT_REACT_DESCRIPTION,
   tools=tools,
   llm=llm,
   verbose=True,
```

```
    memory=memory,
    max_iterations=4
)
response = agent_executor.run("レストラン詳細画面はどんな画面ですか？")
print(response)
```

```
> Finished chain.
> Entering new AgentExecutor chain...
 レストラン詳細画面の情報を取得したい
Action: ドキュメント
Action Input: レストラン詳細画面に関するドキュメント
Observation:  レストラン詳細画面に関するドキュメントとして、ヘッダー、ナビゲーションバー、飲食店詳細、～省略～
Thought: レストラン詳細画面の情報を取得できた
Final Answer: レストラン詳細画面は、ヘッダー、ナビゲーションバー、飲食店詳細、レビューと評価、～省略～

> Finished chain.
レストラン詳細画面は、ヘッダー、ナビゲーションバー、飲食店詳細、レビューと評価、予約ボタンを含む画面です。～省略～
```

agent_executor.run を実行すると、入力に応じて Tool を選択して処理を実行します。上記のように、レストラン詳細画面の情報をドキュメントから取得できました。

```
response = agent_executor.run("restaurantsテーブルのモデルのソースコードをすべて教えてください")
```

```
> Finished chain.
Restaurant is a model from the src.restaurants.models module that stores information about restaurants, such as name, location, cuisine type, number of seats, average price, contact, and operating hours.
```

ソースコードを得ようとすると、最終的に英語の結果が返ってきました。LangChain の Agent は、英語をベースに作成されているため、最終結果は英語で得られることも多いです。

POINT

- Agent は Tool、ToolKit、AgentExecutor、ReAct という主要な構成要素から成り立っている
- AgentExecutor は LLM への問い合わせと Tool の実行を繰り返し、最終的な回答を生成する
- Agent も英語をベースに作成されているため、場合に応じてカスタマイズが必要になる

6-8 まとめ

LangChain は、LLM を用いたユーザーとの対話や情報の検索・整理を効率化するために、さまざまなツールで構築されています。

LLMs や Chat Models を使用することで、GPT モデルに直接質問を投げ、情報を取得することが可能です。Chat Models を利用すると、連続的な対話を容易に管理し、Memory を活用して API の呼び出しコストを節約できます。

PromptTemplate や Output Parser を使用すれば、API へのリクエストや言語モデルの出力を効率的に操作できます。

LLMChain や ConversationChain、SequentialChain などの「Chain」は、PromptTemplate、Models、OutputParser を統合してつなぐことのできるモジュールです。これにより、ユーザーの入力や過去の対話履歴をもとにした効率的な利用ができます。

データの取り扱いに関しては、Document Loader を提供しています。これを使用することでテキスト、PDF、Web ページといった多様なソースからのデータを取得し、Document Transformers で形式を変換できます。

Vector Stores や Retrievers を活用することで、テキスト情報をベクトル形式で効率的に保存・検索できます。特に Chroma と OpenAI の Embedding モデルの組み合わせは、高度なテキスト解析と検索を可能にしています。

最後に、Agent は、複数のツールや機能を統合して、ユーザーへの効率的な情報提供を実現します。Agent は主に Tool、ToolKit、AgentExecutor から構成され、ReAct と呼ばれる手法を用いて

LLMと対話して必要なToolやToolKitを実行して最終的な回答を得ます。

LangChainは、まだまだ開発途上のライブラリで、日本語に対応していない部分も多いのですが、今後LLMを使用したアプリケーションを構築するうえで重要となるライブラリですので、本章では詳細に取り上げました。

付録 A Pythonのインストールと仮想環境の作成

A-1 Pythonのインストール

Python公式サイトからインストーラーをダウンロードして実行し、インストールを開始しましょう。以下のサイト内の「Download Python」ボタンをクリックします。

- https://www.python.org/downloads/

インストーラーを起動します。初期画面で「Add python.exe to PATH」のチェックボックスをオンにして、「Install Now」をクリックします。チェックボックスをオンにすると、Pythonのパスが環境変数に自動的に追加されます。

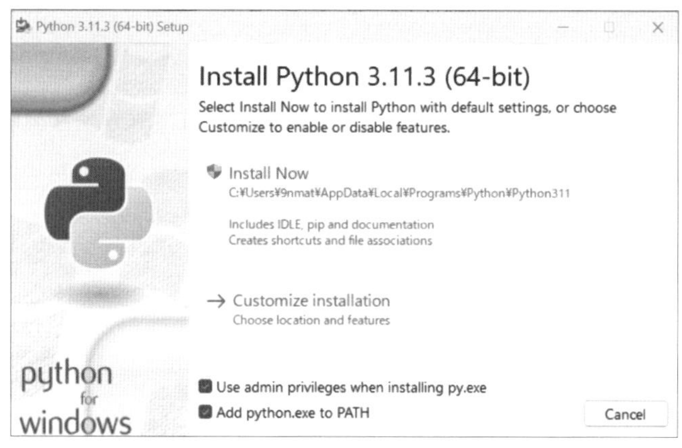

図A.1.1　インストーラー画面（Windows）

Macの場合も、利用規約に合意してPythonのインストールを行ってください。インストールが完了すると、デフォルトで/usr/local/bin/python3にPythonの実行ファイルが配置されます。

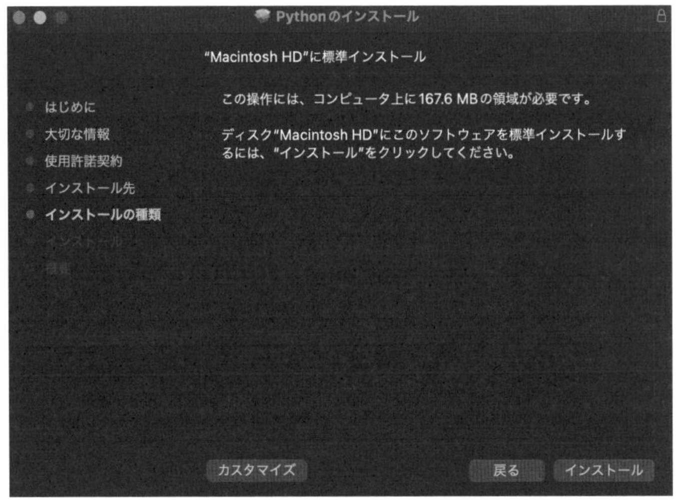

図 A.1.2　インストーラー画面（Mac）

A-2 Python の開発用仮想環境を作成する

venv という Python の標準ライブラリに含まれているツールを用いて Python 開発の仮想環境を作成します。vemv を用いれば、1 つのコンピュータ上にプロジェクトに応じた仮装環境を作成し、それぞれの仮装環境にライブラリをインストールして独立して利用できるようになります。

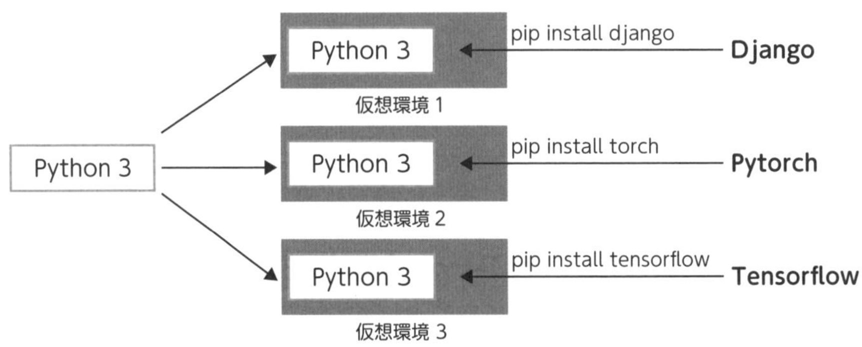

図 A.2.1　venv での仮想環境の構築

A-2-1 仮想環境の作成

仮想環境の作成には以下のコマンドを使用します。このコマンドは、現在のフォルダに myenv という名前のフォルダを生成し、その中に仮想環境を構築します。フォルダ内に、必要なライブラリやツールがインストールされます。

Windows

```
python -m venv myenv
```

Mac

```
python3 -m venv myenv
```

A-2-2 仮想環境の有効化(アクティベート)

次に、仮想環境を有効化します。有効化するには、作成されたフォルダ内の activate を実行します。有効化すると、構築した環境内にある Python 実行ファイルやライブラリを利用できるようになります。

Windows

```
.\myenv\Scripts\activate
```

Mac

```
. ./myenv/bin/activate
```

ファイル名の前に「.」を付けてスペースを空ける

有効化が完了すると、以下のようにターミナルの左端に「(myenv)」と仮想環境の名前が表示されます。

図 A.2.2　仮想環境をアクティベートした状態

Python ファイルの実行時やライブラリインストール時には、事前にこの仮想環境の有効化を行ってください。

A-2-3 仮想環境内にライブラリをインストール

仮想環境を有効にしてpipコマンドで、仮想環境内にライブラリをインストールします。Flaskをインストールしましょう（==でバージョンを指定することも可能です）。

```
pip install flask
```

```
PS C:\Users\Public\Documents> python -m venv myenv
PS C:\Users\Public\Documents> .\myenv\Scripts\activate
(myenv) PS C:\Users\Public\Documents> pip install flask
Collecting flask
  Downloading Flask-2.3.2-py3-none-any.whl (96 kB)
     ━━━━━━━━━━━━━━━━━━━━━━━━━━━━━━━━━━━━━━━━ 96.9/96.9 kB 5.8 MB/s eta 0:00:00
Collecting Werkzeug>=2.3.3
  Downloading werkzeug-2.3.7-py3-none-any.whl (242 kB)
     ━━━━━━━━━━━━━━━━━━━━━━━━━━━━━━━━━━━━━━━━ 242.2/242.2 kB 14.5 MB/s eta 0:00:00
Collecting Jinja2>=3.1.2
  Downloading Jinja2-3.1.2-py3-none-any.whl (133 kB)
     ━━━━━━━━━━━━━━━━━━━━━━━━━━━━━━━━━━━━━━━━ 133.1/133.1 kB ? eta 0:00:00
```

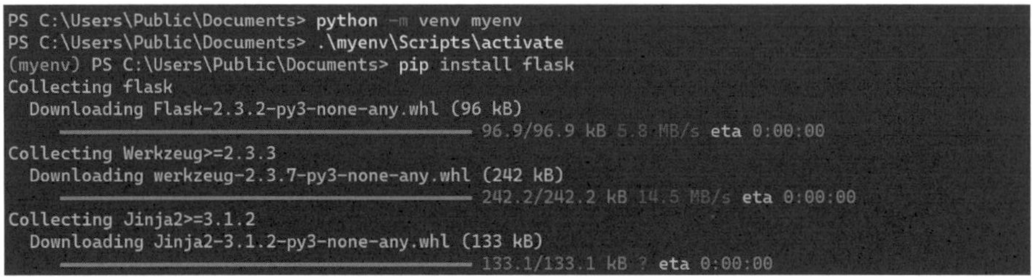

図A.2.3　仮想環境構築から、有効化、Flaskのインストールの流れ

付録B » VS Codeのインストールと環境構築

VS Codeは、Pythonでの開発でよく用いられる人気のエディタです。VS Codeの公式サイトから、インストーラーをダウンロードします。

- https://code.visualstudio.com/

画面上から、「Download」ボタンをクリックしてください。インストーラーがダウンロードされます。

インストーラーをダウンロードしたら、実行してインストールを開始しましょう。インストール画面が表示されたら、指示に従い設定やライセンス契約などを確認して「次へ」をクリックします。「インストール」をクリックして、インストールが完了したら「完了」をクリックします。

インストールが完了して、VS Codeを立ち上げると図B.2.1の画面が表示されます。

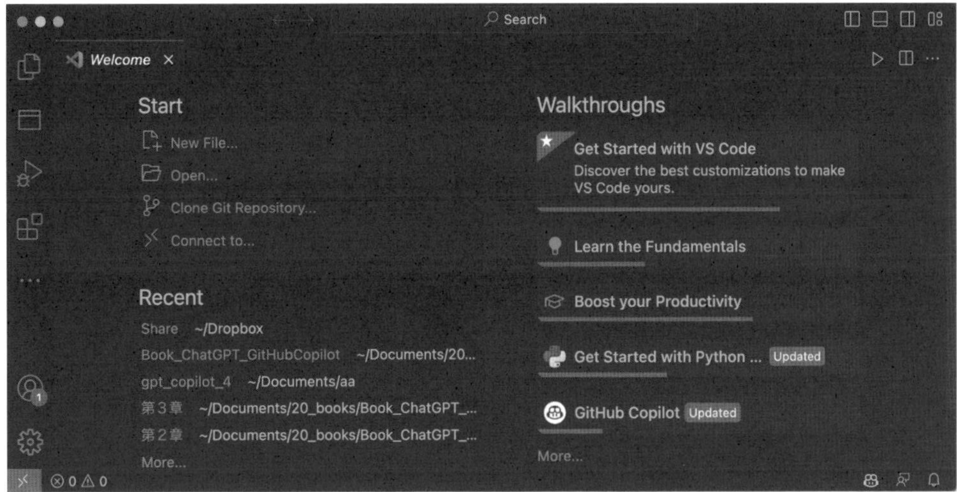

図 B.1　VS Code 初期画面

画面上部のヘッダーには、VS Code のメニュー項目が表示されます。

- 「File」メニューからは、新しいファイルやフォルダを開く操作が可能
- 「Run」メニューを使用すると、作成したプログラムを実行できる

画面左側のアクティビティバーには、VS Code の中心機能が配置されています。拡張機能の導入やファイルの検索といった操作を行えます。以下の手順で日本語化を行いましょう。

1. **画面左側のアクティビティバーの「Extensions」を選択する**
2. **検索窓が表示されるので、「Japanese」と入力し検索する**
3. **「Japanese Language Pack」が表示されるので、これを選択する**
4. **表示されたページの「Install」ボタンをクリックする**

図 B.2　日本語パッケージのインストール画面

付録

Japanese Language Pack のインストールが完了したら、VS Code を再起動しましょう。VS Code を再起動すれば、画面が日本語化されます。

付録C » Python ファイルの作成と実行

VS Code で Python の開発をサポートするため、VS Code の拡張機能から「Python」をインストールしましょう。検索窓に「Python」と入力すると、Microsoft が開発した Python 用の VS Code 拡張機能が表示されます。この拡張機能により、Python ファイルの認識、デバッグ、実行、およびコードチェックが行えるようになります。

図 C.1　Python のインストール

VS Code の上部メニューから「ファイル」を選び、「フォルダを開く」をクリックしてください。Python の実行ファイルを作成したいディレクトリを選択しましょう。フォルダを開くと、VS Code の左のサイドバーにそのフォルダ名が表示されます。

そして、選択したフォルダと同じ階層で Python の仮想環境をセットアップします。VS Code 内で「ターミナル」を開いて作業を進めてください。

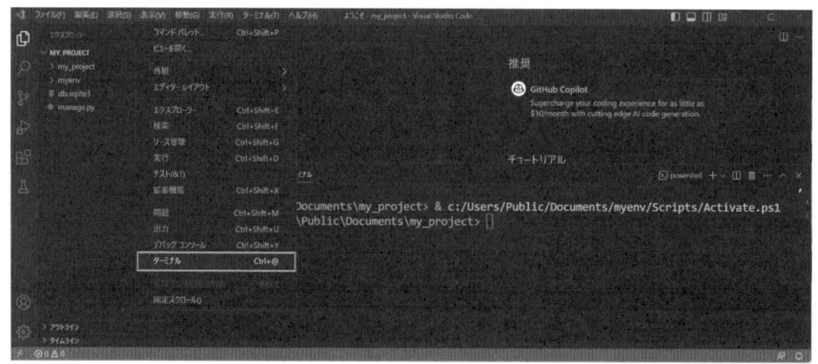

図 C.2　ターミナルを起動する

ターミナルを開いたら、以下のコマンドを実行しましょう。

Windowsの場合

```
python -m venv myenv
```

Macの場合

```
python3 -m venv myenv
```

実行が完了したら、フォルダ上にmyenvが作成されています。

図C.3　仮想環境のフォルダを作成

画面上部のファイル作成ボタンとフォルダ作成ボタンをクリックすると、ファイルやフォルダを作成できます。

ファイル作成ボタンをクリックしてtest.pyのような拡張子がpyのファイルを作成します。

図C.4　Pythonファイルを作成する

作成したPythonファイルを開いたら、ヘッダーの表示からコマンドパレットをクリックします。「>Python: Select Interpreter」と検索します[注1]。

図C.5　コマンドパレットで、「>Python: Select Interpreter」を検索

注1　Interpreter（インタープリター）とは、ファイルに記述したPythonのプログラムを実行するためのソフトウェアです。

付録

「Python: Select Interpreter」を選択したら、おすすめに表示されている。作成した myenv の python を選択してください。

作成したファイルに、以下のように Python の処理を記述します。この処理は、ターミナル上に「Hello World」と表示するだけの処理です。

```
print("Hello World")
```

ターミナルから仮想環境を有効化して実行しましょう。インタープリターを設定した状態でターミナルを終了し、再度立ち上げ直すと、myenv が有効化された状態で、ターミナルが立ち上がります。この状態で作成したファイルのあるフォルダに移動して、ファイルを実行します（フォルダ移動には cd コマンドを使用します）。

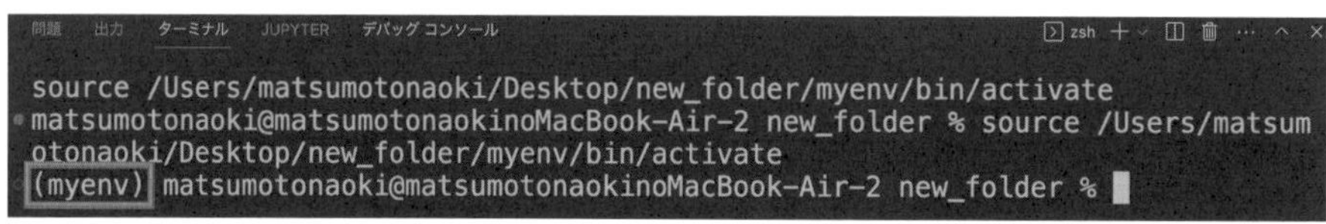

図 C.6　ターミナルを立ち上げた結果

実行の際は、

```
python ファイル名.py
```

としてください。

```
(myenv) matsumotonaoki@matsumotonaokinoMacBook-Air-2 new_folder % python test.py
Hello World
```

図 C.7　Python ファイルを実行した結果

「Hello World」と表示されれば、ファイルの実行に成功しています。

VS Code でターミナルを開いた状態で、「pip install flask」とすると Flask のライブラリを仮想環境内にインストールすることもできます。

付録 D ≫ Python プログラムの基礎

Python プログラミングの基礎については、紙面の都合上ここでは詳述しません。以下のブログ記事や公式ドキュメントを参照してください。

- ブログ記事
  https://www.nblog09.com/w/python-basics/
- Python ドキュメント
  https://docs.python.org/ja/3/

付録E » Flaskのインストールと立ち上げ手順[注2]

ここからは、Flask をインストールして簡単に立ち上げる手順を記述していきます。

詳細な Flask の解説は、有料ですが udemy 上で筆者が提供している以下の講座をご参照ください（当講座内には、Python の基礎的な解説も含まれています）。

- https://www.udemy.com/course/flaskpythonweb/

ルーティングを行いましょう。特定の URL（パス）に対して何を実行するのかを定義します。

```
from flask import Flask          # Flask立ち上げクラスをインポート
app = Flask(__name__)            # Flask立ち上げ用のインスタンスを作成

@app.route('/')                  # /のパスに対してhome関数が呼び出されるように設定
def home():
    return 'Hello, World!'       # 実行されると「Hello World!」を返す

if __name__ == '__main__':
    app.run(debug=True)          # Flaskアプリケーションを立ち上げてユーザーからHTTPリクエストを受け付ける
```

アプリケーションを定義した Python ファイル（この例では app.py）を直接実行すると、Flask のアプリケーションが起動します。実行するときは、ターミナルを立ち上げて、flask をインストールした仮想環境を有効にしてください。

注2　Flask に関して、詳細を知りたい方は、以下のドキュメントをご覧ください。
https://msiz07-flask-docs-ja.readthedocs.io/ja/latest/

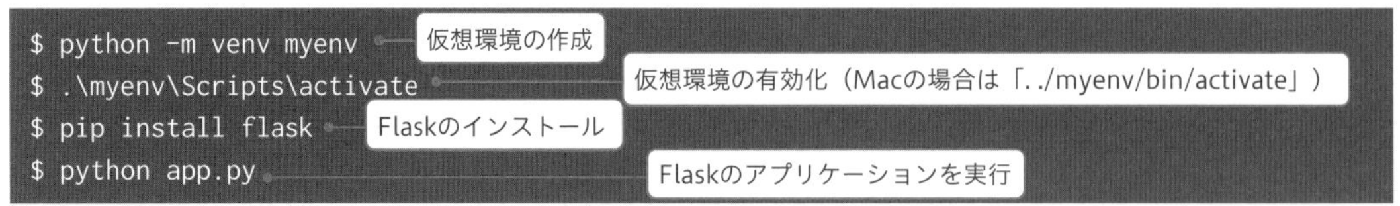

$ python -m venv myenv
仮想環境の作成
$.\myenv\Scripts\activate
仮想環境の有効化（Macの場合は「../myenv/bin/activate」）
$ pip install flask
Flaskのインストール
$ python app.py
Flaskのアプリケーションを実行

実行に成功したら、ターミナルのログ上に「Running on http://127.0.0.1:5000」と出力されます。ブラウザを開き、この URL を入力して画面を開いてみましょう。

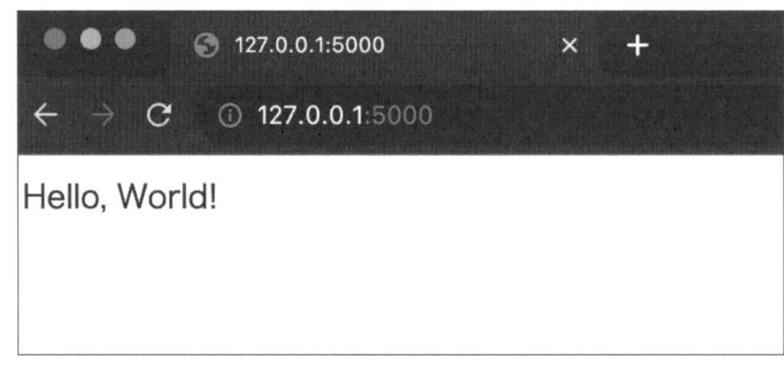

図 E.1　Flask の画面を表示

索引

著者　松本 直樹　Naoki Matsumoto

株式会社スタートコード代表取締役　https://startcode.co.jp/
京都大学工学部、東京大学大学院情報理工学系研究科修了。
在学中にWeb系システム開発のアルバイトをしていてプログラミングを覚え、その後、NTTデータを経て、フリーランスエンジニアを経験して現在は法人化。得意分野はPythonのアプリケーション開発とITインフラ技術。
Udemyでは受講生数7万を超える講師で、業務で役に立つ知識を体系的に学べるような講座を展開。Python、Flask、SQL、基本情報技術者試験などで人気講座を持つ。
https://www.udemy.com/user/song-ben-zhi-shu-4/

STAFF

カバーデザイン・ 本文デザイン・DTP	株式会社トップスタジオ
編集	株式会社トップスタジオ 寺内 元朗
編集長	玉巻 秀雄

■商品に関する問い合わせ先

このたびは弊社商品をご購入いただきありがとうございます。本書の内容などに関するお問い合わせは、下記のURLまたは二次元バーコードにある問い合わせフォームからお送りください。

https://book.impress.co.jp/info/

上記フォームがご利用いただけない場合のメールでの問い合わせ先
info@impress.co.jp

※お問い合わせの際は、書名、ISBN、お名前、お電話番号、メールアドレス に加えて、「該当するページ」と「具体的なご質問内容」「お使いの動作環境」を必ずご明記ください。なお、本書の範囲を超えるご質問にはお答えできないのでご了承ください。

- 電話やFAX でのご質問には対応しておりません。また、封書でのお問い合わせは回答までに日数をいただく場合があります。あらかじめご了承ください。
- インプレスブックスの本書情報ページ https://book.impress.co.jp/books/1123101085 では、本書のサポート情報や正誤表・訂正情報などを提供しています。あわせてご確認ください。
- 本書の奥付に記載されている初版発行日から3 年が経過した場合、もしくは本書で紹介している製品やサービスについて提供会社によるサポートが終了した場合はご質問にお答えできない場合があります。

■落丁・乱丁本などの問い合わせ先

FAX　03-6837-5023
電子メール　service@impress.co.jp
※古書店で購入された商品はお取り替えできません

生成 AI 時代の新プログラミング実践ガイド
Python で学ぶ GPT と Copilot の活用ベストプラクティス

2024 年 2 月 21 日　初版発行

著　者　松本 直樹

発行人　高橋 隆志

発行所　株式会社インプレス
〒 101-0051 東京都千代田区神田神保町一丁目 105 番地
ホームページ　https://book.impress.co.jp/

印刷所　暁印刷株式会社

ISBN978-4-295-01843-8　C3055

Printed in Japan